内蒙古引黄灌区不同尺度灌溉水效率测试分析与节水潜力评估

屈忠义　刘廷玺　康　跃　黄永江 等　编著

科学出版社

北京

内 容 简 介

  灌溉用水效率是体现灌区管理水平及工程条件、灌水技术等综合表征指标之一，科学合理地测试与评价灌区渠系水、田间水、灌溉水利用效率，为国家实施最严格水资源管理制度中"三条红线"的控制提供重要参考依据。本书以内蒙古自治区引黄灌区的四个大型灌区为研究对象，在对各灌区典型渠道、典型田块系统测试的基础上，系统地分析典型渠道的渠道水利用系数、田间水利用系数及不同尺度灌溉水利用系数，并对不同尺度灌溉水利用系数及灌区节水潜力进行初步分析与评估。全书共包括两部分内容，即测试分析评估方法理论基础和测试分析评估实践应用，分 8 章进行阐述，主要包括灌溉水利用效率总论、灌溉水利用效率测试布置与测定方法以及灌溉水利用效率分析与节水潜力评估方法、基于遥感技术的灌溉面积及种植结构测算、作物蒸发蒸腾量与有效降雨量的模拟计算、灌溉水利用效率计算分析与评估、基于历史资料的灌溉水效率估算与节水潜力分析、基于 Horton 分形的河套灌区渠系水利用效率分析等内容。

  本书可供从事节水灌溉、灌区建设管理、灌区规划设计及用水管理的专业技术人员及科研人员和职业技术及高等院校相关专业师生阅读参考。

图书在版编目（CIP）数据

内蒙古引黄灌区不同尺度灌溉水效率测试分析与节水潜力评估 /屈忠义等编著. —北京：科学出版社，2018.10
  ISBN 978-7-03-058575-2

Ⅰ.①内… Ⅱ.①屈… Ⅲ.①黄河-灌区-水资源管理-研究 Ⅳ.①TV213.4

中国版本图书馆 CIP 数据核字（2018）第 194436 号

责任编辑：杨光华 / 责任校对：董艳辉
责任印制：彭　超 / 封面设计：苏　波

科学出版社 出版
北京东黄城根北街 16 号
邮政编码：100717
http://www.sciencep.com

武汉精一佳印刷有限公司印刷
科学出版社发行　各地新华书店经销

*

开本：787×1092　1/16
2018 年 10 月第　一　版　印张：15 1/4
2018 年 10 月第一次印刷　字数：358 700

定价：198.00 元
（如有印装质量问题，我社负责调换）

前　言

水是生命之源、生产之要、生态之基。内蒙古地域狭长,水资源时空分布不均匀,农业灌溉是内蒙古发展农业生产和粮食保障不可替代的基础条件和重要支柱。2011年中央一号文件《中共中央国务院关于加快水利改革发展的决定》(中发〔2011〕1号)明确提出:到2020年,最严格水资源管理制度基本建立,全国用水总量力争控制在6700亿 m³,万元国内生产总值和万元工业增加值用水量明显降低,农田灌溉水有效利用系数提高到0.55以上。因此,提高灌溉水利用效率成为内蒙古目前迫在眉睫需要解决的问题。灌溉水利用效率一般以灌溉水利用系数表述,是农业灌溉用水管理、灌溉技术水平、灌溉工程现状的综合体现,同样是衡量农业灌溉发展水平的重要指标,是灌区建设、农业用水管理、局部水资源调配和制定节水灌溉规划的基本参数,在农业灌溉方面有着举足轻重的作用。

本书围绕最严格水资源管理制度,以内蒙古自治区水利厅专项项目"内蒙古自治区典型灌区灌溉水利用效率测试分析与评估"中"内蒙古自治区引黄灌区灌溉水利用效率测试分析与评估"成果为基础,着眼于为国家及自治区下一步实施节水灌溉工程建设规划、水权转换工程提供决策依据,服务于最严格水资源管理制度中"效率红线"动态管理,从而为实现水资源高效利用,为区域经济长期稳定较快发展提供技术保障。

为此,本书以内蒙古引黄灌区中的四个大型灌区为研究对象,全面系统地论述内蒙古引黄灌区灌溉水利用效率来源及概念等;阐明内蒙古引黄灌区测试灌溉水利用效率时典型测试渠道及田块的布置原则、渠道水利用效率测试参数及方法与田间水利用效率测定参数及方法;阐述不同尺度灌溉各环节水利用效率分析评价方法;基于遥感技术对不同尺度灌溉面积和种植结构进行测算与对比验证;基于彭曼-蒙特斯(Penman-Monteith)公式模拟计算内蒙古引黄灌区作物蒸发蒸腾量与有效降雨量;基于内蒙古引黄灌区测试数据,计算分析与评估内蒙古引黄灌区不同尺度灌溉水利用效率及灌溉各环节水利用效率;基于内蒙古引黄灌区历史资料估算引黄灌区灌溉水效率并分析引黄灌区的节水潜力;采用基于 Horton 分形理论对河套灌区渠系水利用效率进行分析;初步分析河套灌区节水工程投资与效率的关系。

测算研究过程中,内蒙古先后有150余名专业技术人员和科研人员参与上述课题的现场测试及相关计算研究工作,涉及内蒙古农业大学水利与土木建筑工程学院、内蒙古河套灌区管理总局、鄂尔多斯市水务局、内蒙古自治区镫口扬水灌区管理局、托克托县水务局、巴彦淖尔市水文局、巴彦淖尔市水利科学研究所、内蒙古托克托县黄河灌溉管理总公司以及相关灌区、灌域、试验站等多家单位。本书的成果凝结了各方共同努力的结果,是集体智慧的结晶。能够编写本书与相关技术及科研人员的辛勤付出是密不可分的。在此,谨代表编写组对他们表示由衷的感谢。

感谢王浩院士及专家在项目验收时给予的高度评价和提出的宝贵意见。

本书主要由屈忠义、刘廷玺、康跃、黄永江编著,参加本书编写及相关研究的人员还有朱仲元、魏占民、吕志远、李超、白燕英、李凤玲、霍星、孙文、杨晓、刘霞等。

此外研究生杜斌、梁天雨、李泽鸣、魏学敏、任晓东、王健、白龙、李佳宝、王会永、高云、吕一甲、张娜、张栋良、李波、赵红洁、张凯、张健、廉喜旺、刘玉金、赵宏瑾、崔建伟、范志等参加了部分研究工作,承担了大量资料整理和编排工作。本书是国内第一部针对内蒙古引黄灌区进行系统测试分析与评估灌溉水利用效率方面的专著,旨在让大家对灌区管理方面的相关问题进行深入探讨,推动最严格水资源管理"效率红线"相关工作。

由于作者水平有限,撰写时间仓促,书中难免会存在疏漏及不成熟之处,如有不当之处,敬请读者批评指正。

作 者

2017 年 10 月

目　　录

第1章 绪   论

1.1 背景及意义

1.1.1 背景来源

水是维持地球生态平衡及社会经济发展的最基本要素之一。水资源是 21 世纪短缺的基础自然资源,也是一个国家和地区社会经济发展中的重要战略资源之一。随着我国经济和社会的不断发展,水资源紧缺问题将日益突出,水资源的合理开发与高效利用显得尤为重要。在我国现有水资源的使用分配中,农业灌溉用水占 64%。我国各大型灌区中平均约 98% 的灌溉面积为地面灌溉,灌溉方式粗放,灌溉水利用效率较低。目前我国灌区平均灌溉水利用系数仅为 0.45,其中灌溉渠系水利用系数平均值仅为 0.50,与发达国家相比差距很大。因此,加大农业节水,从工程技术、农业技术、农艺技术、灌溉技术和用水管理等方面充分挖掘农业节水潜力,提高农业灌溉用水效率是我国发展农业的必由之路。

2005 年底原水利部正式启动了全国现状灌溉用水利用效率测算分析工作。这项工作旨在摸清我国现状条件下灌溉水利用状况,分析灌溉水利用系数的各种影响因素及其影响程度;总结提出科学合理的灌区、各省(自治区、直辖市)、分区及全国灌溉水利用系数测算评价方法;建立全国测算分析网络,跟踪分析全国及不同分区重要年份灌溉水利用系数变化;预测未来灌溉用水效率变化趋势,探讨分析全国、分区、省(自治区、直辖市)灌溉用水效率的提高潜力与合理的灌溉用水效率阈值,提出全国和分区灌溉用水效率提高的措施与建议,以便支撑政府主管部门进行科学决策。

我国《节水灌溉工程技术规范》(GB/T 50363—2006)(中华人民共和国建设部 等,2006)中规定,灌区的灌溉水利用系数,大型灌区不应低于 0.50;中型灌区不应低于 0.60;小型灌区不应低于 0.70;井灌区不应低于 0.80;喷灌区、微喷灌区不应低于 0.85;滴灌区不应低于 0.90。

实施农业节水,提高农业灌溉水分利用效率,受到了国家和地方政府及相关部门的高度重视。根据国务院《关于实行最严格水资源管理制度的意见》(国发〔2012〕3 号),国家施行最严格的水资源管理制度,将灌溉水有效利用系数列为最严格水资源管理制度中"三条红线"的控制指标之一,明确提出到 2015 年全国农田灌溉水有效利用系数提高到 0.53 以上,到 2020 年提高到 0.55 以上。《中华人民共和国国民经济和社会发展第十二个五年规划纲要》也将灌溉水有效利用系数列为考核的指标之一。国务院办公厅《关于印发实行最严格水资源管理制度考核办法的通知》(国办发〔2013〕2 号)指出,国家对各省(自治区、直辖市)灌溉水利用系数指标进行考核评价,考核结果作为对各省(自治区、直辖市)人民政府主要负责人和领导班子综合考核评价的重要依据。

内蒙古横贯我国东北、华北与西北,深居内陆,远离水汽源地,除东部小部分地区属湿润半湿润地区外,大部分地区属于干旱半干旱地区。由于气候干燥,降水量少,蒸发强烈,加之该地区水资源短缺,生态环境脆弱,农业生产完全依赖于灌溉。内蒙古引黄灌区地处自治区中西部,横跨阿拉善盟、巴彦淖尔市、鄂尔多斯市、呼和浩特市、包头市五个盟市,主要包括李井滩扬水灌区、河套灌区、黄河南岸灌区、镫口扬水灌区、民族团结灌区、麻地壕扬水灌区六个大型灌区。灌区总土地面积 2 891 万亩①,现有耕地 1 878 万亩,灌溉面积 936 万亩,主要种植小麦、玉米和葵花等粮油作物,是内蒙古的粮油生产基地,也是内蒙古作为我国六大粮食输出省区之一的重要贡献地区。灌区以黄河水作为唯一灌溉水源,据 1996～2012 年统计资料(图 1.1),内蒙古农业灌溉年均引黄水量 65.5 亿 m³,退水量 15.68 亿 m³,农业耗水量 49.82 亿 m³,耗水量占国家引黄水量配额 58.6 亿 m³ 的 85% 以上,是该地区的用水大户。另外,内蒙古农业引黄水量总体趋势变化不大,但退水量呈持续增加趋势,农业耗水量呈持续减少的趋势,说明农业节水效果还是显著的。随着我国改革开放的深入发展和西部大开发战略的实施,内蒙古的社会经济发展步入了快车道,近年来经济增长速度是我国最快的省份之一。内蒙古引黄灌区所在的呼和浩特市、包头市、鄂尔多斯市、巴彦淖尔市是内蒙古经济发展的核心区和能源聚集区,同时也是引黄灌溉的主要地区。工业化、城镇化、人口聚集加速推进,工业用水、城市用水和生活用水与农业用水竞争十分激烈。该地区植被稀少、风沙强烈,水土流失、沙漠侵蚀、土地荒漠化和盐渍化问题严重,国家将其生态环境保护和修复放在了突出位置,生态用水使农业用水面临新的挑战。在灌溉用水短缺的严峻形势下,灌区灌溉工程仍不够完善,灌溉管理粗放,灌溉水损失严重,农业用水效率明显低于全国平均水平。为了应对灌溉用水短缺的严峻形势,1999～2011 年在国家实施的"大型灌区续建配套与节水改造工程"和内蒙古实施的"水权转换工程"项目中引黄灌区进行了一定规模的渠道衬砌、排水沟开挖和渠(沟)系建筑物、引水建筑物改造和建设,灌排条件得到了改善,为进一步开展各类灌区改造和升级提供了样板。这些项目实施后,灌区灌溉水利用效率提高程度如何尚未进行评估。为了充分挖掘灌区节水潜力,加大引黄灌区农业节水力度,科学指导灌区续建配套与节水改造工程建设,在保证粮食安全前提下实施水权转换,增加工业用水配额,提高灌溉水资源综合利用效率与效益,开展内蒙古引黄灌区灌溉水利用效率测试分析与评估是内蒙古水利发展亟待解决的问题,备受自治区党委与政府及水利部门的高度关注。

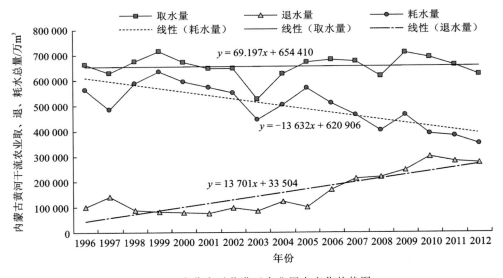

图 1.1　内蒙古引黄灌区农业用水变化趋势图

① 1 亩≈666.67 m²

灌溉问题的日益严重,水资源的合理开发与高效利用技术已成为广大水利工作者迫切需要研发的重要问题,只有深刻剖析和掌握农业灌溉过程中不同环节的用水状况,尤其是通过测试与评估农业灌溉中不同级别渠道、不同类型田块、不同作物以及不同灌溉技术下的灌溉用水效率和水平,才能找出引黄灌区节水的核心环节,科学准确地计算引黄灌区的节水潜力,制定出合理可行的节水规划以便付诸实施。

内蒙古自治区水利厅按照国务院《关于实行最严格水资源管理制度的意见》、国家《全国水利发展"十二五"规划》(水利部,2011)的要求和自治区社会经济发展决策的迫切需求,以内蒙古农业大学为技术依托单位,从 2012 年开始正式启动内蒙古大型引黄灌区灌溉水利用效率测试分析与评估工作,以摸清现状条件下灌区灌溉水利用状况,分析灌溉水利用效率的影响因素及其影响程度,确定灌溉用水效率、节水潜力与合理灌溉用水效率阈值,为政府及其主管部门科学决策提供技术支持。

1.1.2　意义

"粮食危机"是人类面临的三大危机之一,我国的"粮食安全"问题形势依然很严峻。"粮食安全"关系到社会的稳定与发展,除耕地资源外,水资源也是粮食生产能力的另一决定因素。内蒙古是我国六大粮食输出省区之一,引黄灌区是其主要贡献者。引黄灌区以黄河为唯一灌溉水源,受国家黄河水资源宏观调控制约,内蒙古黄河水资源配额有限。随着区域社会经济的加快发展,工业用水区、城市用水和生活用水与农业用水竞争日益加剧,而单位农业用水经济效益偏低,在竞争中处于劣势,加之脆弱生态环境保育和修复中的生态用水硬性要求,农业灌溉用水将不可避免地被大量挤占。提高灌溉水利用效率和单位用水量的粮食生产能力、坚持节水灌溉农业的发展方向是引黄灌区的必然选择。"水利是农业的命脉",内蒙古引黄灌区处于干旱半干旱区,属没有灌溉就没有农业的地区,农业粮食生产对水资源的需求有其自身规律。在保障粮食安全的前提下,灌区农业灌溉需水量阈值为多少和灌区节水潜力有多大等重要问题目前尚不明确。开展内蒙古引黄灌区灌溉水利用效率测试分析与评估,对于科学确定灌区节水潜力和农业灌溉用水阈值、为我国粮食安全做出应有贡献具有十分重要的基础作用。

然而灌溉水利用效率是灌区从水源取水经渠道输水到田间作物吸收利用过程中灌溉水利用程度或浪费程度的度量,可反映灌区灌溉工程状况、灌溉技术水平、用水管理水平和农艺技术水平,表达节水措施实施效果,揭示灌区节水潜力,是对灌区进行纵向和横向科学评价的一项指标。无论是灌区灌溉水利用效率现状还是节水工程技术实施后的变化情况,无不受到国家和地方政府及相关部门的高度重视。内蒙古引黄灌区灌溉农业在自治区国民经济中占有重要的地位,农业灌溉用水也在其所在的中西部地区黄河水资源利用和配置中起着举足轻重的作用,总引黄耗水量占国家配额的 85% 以上。面对黄河水资源短缺,工业、城市用水量急剧增加,如何提高引黄灌区的灌溉水利用效率,充分挖掘农业节水潜力,以化解农业用水与其他行业用水的尖锐矛盾,既要保持社会经济的跨越式发展又要保证粮食安全,实现有限水资源合理配置和高效利用,在自治区社会经济发展战略中占有重要位置,是自治区政府及相关部门的高度关注点。2011 年我国将农业灌溉水利用效率列为实施最严格水资源管理制度"三条红线"之一,并纳入国家对各省(自治区、直辖市)人民政府主要负责人和领导班子综合考核评价指标体系。因此,灌区灌溉水利用效率管控已成为自治区政府落实最严格水资源管理制度的一项重要工作。以往内蒙古引黄灌区曾开展过灌区灌溉水利用效率的测试工作,但测试范围不足、系统性不高,有些灌区一直没有进行过测试,加之近年来引黄灌区实施节水改造工程建设,灌区工程设施和灌溉管理发生了明显改观,现有灌区灌溉水利用效率指标无法满足现实需要。因此,开展内蒙古引黄灌区灌溉水利用效率测试分析与评估,摸清灌区灌溉水利用效率现状,跟踪灌区灌溉水利用效率动态,对于内蒙古黄河水资源合理配置、优化引黄灌区所在区域产业布局、规划与实施灌区节水改造工程等重大问题的科学决策,提高灌区建设水平和灌溉管理水平,加强农业节水工作的指导,加快建设节水型社会,落实自治区政府"三条红线"考核指标等方面均具有重大现实意义。

自1999年以来,内蒙古引黄灌区在国家和自治区的大力支持下,实施了"大型灌区续建配套与节水改造工程""水权转换工程"一期和二期等节水工程建设项目,涉及灌区渠道衬砌、排水沟开挖和渠(沟)系建筑物、引水建筑物改造和建设以及田间节水灌溉技术改造等重要建设内容,灌区工程状况有了明显改观,灌区灌排条件得到了明显改善。与此同时,一些灌区对灌溉用水管理机制和体制进行了改革。然而,引黄灌区目前节水工程改造成效到底如何?灌区灌溉水利用效率现状达到了什么样的水平?还有多大的提高潜力和节水潜力?工程建设(工程投资)、用水管理及田间节水技术等对灌溉水利用效率有多大贡献?后续节水灌溉工程如何进行及工程投资多少?灌区节水工程规划设计依据如何确定?所有这些问题还缺少基础的科学的支撑数据和技术方法。开展内蒙古引黄灌区灌溉水利用效率测试分析与评估,对于评价内蒙古引黄灌区节水灌溉改造工程建设成效、技术支撑农业节水灌溉工作的深入和健康开展、制定农业节水灌溉宏观决策都具有十分重要的应用价值。

但是灌区灌溉水利用效率测试是一项十分复杂的工作。灌区类型、灌区规模、渠系布置、渠道级别、渠道流量、渠道防渗措施、土壤质地及地下水位埋深、灌区地理位置及灌溉技术等诸多因素都直接影响着灌溉水的利用程度。因此,在灌溉水利用效率的测试和计算过程中都必须对其逐一进行分析、明确。灌溉水从水源引入到田间作物吸收利用,在这个过程中的水量损失,可分解成渠系输水损失和田间灌水损失两部分。与之相对应,灌溉水利用系数可分解为渠系水利用系数和田间水利用系数。其中,渠系水利用系数确定难度最大,结果质量不易保证、准确性较差。究其主要原因一是灌区分级、渠道数量众多,测试工作量巨大,很难全面测试;二是渠道流量动态变化强烈,测试所需的水流条件难以保证;三是各级渠道开口较多,特别是配水渠道,渠道沿程流量变化大,灌溉工况组合复杂,渠道水利用系数不易准确确定;四是灌区普遍存在渠道越级取水,使渠系水利用系数计算复杂化。《全国灌溉用水有效利用系数测算分析技术指南》要求采用首尾测定法进行灌区灌溉水利用效率测试与分析。该方法不必测定灌溉输水、配水和灌水过程中的损失,而直接测定灌区渠首引进的水量和最终储存到作物计划湿润层的水量(即净灌水定额),从而求得灌溉水利用系数。这样,可绕开测定渠系水利用系数这个难点,减少了许多测定工作量。然而为使灌区建设和节水工作更具有针对性和有效性,许多领导和专家都认为对灌区灌溉用水不同环节的水利用效率、节水潜力等进行测试分析是非常必要的,也期望和要求对此进行系统研究,提出计算与评估渠系水利用系数的科学、简单、实用的新方法。内蒙古引黄灌区在"大型灌区续建配套与节水改造工程""水权转换工程"一期和二期等节水工程建设项目中实施了较大规模的灌区渠道衬砌,这一工作的成效如何是水利管理部门极为重视的重要内容。结合引黄灌区的实际情况,寻求科学、实用的渠系水利用效率的推算方法,科学评价灌区渠道衬砌的节水效果,对于完善灌区灌溉水利用效率测试具有重要的理论意义,对于指导引黄灌区节水工程改造规划具有重要的应用价值。

— 4 —

1.2　国内外研究进展

1.2.1　国内研究进展

灌溉水利用系数是指灌入田间可被作物利用的水量与灌溉系统取用的灌溉总用水量的比值,与灌区自然条件、灌溉工程状况、用水管理、灌水技术等因素有关。20 世纪 50～60 年代,在参照苏联灌溉水利用系数指标体系的基础上,我国逐步形成了现行的灌溉水利用系数指标体系及计算方法,目前国内普遍应用灌溉水利用系数指标来评价灌溉水利用效率。

国外广泛使用的灌溉效率,目前国内并没有专门的定义和解释,其含义通常被认为与灌溉水利用系数相似。《农村水利技术术语》中明确了灌溉水利用系数的定义,即灌入田间可被作物利用的水量与从水源地(渠首)引进的总水量的比值。而灌溉水利用效率也经常出现在一些报告或文献中(崔远来 等,2009)。灌溉水利用效率指的是有效消耗量占灌溉供水总量的比例。目前,国内一些学者已经逐渐认识到灌溉水利用系数内涵的局限性,认为灌溉水利用系数并不能反映全灌区对水分利用的有效性,而灌溉水利用效率则更适合于全国或者流域,这与我国推行的节水灌溉根本目标是一致的(吴玉芹 等,2001)。蔡守华等(2004)综合分析了现有指标体系的缺陷,建议用"灌溉水利用效率"来代替"灌溉水利用系数",并提出在渠系水利用效率、渠道水利用效率和田间水利用效率之外增加作物水利用效率。

近年来,一些大专院校、研究院所开始着手研究灌溉水利用效率评价的宏观方法,以及灌溉水利用效率的宏观测算与分析方法,如首尾测算分析法等(全国灌溉水利用系数测算分析专题组,2007)。王洪斌等(2008)认为采用传统的测定法所获得的灌溉水利用系数并不能真实反映灌区一段时期内的灌溉水利用情况,需要对传统测定方法进行修正,并结合某一灌区的具体情况,提出了辽宁省灌区水利用系数的修正方法。李勇等(2009)指出灌溉水利用系数是灌区内传统的渠系水利用和田间水利用系统两个子系统工程综合作用的结果,并建立了灌区动态灌溉水利用系数和灌区灌溉水平衡的概念。

郭元裕(1997)提出了两种灌溉渠系水利用系数的常用计算方法,一种是利用灌溉渠系的净流量与毛流量的比值来求算;另一种则是用各级渠道水利用系数连乘来推算,这与高传昌等(2001)所提出的灌溉渠系水利用系数的大小取决于各级渠道水利用系数的数值基本上是一致的。沈逸轩等(2005)经比较分析现行国家设计规范中有关灌溉水利用系数的概念和计算公式,提出了年灌溉水利用系数的定义和计算公式,并建议用其取代规范中那些未指明具体时段的灌溉水利用系数。熊佳等(2008)探讨了自然条件和人文因素与灌溉水利用效率的关系,认为各因素对灌溉水利用效率的影响并不是独立的倍比关系,而是互相关联协同影响的。谭芳等(2009)以湖北省漳河灌区为例,采用主成分分析法对灌溉水利用效率各因素的影响规律及影响程度进行了计算分析,并建立了线性回归关系。

2005 年底,原水利部启动了全国现状农业灌溉水利用效率的测算与分析工作(韩振中 等,2009)。各省(自治区、直辖市)的水利管理部门和科研院所纷纷开展了现状农业灌溉水利用效率的测算工作,其中张芳等(2008)依据河南省已有的灌溉用水管理、观测与灌溉试验等资料,按照不同类型灌区的灌溉用水量进行加权平均,从而推算出河南省现状平均灌溉水利用效率为55.4%;张亚平(2007)对陕西省的现状灌溉水利用效率进行了测算分析,推算出陕西省 2005 年的灌溉水利用效率平均值为 50.3%。王小军等(2012)对广东省的灌溉水利用效率进行了测算分析,推算出全省现状平均灌溉水利用效率为 39.9%;2006～2010 年,浙江省水利河口研究院开展了渠道、渠系及灌溉水利用效率的系统测试与分析,是目前国内较为系统的研究成果(贾宏伟 等,2013)。所有这些测试分析大多依据首尾测算分析法,针对不同尺度渠道水、渠系水、灌溉水、田间水利用系数的综合分析还较少,特别是针对引黄灌区的系统测试分析与研究尚未见报道。

对节水潜力的研究,20 世纪 90 年代以来,国内对不同区域节水潜力的研究进行了许多探索。段爱旺等(2002)简要分析了农业节水的两个实现途径:其一是尽量减少水分利用过程中的无效损耗,使现有的水资源得到充分利用;其二是提高单位有效水利用量的产出效率,最大限度地增加社会需要农产品的产出量,在此基础上,定义了狭义节水潜力及广义节水潜力。分析认为,工程节水措施和管理节水措施的结合在狭义节水潜力的开发过程中起主导作用,而农艺节水措施和管理节水措施的结合,则在广义节水潜力的实现中发挥着主要作用,通过对两种节水潜力的计算方法进行讨论,提出了相应的计算模式。节水灌溉研究虽已取得了很大进展,但节水灌溉的理论基础并非完善。在节水潜力计算方面,国内对节水潜力的内涵还没有一个公认的标准,相应地对节水潜力的计算也就没有统一的方法,大多数涉及节水潜力的估算,都是从单一的节水灌溉技术出发,多侧重于单项节水技术的节水效果研究,如渠道硬化节水多少、喷灌节水多少、滴灌节水多少等,而没有考虑各种节水技术间的相互影响,没有从整个区域水资源综合利用加以考虑。例如,渠道衬砌虽减少了渗漏,但并非减少的渗漏量都可以认为是节约的水量,因为在井渠结合灌区,渗漏的水量补给地下水,通过井灌还可以利用,并非浪费。同样减少田间入渗量也不能认为全部属于节水,只有减少的无效损耗才是真正的节水量。另外,对诸如节水引起的区域水循环与水平衡改变是否会加剧灌区的环境退化,有些地区的喷灌到底是节水还是浪费水,渠道防渗标准是否越高越好,对不同尺度的灌溉水利用效率、渠系水利用效率、田间水利用效率、降水有效利用率、作物水分利用效率等参数还缺少准确的确定方法和多年的基础数据积累;有关节水灌溉对区域水循环的影响及其生态环境效应等方面也缺乏定量描述和定量评价方法与技术。

1.2.2 国外研究进展

国外对于渠道水利用效率的研究较早,评价指标和方法的完善经历了漫长的过程。美国土木工程师协会(American Society of Civil Engineers,ASCE)1978 年把灌溉水利用效率划成农业植物利用水的效率(即田间水利用效率)和渠道内部外部系统输配水的效率(即渠系水利用效率)。但是没有从宏观角度提出总效率,即灌溉水利用效率。在这之后《美国国家灌溉工程手册》(1998)提出描述灌溉系统从引水到作物吸收水整个过程的效率,即灌溉效率应该涵盖将规划的引水输配到农业灌溉范围内这个过程中的效率(输水效率)与灌溉水管理决策影响的效率(喷微灌等系统的配水均匀度)。ASCE 1978 年定义的渠系水利用效率既有外部渠道系统的输水效率,也有内部渠道系统的配水效率:

$$渠系水利用效率 = \frac{渠系分配到用水点的水量}{进入渠系输水系统的水量} \times 100\% \tag{1.1}$$

国际灌排协会(International Commission on Irrigation and Drainage,ICID)1977 年也把渠系水利用效率具体分为输水与配水效率。渠系输水效率指的是由水源引出的水流经外部渠道至内部渠道进口的效率;配水效率指的是内部渠道进水口至田间进水口的效率。这两个效率之积就是渠系水利用效率,当今我国也是这么规定这些概念的。Bos 和 Nugteren 于 1974 年编写的《灌溉效率》是最早关于灌溉水利用效率的一部经典著作,到 1990 年先后出版了四版。

Bos 和 Nugteren 采用总体利用效率描述灌溉总体能力高低,其中列举的相关概念有田间水利用效率、渠系配水效率及渠系输水效率。这些概念与之前提出的概念和计算公式基本一样,相得益彰。因此,配水效率和输水效率的乘积即是渠系水利用效率。Bos 提出的效率指标体系适合以大农场为主的国家使用,以输水渠道反映农场外骨干渠道的水利用率,以渠系配水渠道反映农田内部的渠系水利用效率。联合国粮食及农业组织(Food and Agriculture Organization of the United Nations,FAO)1977 年提出的指标体系与 Bos 和 Nugteren 的指标体系实质上是一样的。

$$输水效率 = \frac{进水配水渠道系统的水量}{进入渠道系统的水量} \times 100\% \tag{1.2}$$

$$配水效率 = \frac{进入田间的水量}{进入配水渠道系统的水量} \times 100\% \tag{1.3}$$

澳大利亚灌溉协会(Irrigation Association of Australia,IAA)1998 年将渠系输水效率定义成水流在渠里流动的效率。IAA 指标体系与 ICID1997 年的指标体系相同。澳大利亚国家灌溉水利用效率组(Australia National Irrigation Water Efficiency Group,NIEG)1999 年在 IAA 的理论基础上对渠系配水效率的概念进行了优化,它专门指渠道系统在实际工作中水管理的能力,这样就把管理变量和工程变量的作用互相隔离,使后续研究能更准确和方便地进行,为今后农业水利用效率与影响因素的分析和研究做了铺垫。

1.3 本书内容及理论架构

本书以内蒙古引黄灌区为实例全面系统详细地阐述了内蒙古灌溉水利用效率的测试分析与节水潜力评估方法,为今后内蒙古测算分析灌溉水利用效率奠定了理论与实践基础。

本书是在内蒙古引黄灌区综合调研的基础上,选择代表不同规模的典型灌区作为样点灌区,即在内蒙古六个大型引黄灌区中选择了四个大型样点灌区(河套灌区、黄河南岸灌区、镫口扬水灌区和麻地壕扬水灌区)(图 1.2),并搜集整理样点灌区有关资料,在内蒙古引黄灌区典型大型灌区、典型渠道、典型田块进行现场测试的基础上,针对引黄灌区灌溉水利用系数,采用理论与实测相结合、点与面相结合、调查统计与观测分析相结合、微观研究与宏观分析评价相结合、横向对比和纵向对比相结合的方法,测算灌区灌溉水、渠系水利用系数和田间灌溉水利用系数,分析评估灌区现状灌溉水利用程度和未来可能的节水潜力、节水灌溉工程建设的节水

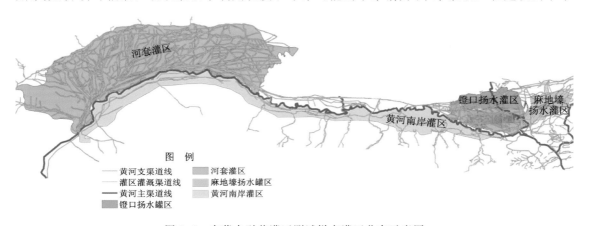

图 1.2 内蒙古引黄灌区测试样点灌区分布示意图

效果,探讨渠系水利用效率测试实用新方法,为国家及自治区下一步实施节水灌溉工程建设规划、水权转换工程提供决策依据和为最严格的水资源管理制度中的"三条红线"控制指标考核提供基础数据。

本书章节内容之间的关系如图1.3所示。

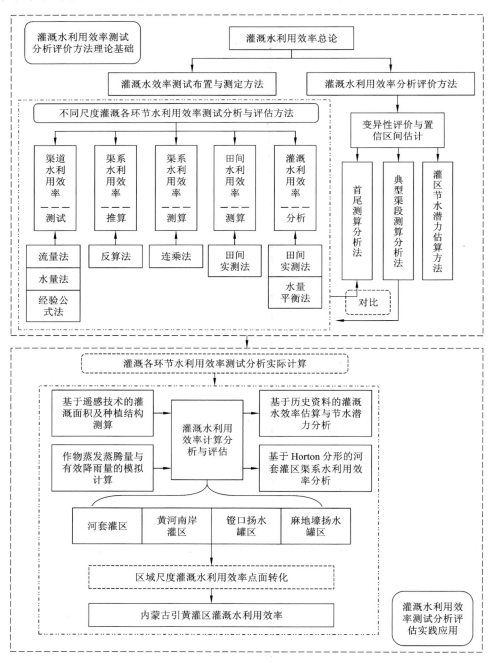

图1.3　理论架构

本书主要包括灌溉水利用效率测试分析评价方法理论基础和灌溉水利用效率测试分析评估实践两部分。

灌溉水利用效率测试分析评价方法理论基础部分包括灌溉水利用效率测试布置与测定方法以及灌溉水利用效率分析评价方法。该部分主要论述了在测试灌溉水利用效率时,典型测试渠道和田块的布设原则,并以内蒙古引黄灌区为案例进行全面翔实的说明。除此之外,还阐明了渠道水利用效率测试参数及方法与田间水利用效率测定参数及方法以及灌溉各环节水利用效率分析评价方法。

灌溉水利用效率测试分析评估实践应用部分包括基于遥感技术的灌溉面积及种植结构测算、作物蒸发蒸腾量与有效降雨量的模拟计算、灌溉水利用效率计算分析与评估、基于历史资料的灌溉水效率估算与节水潜力分析、基于 Horton 分形的河套灌区渠系水利用效率分析和灌溉水利用效率成果与对策研究。

1.4   内蒙古大型引黄灌区概述

内蒙古引黄灌区包括六个大型灌区,自上游到下游依次为李井滩扬水灌区、河套灌区、黄河南岸灌区、镫口扬水灌区、民族团结灌区、麻地壕扬水灌区。灌区西起阿拉善左旗,东至呼和浩特市东郊,北界狼山、乌拉山、大青山,南倚鄂尔多斯台地,分布在阿拉善盟、巴彦淖尔市、鄂尔多斯市、呼和浩特市、包头市五盟市的 21 个旗(县、区)境内。

灌区的土质构造为下沉断陷盆地,以湖相沉积为主,沉积层富含盐分。黄河水流经本灌区,大量补给地下水。除土默川西南部地下水资源量较少、水质较差外,大部分地区地下水水质较好,可用于灌溉。灌区土壤的成土母质为黄河冲积沉积物,大部分地区表层以轻砂壤土为主,黏性土分布于灌区西部及东部哈素海下游一带,多与轻砂壤土交叉分布。灌区气候属大陆性气候。年平均气温 4～6 ℃,极端最低气温 −36 ℃,极端最高气温 38 ℃。全年大于 10 ℃ 的积温为 2 500～3 000 ℃,日照 2 900～3 200 h,无霜期 140～180 d。西部为干旱区,多年平均降水量为 130～150 mm;东部为半干旱区,多年平均降水量为 300～400 mm。降水的年际变化大,多雨年与少雨年相差 3～4 倍;年内分配不均,7～9 月雨量占全年的 70%～80%,4～6 月降水少。灌区蒸发强烈,年平均水面蒸发量(E601 型)800～1 500 mm。降雨不能满足农作物的用水需求,农业生产大都依赖引水灌溉。

黄河水是灌区的主要水源,自宁夏回族自治区中卫县李井滩扬水灌区取水口至内蒙古托克托县麻地壕扬水灌区,河段长约 680 km。区间较大支流有大黑河,为季节性河流,非汛期来水很少。乌梁素海位于河套灌区东端,水面面积约 290 km²,库容 3.3×10⁸ m³,承纳河套灌区的排退水及阴山南麓的山洪,通过泄水渠将水排入黄河。

内蒙古引黄灌区历史悠久,早在唐贞元年间,在今五原县一带曾“凿成应、永靖二渠,灌田数百顷”。清光绪二十六年(公元 1900 年),八大干渠相继浚通,灌溉面积达 100 万亩,其后一直处于停滞状态。新中国成立前,灌区长期引水无控制,枯水季节用水不足,洪水季节又大量进水,泛滥成灾时有发生。新中国成立后灌区建设得到了较快发展。20 世纪 50 年代初,修筑黄河防洪堤保护灌区生产,并平整土地,整修渠系工程,提高灌溉技术等,灌溉面积大幅度增加。50 年代末,对河套灌区进行了灌区统一规划,并于 1961 年建成三盛公水利枢纽,并对灌区进行工程配套。此后陆续兴建了黄河南岸灌区、镫口扬水灌区、麻地壕扬水灌区、民族团结灌区、李井滩扬水灌区等大型灌区。灌溉水源得到保障、灌溉面积得到大幅度提高,极大地促进了当地的农业发展。

1.4.1 河套灌区

河套灌区位于黄河上中游内蒙古巴彦淖尔市境内。北抵阴山山脉的狼山、乌拉山，南至黄河，东邻包头市，西与乌兰布和沙漠相接。东西长250 km，南北宽50余千米，总土地面积1 784万亩，引黄控制面积1 743万亩，现引黄有效灌溉面积900万亩，是亚洲最大的一首制灌区和全国三个特大型灌区之一，也是国家和内蒙古重要的商品粮、油生产基地。河套灌区地处我国干旱的西北高原，降水量少，多年平均降水量130～210 mm，蒸发量大，多年平均蒸发量2 100～2 300 mm，是典型的没有灌溉就没有农业的地区，有97%的农田依赖引黄灌溉。黄河是赖以生存和发展的唯一引水源，近年引黄水量47亿 m^3 左右，多年排水量3亿～5亿 m^3。灌区由4月中旬开灌到11月中旬结束，其间8月停水10天左右。灌区灌溉分夏灌、秋灌、秋浇三个时段，其中：作物生长期夏灌、秋灌水占全年总用水量的60%，9月中旬后的秋浇储水灌溉用水占全年总水量近40%。

河套灌区始于秦汉，兴起于清末年间。新中国成立以后，经过几代人的不懈努力，各项事业得到了长足的发展，现已初步形成灌排配套的骨干工程体系。灌水渠系共设七级，即总干渠、干渠、分干渠、支渠、斗渠、农渠、毛渠。现有总干渠1条，全长180.85 km，是河套灌区输水总动脉；干渠13条，全长779.74 km；分干渠48条，全长1 069 km；支渠339条，全长2 189 km；斗渠、农渠、毛渠共85 522条，全长46 136 km。

排水系统与灌水系统相对应，亦设有七级。现有总排干沟1条，全长260 km；干沟12条，全长503 km；分干沟59条，全长925 km；支沟297条，全长1 777 km；斗沟、农沟、毛沟共17 322条，全长10 534 km。灌区现有各类灌排建筑物18.35万座。

新中国成立以来，河套灌区水利建设大致经历了三个阶段。从新中国成立初至20世纪60年代初期，重点解决了引水灌溉工程。1959～1961年，兴建了三盛公水利枢纽工程，开挖了输水总干渠，使河套灌区引水有了保障，结束了在黄河上无坝多口引水、进水量不能控制的历史，开创了河套灌区一首制引水灌溉的新纪元。从20世纪60年代中期开始，灌区进入了以排水建设为主的第二个发展阶段。1957年疏通了总排干沟，1977年建成了红圪卜排水站，1980年打通了乌梁素海至黄河的出口，其间还开挖了干沟、分干沟和支沟、斗沟、农沟、毛沟，使灌区的排水有了出路。20世纪80年代，灌区引进世界银行贷款6 000万美元，加上地方配套共投资8.25亿元，重点开展了灌区灌排配套工程建设，完成了总排干沟扩建、总干渠整治"两条线"和东西"两大片"八个排域的315万亩农田配套。从此，河套灌区结束了有灌无排的历史，灌排骨干工程体系基本形成。从20世纪90年代开始，随着黄河上游工农业经济的发展和用水量的增加，上游来水量日趋减少，再加上河套灌区和宁夏引黄灌区用水高峰重叠，以及灌区内复种、套种指数的提高及灌溉面积的增加，使灌区的适时引水日益困难。因此，1998年起灌区进入了以节水为中心的第三个阶段。

1998年以来，灌区认真贯彻原水利部提出的"两改一提高"精神，抢抓国家实施西部大开发的历史机遇，积极争取国家对灌区节水改造项目的投资。1998～2012年累计总投资13.68亿元，灌区发展到2006年已比1999年节水1.46亿 m^3，到2012年已比1999年节水约3亿 m^3，随着工程整体运行寿命的延长，全灌区工程完好率由1998年的61.6%提高到目前的73.8%。同时，减少了侧渗，降低了土地盐碱化程度，促进了周边生态环境的好转。

在改革方面，一是大力推行用水户参与灌溉管理改革。群管体制改革覆盖面基本占全灌区灌溉面积的100%，共组建各类管水组织1 183个，其中农民用水户协会341个。为了进一步深化群管体制改革,2005 年巴彦淖尔市政府出台了《群管组织和用水户参与灌溉管理暂行办法》,特别是 2006 年,市政府出台了《完善群管体制改革全面推行"亩次计费"的实施意见》,为全面推行"亩次计费"创造了条件。二是大力推行以"管养分离"为主的国管工程管理体制改革。改革覆盖面达到了国管渠沟道的 2/3 以上,共完成标准化渠堤建设 700 km。三是试行人事制度改革,在基层所段,推行了岗位竞聘制度。四是稳步推行水价水费改革,对群管水价改革也进行了有益探索。多年来,河套灌区通过改革、发展和建设,不断提高灌区现代化管理水平,实现了水务民主化、农牧民收入与灌区水利管理水平的同步提高。在大型灌区节水改造建设、用水户参与式管理、管养分离、信息化建设等多个方面,走在了全国大型灌区的前列,受到了原水利部、国家发展和改革委员会等部委的多次表彰。

1.4.2　黄河南岸灌区

黄河南岸灌区是内蒙古六个大型引黄灌区之一,由上游的自流灌区和下游的扬水灌区两部分组成,主要作物为玉米、葵花和小麦,属于国家及自治区的重要商品粮食基地。灌区位于鄂尔多斯市北部,黄河右岸(南岸)鄂尔多斯台地和库布齐沙漠北缘之间的黄河冲积平原上。灌区西起黄河三盛公水利枢纽,东至准格尔旗的十二连城,北临黄河右岸防洪大堤,南接库布齐沙漠边缘,呈东西狭长条带状分布,地理坐标为东经 106°42′～111°27′,北纬 37°35′～40°51′。沿黄河东西长约 412 km,南北宽 2～40 km,由于受山洪沟和沙丘的阻隔,灌区呈不连续状。自流灌区和扬水灌区分别位于杭锦旗和达拉特旗境内。

灌区属典型的温带大陆性气候。春季干燥多风、夏季温热、秋季凉爽、冬季寒冷而漫长,寒暑变化剧烈,土壤冻融期长,降水量少而集中,蒸发旺盛,光能资源丰富。灌区地貌形态由洪冲积平原(低缓沙地)和黄河冲积平原(一级、二级阶地)构成。洪冲积平原南与库布齐沙漠相连,北接黄河冲积平原,地形总趋势为南高北低,坡度为 1°～3°,地面海拔 1 010～1 060 m,表土由第四系全新统洪冲积砾石、中细砂、粉细砂、粉砂质黏土组成,南部分布有垄岗状、新月形活动沙丘,沙丘一般高 3～30 m;冲积平原沿黄河分布,地势平坦,总趋势西高东低,地面坡度 0.5°～3°,微向黄河倾斜,主要由一级、二级阶地组成,其上零星分布有湖沼、洼地,水文地质条件较复杂,含水层较厚,蕴藏丰富的地下水资源。

黄河南岸灌区总土地面积为 717.3 万亩,耕地面积为 267 万亩,现状灌溉面积约 139.6 万亩。按水源引水方式灌区分为自流灌区和扬水灌区两部分。自流灌区地处灌区上游,位于杭锦旗境内,现状灌溉面积约 40.4 万亩。灌区由五个灌域组成,从上游至下游依次为昌汉白灌域、牧业灌域、巴拉亥灌域、建设灌域和独贵塔拉灌域。渠系多由干渠、支渠、斗渠、农渠组成,间有渠道越级取水现象。扬水灌区地处灌区下游,位于达拉特旗境内,由 23 处扬水泵站提水灌溉,现状灌溉面积 99.2 万亩。灌区由九个灌域组成,从上游至下游依次为杭锦淖尔灌域、中和西灌域、恩格贝灌域、昭君坟灌域、展旦召灌域、树林召灌域、白庙子灌域、白泥井灌域、吉格斯太灌域。一些灌域内插花分布数量不等的井灌区,灌溉面积合计 45.3 万亩。渠系由干渠、支渠、斗渠、农渠组成,存在二级、三级提水。

经过十多年的大规模改造建设,目前自流灌区绝大多数干渠、支渠、斗渠、农渠、毛渠已实现衬砌,排水沟布局较为合理,灌排建筑物配套基本完备,灌溉和排水条件得到了改善,尤其是灌溉条件改善显著。灌区现有渠道干渠 1 条,长度 190.00 km;分干渠 2 条,总长度 45.46 km;支渠 51 条,总长度 250.16 km,斗渠以下田间渠道总长度超过 1 000 m;总排干沟 1 条,长度62.43 km,排水干沟 3 条,总长度 152.01 km;各类建筑物 29 820 座。

扬水灌区有 23 处扬水泵站进行提水灌溉,渠系由干渠、支渠、斗渠、农渠组成,其中干渠 26 条,长度 155 km;支渠 134 条,长度 346.17 km;斗渠 400 条,长度 446.74 km。干渠现状引水流量为 0.125～4.848 m³/s;支渠现状分水流量为 0.125～1.0 m³/s。穿堤涵洞 33 座,与排干交叉建筑物 2 座,干渠、支渠进水闸、节制闸 55 座,生产桥 13 座。部分渠道实现衬砌和建筑物配套。排水系统总排干沟 1 条,长度 22.4 km;干沟 2 条,长度 20.74 km;支沟 13 条,长度 35.693 km;排水泵 5 座。

1.4.3　镫口扬水灌区

镫口扬水灌区位于大青山南麓土默川平原,在呼和浩特市和包头市之间。灌区总土地面积 192 万亩,耕地面积 146 万亩,设计引黄灌溉面积 116 万亩。2000 年节水改造规划面积 67 万亩,其中一级扬水灌溉面积 57 万亩,二级扬水灌溉面积 10 万亩。2012 年实际灌溉面积约 56 万亩,主要承担包头市九原区、土默特右旗和呼和浩特市土默特左旗,共 21 个乡镇的农田灌溉任务,是内蒙古重要的粮食、经济作物产区。

灌区系黄河冲积平原,地形由西北向东南倾斜,地面坡降 1/7 000～1/5 000。土壤主要为砂壤土和壤土。土默特右旗 1970～2012 年多年平均降水量 350.7 mm,多年平均蒸发量 1 094 mm。

总干渠全长 18.05 km,比降 1/10 000,底宽 25 m,边坡 1：1.75～1：1.5,渠深 1.7～3 m,设计流量 50 m³/s,加大流量 60 m³/s,其主要任务是为民生渠、跃进渠输水,主要建筑物有枢纽分水节制闸一座,与五当沟退洪交汇处建交叉涵洞一座,以及六座支渠口闸和四座退洪闸。民生渠全长 52.6 km,设计流量 30 m³/s,加大流量 36 m³/s,承担农田设计灌溉面积 32 万亩,同时还承担哈素海二级灌域 10 万亩农田灌溉和哈素海供水任务;跃进渠全长 59.85 km,设计流量 20 m³/s,加大流量 23 m³/s,承担农田设计灌溉面积 24 万亩任务。总干渠上有分水闸 1座,民生渠、跃进渠各有干渠节制闸 8 座,干渠测流桥各 8 座;支渠分水闸 130 多座,支渠测流桥 100 多座。总干渠和民生渠均建有退洪闸和交叉涵洞。

1.4.4　麻地壕扬水灌区

麻地壕扬水灌区始建于清朝乾隆年间,1966 年渠系工程基本形成,1976 年改扩建后初具规模。麻地壕扬水灌区隶属于内蒙古呼和浩特市托克托县政府,管理单位是内蒙古托克托县黄河灌溉总公司。1979 年成立托克托县麻地壕扬水灌区管理局,1984 年改名为麻地壕扬水灌区总站,1992 年改名为内蒙古托克托县黄河灌溉总公司,县政府体制改革定性为企业。

麻地壕扬水灌区包括两个灌域(包括大黑河河道),土地面积 123.54 万亩,设计灌溉面积 53.02 万亩,其中大黑河水灌溉面积 7.45 万亩。经多年建设,灌区现已建成总干渠 1 条,干渠 2 条、分干渠 5 条、支渠 85 条,支渠以上渠道总长 373.50 km,骨干渠系建筑物 488 座;排水骨干工程现有总干沟(大黑河故道)1 条,经过灌区内长 31 km,干沟、分干沟(包括什拉乌素河、哈素海退水渠)4 条,支沟以上总长 51.10 km;目前,大井壕灌域完成了西一、西二分干渠部分渠段的衬砌,西一分干左五支渠、崞县营支渠衬砌;丁家圪灌域完成了东三分干渠宝号营站后下游部分渠段衬砌,东二分干渠太水营支渠、东三分干左七支渠、东三分干北斗干斗渠渠道衬砌。灌区在渠首工程方面,现已完成麻地壕泵站机械维修和节能改造,对泵站房建及部分水工建筑物进行了改建与补修。完成了衬砌渠段的建筑物维修与配套;支渠以上骨干渠系上的五级以上扬水站节能改造和泵房维修也基本完成;新建改建渠系建筑物 105 座、维修渠系建筑物 43 座,泵站维修及节能改造 12 座,完成了麻地壕、丁家圪两座变电站的节能改造。

第2章 灌溉水利用效率测试布置原则、测定方法及典型测试渠道与田块选取

本章详细阐明灌溉水利用效率在测试时,典型测试渠道与典型测试田块在测试选取布置时应遵循的原则,并针对内蒙古引黄灌区实际情况,提出采用首尾测算分析法与典型渠段测算分析法(方法阐述见第3章)分析不同尺度灌溉水利用效率时,需要测定的相关参数、参数测定方法和注意事项等。除此之外,基于内蒙古引黄灌区测算实际情况,依据测试选取布置原则,全面叙述内蒙古大型引黄灌区选取布置情况,详细地对选取渠道和田块进行评价分析。本章旨在为内蒙古引黄灌区或其他类似灌区灌溉水利用效率测试分析提供理论依据与实践参考。

2.1 灌溉水利用效率测试布置原则

2.1.1 典型测试渠道选取原则

大型灌区各级渠道并非一条,对每条渠道进行全面测试又不太现实,出于对个别灌区工作人员有限等原因的考虑,为合理确切地反映灌区各级渠道实际的渠道水利用系数,在测试时,选取灌区内具有代表性的测试渠道作为典型测试渠道进行测试,通过以点带面的方式推算全灌区的渠道水利用系数。在选取典型测试渠道时,应满足:①全面收集灌区渠道系统的资料,并进行分析,依据灌区的实际情况,根据渠道级别、土壤质地、渠道衬砌、所在灌区位置、管理水平、工程状况等因素确定出具有代表性的各级渠段和数量。②对各备选典型渠道进行实地考察,收集渠道土壤质地、渠道衬砌状况、所在灌区位置、管理水平、工程状况等资料信息,将满足测试要求的渠道确定为典型测试渠道。③在每个子灌区(灌域)应选择具有代表性的干渠、支渠、斗渠至少各一处。大流量、中流量、小流量都必须安排测试。④渠系水在灌溉渠系行水过程中会通过稳渗、侧渗、蒸发等因素损耗部分水量,因此,被测典型渠段的渠底一般应高于灌溉田块地面且顺直。⑤在符合上述原则的前提下,渠道典型样点的选取还应交通便利、方便测试及方便收集信息数据。优先选择有历史测试数据的渠道,以便进行对比分析。⑥根据渠道沿线的水文地质条件、衬砌状况,选择流量稳定、有代表性的渠段,中间无支流(或可控),观测上游、下游两个断面同一时段的流量,其差值即为损失水量。在选择典型渠段测试时,其长度应满足:①流量小于 $1 \mathrm{~m}^3/\mathrm{s}$ 时,渠道长不小于 $1 \mathrm{~km}$;②流量为 $1\sim10 \mathrm{~m}^3/\mathrm{s}$ 时,渠道长不小于 $3 \mathrm{~km}$;③流量为 $10\sim30 \mathrm{~m}^3/\mathrm{s}$ 时,渠道长不小于 $5 \mathrm{~km}$;④流量大于 $30 \mathrm{~m}^3/\mathrm{s}$ 时,渠道长不小于 $10 \mathrm{~km}$。

2.1.2 典型测试田块选取原则

大型灌区种植面积大,种植作物种类繁多,全面测试灌区田间参数工作量十分庞大,同时也没有必要。在测试时通过以点带面的方式能够合理反映灌区实际灌溉情况,即田间灌水次数、灌水方式与习惯等参数即可。基于此,选取灌区具有代表性的测试田块作为典型测试田块进行参数的测试,其基本选取原则:①全面收集灌区种植结构和田间数据资料,根据灌区整体特点并结合种植结构和行政区划、田块大小、田间工程条件,在灌区上游、中游、下游分别选择最具代表性的田块作为测试田块。每个测试点主要作物测试田块要求选两块,一块为大田块,一块为

小田块。②对各备选典型田间测试点进行实地考察,收集相关资料,将满足测试要求的田块确定为典型测试田块。③灌区内种植比例大于10%的作物都必须安排灌溉试验,典型试验田块的布设要考虑行政区划,尽量在各地区都有测试田块。④选择面积适中、边界清楚、形状规则的田块,同时考虑田间平整度、土质类型、地下水位埋深、降水、灌溉习惯和灌溉方式等综合因素的代表性。⑤典型田间测试点的选取还应交通便利、便于测试人员食宿、方便收集信息数据。

2.2　灌溉水利用效率测定方法

2.2.1　渠道水利用系数测试方法

渠道水利用系数的测定方法有很多,国内目前还没有统一的规范和标准。基于内蒙古引黄灌区实际情况,鉴于《灌溉渠道系统量水规范》(GB/T 21303—2007)(中华人民共和国水利部 等,2007)技术规程,本节将阐述内蒙古引黄灌区各级渠道水利用系数测试原则、依据和方法等。第3章将以此为依据,通过以点带面的方式,进行灌区渠道水利用系数测算分析。

1. 渠道流量测试方法

渠道流量测试的方法有很多,本次依据内蒙古引黄灌区实际情况采用流速仪测定渠道流量。正确选择施测断面和施测垂线,完成断面测量、流速测量、流量计算三个环节。

2. 施测断面布设

(1)测流断面内各测点的流速不能超过流速仪的测速范围。

(2)垂线处水深不应小于流速仪用一点法测速的必要深度。

(3)水中漂浮物不致影响流速仪正常运转。

(4)在一次测流时段内水位平稳,水位涨落差不应大于平均水深的2%。

(5)测流渠段平直,比降规则,水流均匀。

(6)测流渠段的纵横断面比较规则、稳定。

(7)测流断面的设置与水流方向垂直,尽量在测流桥上施测。

(8)测流断面水位、流量不应受上游、下游闸门操纵的影响,附近没有影响水流的建筑物。

3. 施测垂线布设

(1)测流断面上测深、测速垂线的数目和位置,应满足过水断面和部分平均流速测量精度的要求。

(2)在比较规则、整齐的渠床断面上,任意两条测深垂线的间距,应不大于渠宽的1/5;在形状不太规则的断面上,其间距不大于渠宽的1/20。测深垂线应分布均匀,能控制渠床变化的主要转折点,渠岸坡脚处、最大水深点、渠底起伏转折点等都应设置测深垂线。

(3)主流摆动剧烈或渠床不稳的测站,垂线宜加密布置,垂线位置应优先分布在主流上。垂线较少时,应避开水流不平稳和紊动大的岸边或回流区附近。

(4)规则的灌溉渠道断面上,测深垂线与测速垂线要尽量合并设置。

(5)垂线可等距离或不等距离布设。若过水断面对称,水流对称,则垂线应对称布设。

(6)布置施测垂线时应设置固定标志,其间距应事先量测,同时应测量水边宽度,测线间距允许测量误差为±0.01 m。

渠道测流断面上施测垂线布设要求见表2.1。

表 2.1 测流断面不同水面宽的施测垂线布设要求

渠道类别	水面宽/m	施测垂线间距/m	施测垂线数目/个
总干渠、干渠	20.0～50.0	2.0	10～20
分干渠、支渠	5.0～20.0	1.0	5～20
分支渠、斗渠	1.5～5.0	0.5～1.0	3～5

4. 断面测量

用测杆测量每一条施测垂线上的水深,并按梯形公式、三角形公式计算各部分断面面积,进而计算过水断面面积。图 2.1 为渠道测流断面面积的划分示意图。

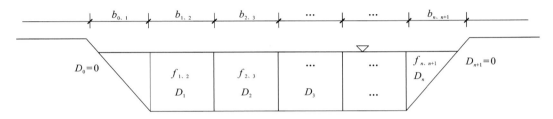

图 2.1 测流断面面积划分示意图

图 2.1 中,$f_{n-1,n}$ 为第 $n-1$ 条和第 n 条两条垂线间的部分面积(m^2);D_{n-1}、D_n 分别为第 $n-1$ 条和第 n 条两条垂线的实际水深(m);$b_{n-1,n}$ 为第 $n-1$ 条和第 n 条两条垂线之间的部分断面宽(m)。

5. 流速测量

(1)测水面流速时,应使流速仪转子在水面以下 5 cm 左右处施测,不能暴露流速仪的旋转部件,不能发生剐蹭,流速仪应与水流流向保持平行,仪器转轴中心或轭架中心偏离测点的偏距不应超过水深的 1/20。

(2)测渠底流速时,流速仪旋转部件应离开渠底 2～5 cm。

(3)垂线上相邻两测点的间距,不宜小于流速仪旋桨或旋杯的直径。

(4)测速方法应根据垂线水深来确定。不同垂线水深的测速方法应符合表 2.2 的规定。流速测量方法可采用一点法、二点法、三点法和五点法,其测点位置与垂线流速测点的分布应符合下列规定,见表 2.3。

表 2.2 不同渠道不同水深的测速方法

渠道类型	不同水深及测速方法				
总干渠、干渠、分干渠	垂直水深/m	>3.0	1.0～3.0	0.8～1.0	<0.8
	测速方法	五点法	三点法	二点法	一点法
支渠、斗渠、农渠	垂直水深/m	>1.5	0.5～1.5	0.3～0.5	<0.3
	测速方法	五点法	三点法	二点法	一点法

表 2.3　垂线流速测点的分布位置

测点数	相对水深位置
一点	0.6
二点	0.2、0.8
三点	0.2、0.6、0.8
五点	0.0、0.2、0.6、0.8、1.0

注：相对水深为仪器入水深度和垂线水深之比

(5) 单个测点的测速历时，不宜少于 100 s，当流速变率较大或垂线上测点较多时，可采用 60～100 s。

6. 断面流量计算

1）测点流速计算

计算公式为

$$V = \frac{kN}{t} + c \tag{2.1}$$

式中：V 为测点流速（m/s）；k 为流速仪旋转螺距（m/r）；N 为转数（r）；t 为测速历时（s）；c 为摩阻系数（m/s）。

2）垂线平均流速计算

按照一点法、二点法、三点法或五点法等施策方法规定的方法计算垂线平均流速 V_{cp1}，V_{cp2}，$\cdots$，$V_{cp(n-1)}$。

3）部分平均流速计算

两测速垂线中间的部分（梯形）平均流速，其计算公式为

$$V_2 = \frac{1}{2} \times (V_{cp1} + V_{cp2}), \quad V_3 = \frac{1}{2} \times (V_{cp2} + V_{cp3}), \cdots \tag{2.2}$$

岸边部分（三角形）平均流速（V_1 或 V_n），其计算公式为

$$V_1 = \alpha V_{cp1}, \quad V_n = \alpha V_{cp(n-1)} \tag{2.3}$$

式中：n 为垂线序号，$n = 1, 2, 3, \cdots, n$，如图 2.1 所示；V_n 为第 n 部分断面平均流速（m/s）；V_{cpn} 为第 i 条垂线平均流速（m/s）；α 为边坡流速系数，与渠道的断面形状、渠岸的糙率、水流条件等有关，规则土渠的斜坡岸边，$\alpha = 0.67 \sim 0.75$，梯形断面混凝土衬砌渠段，$\alpha = 0.8 \sim 0.95$；不平整的陡岸边，$\alpha = 0.8$，光滑的陡岸边，$\alpha = 0.9$，死水边，$\alpha = 0.6$。

4）部分面积计算

中间部分面积计算公式为

$$f_i = \frac{1}{2} \times (H_{i-1} + H_i) b_i \tag{2.4}$$

式中：f_i 为第 i 部分断面面积（m²）；H_i 为第 i 条垂线的实际水深（m）；b_i 为第 i 部分水面宽（m）。

岸边部分面积计算公式为

$$f_1 = \frac{1}{2} \times H_1 b_1, \quad f_n = \frac{1}{2} \times H_{n-1} b_n \tag{2.5}$$

5）部分流量计算

计算公式为

$$q_i = V_i f_i \tag{2.6}$$

式中：q_i 为第 i 部分流量（$\mathrm{m^3/s}$）；f_i 为第 i 部分断面面积（$\mathrm{m^2}$）。

　　6）断面流量计算

　　计算公式为

$$Q = \sum q_i \tag{2.7}$$

式中：Q 为断面流量（$\mathrm{m^3/s}$）；q_i 为第 i 部分流量（$\mathrm{m^3/s}$）。

2.2.2　田间水利用系数测定方法

　　田间水利用系数是指田地上植物的有效耗水量与送入田间水量之比。国内目前关于灌区如何测定植物的有效耗水量还没有具体的统一方法。本节将依据《全国灌溉用水有效利用系数测算分析技术指南》中规定的方法，来描述本次田间水利用系数的测定方法。田间水利用系数测定参数有灌水量测定、灌溉面积测定、田间土壤含水量测定、耕作层土壤物理参数测定、地下水位监测、生育期有效降水量测定、作物产量测定、降雨量与水面蒸发观测（气象资料收集）等。

　　为了规范测算方法，便于分析汇总，准确推算内蒙古引黄灌区的灌溉水利用系数，本次要求在田间水利用系数测定时量测方法统一、标准和精度统一、计算方法统一。

1．灌水量测定

　　根据内蒙古引黄灌区实际情况，进入典型测试田块的毛灌溉水量测定，统一采用薄壁堰（三角堰、梯形堰）或矩形无喉段量水堰进行量测。

　　矩形无喉段量水堰安装、使用方法如下：

　　（1）量水槽应设置于顺直渠段，安放时应使用水准仪对水尺零点进行校准，上游行近渠段壅水高度不应影响进水口的正常引水，长度一般应为渠宽的 5～15 倍。

　　（2）量水槽上游不应淤积，下游不应冲刷。行近渠内水流弗劳德数 F_r 应小于或等于 0.5。

　　（3）槽体应坚固、不渗漏，槽体表面平滑光洁，槽体轴线应与渠道轴线一致。

　　（4）量水堰的上游、下游水尺分别设置在距进口和出口的 $1/9L$（L 为槽长）处，水尺应垂直于槽底，零点与槽底齐平。

　　使用薄壁堰（三角堰、梯形堰）量测的渠道流量按水力学相关公式进行计算。

　　矩形无喉段量水堰流量计算公式如下：

$$Q = C_1 H^n \tag{2.8}$$
$$C_1 = K_1 W^{1.025} \tag{2.9}$$

式中：Q 为过槽流量（$\mathrm{m^3/s}$）；n 为自由流指数；K_1 为自由流槽长系数；W 为喉宽（m）；H 为槽内上游水深（m）；C_1 为自由流系数。

　　以上流量计算公式中的 K_1 和 C_1 可根据表 2.4、表 2.5 矩形无喉段量水堰结构尺寸查用。

表 2.4　矩形无喉段量水堰各部尺寸　　　　　　　　　　　　　　（单位：m）

槽型 （$W \times L$）	槽长 L	上游测墙长度 （A_1）	下游测墙长度 （A_2）	上游水尺位置 （B_1）	下游水尺位置 （B_2）	进、出口宽度 （B）	上游护坦长度 （D_1）	下游护坦长度 （D_2）
0.2×0.90	0.90	0.316	0.608	0.211	0.507	0.4	0.6	0.8
0.3×0.90	0.90	0.316	0.608	0.211	0.507	0.4	0.6	1.0
0.4×1.35	1.35	0.474	0.913	0.316	0.760	0.7	0.8	1.2
0.6×1.80	1.80	0.632	1.217	0.422	1.014	1.0	1.0	1.6

槽型 ($W \times L$)	槽长 L	上游测墙长度 (A_1)	下游测墙长度 (A_2)	上游水尺位置 (B_1)	下游水尺位置 (B_2)	进、出口宽度 (B)	上游护坦长度 (D_1)	下游护坦长度 (D_2)
0.8×1.80	1.80	0.632	1.217	0.422	1.014	1.2	1.2	2.0
1.0×2.70	2.70	0.950	1.825	0.632	1.521	1.6	1.4	2.4
1.2×2.70	2.70	0.950	1.825	0.632	1.521	1.8	1.6	2.8
1.4×3.60	3.60	1.265	2.433	0.843	2.028	2.0	1.8	3.2
1.6×3.60	3.60	1.265	2.433	0.843	2.028	2.2	2.0	3.6
1.8×3.60	3.60	1.265	2.433	0.843	2.028	2.4	2.2	4.0
2.0×3.60	3.60	1.265	2.433	0.843	2.028	2.6	2.4	4.4

表 2.5　矩形无喉段量水堰自由流系数和指数

W/m	0.2	0.4	0.6	0.8	1.0	1.2	1.4	1.6	1.8	2.0
L/m	0.90	1.35	1.80	1.80	2.70	2.70	3.60	3.60	3.60	3.60
C_1	0.696	1.042	1.400	1.880	2.160	2.600	2.950	3.380	3.820	4.240
n	1.80	1.71	1.64	1.64	1.57	1.57	1.55	1.55	1.55	1.55
K_1	3.65	2.68	2.36	2.36	2.16	2.16	2.09	2.09	2.09	2.09

2. 灌溉面积测定

选定的典型田块灌水面积应用测绳或全站仪、RTK 进行精确测量。灌区的种植面积由行政单位进行统计得到,对于较大型及大型灌区,由于人为因素,其种植面积很难统计得十分精准,误差较大,本书尝试了一种新的种植面积统计方法,即基于遥感技术进行的种植面积及种植结构测算方法,详细的方法见 3.1 节。

3. 田间土壤含水量测定

田间土壤含水量的测定主要测定土壤含水率。土壤含水率的监测方法很多,其中较常用的方法有烘干法、张力计法、中子水分仪法及时域反射法和频域法。而烘干法测试结果准确可靠,且设备简单易于操作,是测定土壤水分最普遍的方法,也被称作标准方法,是一种校定新的土壤含水率测定仪器精准度和可靠性的基准方法。下面介绍烘干法的原理及测试步骤。

1) 原理

田块的布点方法可采用平面均匀布点法,采样点间的间距不小于 1 m。采样点的位置一经确定,应保持相对的稳定,不应作较大的改变。同一点的分层人工监测应同时在两条以上垂线上采样,取各垂线相同深度的含水量的平均值作为代表性田块在该土层的土壤含水量。用到的器具有烘箱、干燥器、天平、取土钻、铝盒、记录表及铝盒重量记录等。

2) 具体测试步骤

(1) 在野外取样点按照观测的要求在不同深度用取土钻取土样,在土壤水分测定记录表上记录取样日期、取样地点、取样深度(100 cm±20 cm)和盛样铝盒号码。

(2) 在同一取样地点的不同深度(每 20 cm 为一层)应重复取样两次或三次,每次取样的土量应为 30～50 g。

（3）土壤装入铝盒前应清除盒中残存的泥土，土壤装入铝盒后盖紧盒盖并抹干净铝盒外的泥土，检查盒盖号和盒号是否一致。将铝盒放入塑料袋中，避免阳光暴晒并及时送入室内称量，不得长期放置。

（4）野外田间采样时应避开低洼积水处和排水沟，避免地表水和土壤中自由水分沿取土钻渗入下层，以免影响土壤含水量的观测精度。

（5）土样称量时应由熟练使用天平的工作人员在精度为 1% 的天平上进行，应核对盒号，登记盒质量并做好湿土质量的观测。

（6）湿土称重后，揭开盒盖，把盒盖垫在铝盒下放入烘箱烘烤。揭开盒盖时应在干净纸张上进行，以防盒内土壤洒出，若有土壤洒出，应小心收集起来放入盒内。

（7）将揭开盒盖的土壤样品放入烘箱中，使烘箱温度保持在 105～110 ℃，持续恒温 6～8 h。若是黏性土壤，可延长时间，直至达到恒质量时取出。

（8）对于有机质含量丰富的土壤，可降低烘箱温度，延长烘烤时间，避免土壤中有机质气化而影响土壤含水量的精度。

（9）土壤烘干后关闭烘箱电源，待冷却后取出，盖好盒盖放入干燥器中冷却至常温时称重，并核对铝盒和盒盖号码，做好记录。当土壤样品多或无干燥器时，可直接在烘箱中冷却至常温后再称量。从烘箱中取出土样时应小心，避免打翻土样。

（10）土样称量完毕后应立即计算各土样的土样含水量，并检查含水量有无明显异常，如有错误，应立即进行核对，在未发现明显错误后可将该批土样倒出，并擦干净铝盒，核对铝盒和盒盖号码，以备下次再用。

（11）土壤质量含水率计算公式如下：

$$\omega = \frac{m_1 - m_2}{m_2 - m_0} \times 100\%\tag{2.10}$$

式中：ω 为土壤质量含水率（%）；m_1 为湿土加盒质量（g）；m_2 为干土加盒质量（g）；m_0 为铝盒的质量（g）。

（12）土壤体积含水率计算公式如下：

$$\theta = \frac{(m_1 - m_2)/\rho_s}{(m_2 - m_0)/\rho_0} = \rho_0 \omega\tag{2.11}$$

式中：θ 为土壤体积含水率（%）；ρ_s 为水的密度（g/cm³）；ρ_0 为土的干密度（g/cm³）；ω 为土壤质量含水率（%）。

（13）每一测点的土壤含水量为重复测次的均值，而代表性地块的不同深度的土壤含水量为各点位相应深度上测得的均值。

4. 耕作层土壤物理参数测定

耕作层土壤物理参数包括土壤容重及土壤质地。本次测试在测定田间土壤含水量的同时用环刀（100 cm³）取原状土样，测定土壤容重及土壤质地。

1）土壤容重测定方法

土壤存在着空间变异性，即不同的地块不同位置所测得的土壤物理指标是不同的，因此，在选择时要考虑具有代表性的剖面，从而能够代表同类土质的情况，且剖面所在位置土层没有被破坏。

具体测试方法按如下步骤进行。

（1）开掘宽 1 m、长 2 m、深 1.5 m 的土壤剖面试坑，观察面要面向阳并且垂直。

（2）依据土体的结构和试验规定，确定土样采集的层次。本次试验结合土壤含水率的采样深度，对应 4～5 个层次进行采样。

（3）用环刀进行采样，每层至少取 3 个土样，取到的土样选用环刀法测定土壤容重，试验结果取平均值。

测定时按土壤剖面层次分别用环刀采取不破坏自然结构的原状土样，取样时先在采土处用铁铲刮平，将环刀缓慢垂直压入土内（切勿过分敲击振动，以免破坏原状结构），而后用铁铲挖掘四周土壤，取出环刀，将黏附于环刀外面的土除去，再用锋利的削土刀切去环刀两端多余的土，使环刀内的土壤体积与环刀的容积相等。将环刀放入烘箱内，在 105～110 ℃下烘干（一般 12 h），然后称出环刀与干土的质量，计算出干土的质量，从而计算出土壤容重。

$$\gamma = G_0 / V \qquad (2.12)$$

式中：γ 为土壤容重（g/cm³）；G_0 为烘干土重（g）；V 为环刀容积（cm³），若环刀内径为 d，高度为 h，则其容积可按圆柱体计算，即 $V = \pi d^2 h / 4$。

2）土壤质地测定方法

对试验区 0～100 cm 剖面土样用激光衍射法中的干法测定各试验田土壤质地。测试所用的激光粒度仪为 BbcKm-COUL-treLS-230，采用弗劳恩霍费尔理论模型计算土壤颗粒组成。将经 1 mm 筛处理的样品放入进样池中，仪器将自动测定样品。并应用相应的软件得出大于 0.05 mm、0.055～0.002 mm 和小于 0.002 mm 的粒级含量，再在 TAL 软件中按美国土壤质地分类标准实现其质地的划分。

5. 地下水位监测

地下水具有地域分布广、随时接受降水和地表水体补给、便于开采、水质良好、径流缓慢等特点，具有重要的供水价值，因此，地下水位监测尤为重要。地下水位监测通常在测井中实施，应在井口固定点或附近地面设置水准点，以不低于水文五等水准测量标准监测水准点高程。

地下水位监测可根据仪器与人工操作的方式分为人工观测仪器和自动监测仪器。人工观测仪器有测盅、电接触悬锤等，自动监测仪器有浮子式地下水位计、压力式地下水位计等。测井与仪器的关系主要反映在井口径和仪器尺寸，当测井口径大于 40 cm、地下水埋深较浅时，可直接用地表水的浮子式自记水位计测量地下水位；当测井口径小于 15 cm 或地下水埋深较深时，用能在 10 cm 口径的测井中工作的浮子式地下水位计。有些更小的浮子式地下水位计可安装在口径为 5 cm 的测井中工作，但小浮子浮力小，应注意与系统要求灵敏性的配合。压力式地下水位计体积较小，多可用于 5 cm 口径的水位测井，甚至 1 in① 直径的测井。而人工法测水位时，用布卷尺、钢卷尺、测绳等测具测量井口固定点至地下水水面竖直距离。

地下水位监测时，每 5 d 观测一次地下水位埋深，灌溉前、灌溉后加密观测。

---

① 1 in＝2.54 cm

6. 生育期有效降水量测定

在典型测试田块内,选择典型降雨地块,在降雨前后采用 TDR 法或土壤剖面法(烘干法)测定典型田块的土壤含水量,测试深度为 $0\sim20\ cm$、$20\sim40\ cm$、$40\sim60\ cm$、$60\sim80\ cm$、$80\sim100\ cm$、$100\sim120\ cm$,最后结合气象站观测日降雨量资料,模拟计算生育期有效降水量。

7. 作物产量测定

产量预测的目的在于在作物收获以前及早提供产量信息,可用于分析产量与作物需水量等诸多关系。

田间作物测产,通常有目测估产、测数预测和割取预测三种方法。除目测估产外,其他两种方法都要依据田间试验的抽样方法(典型抽样、顺序抽样和随机抽样及成片抽样)进行作物产量测定。一般情况下,先选定测产田和取样点。测产田块的土壤肥力和作物生长状况,要能代表整个测产区的一般水平。一块测产田上设置取样点的数目,要根据测产田面积大小和作物生长的均匀程度而定,一般为 $3\sim9$ 个点。田间作物生长均匀、土壤差异小的,取样点可设置在测产田的一条或两条对角线上,间隔一定距离呈直线分布;作物生长不均匀的可根据生长状况划分为一级、二级、三级等几种类型按比例确定设点数目。

目测估产,根据作物品种的特点、长势长相、气候条件对产量可能产生的影响、病虫害状况等,评定作物的单位面积产量,是一种凭经验的粗略估产法。

测数预测,取样考察作物产量构成因素,以测算每亩产量的一种测产法。大株作物如玉米一般在每个取样点取 21 行求出平均行距,取 51 株(穴)求出平均株(穴)距,以其乘积除以 $667\ m^2$,求出每亩株(穴)数。然后,在每点任选 30 株(穴),根据该作物的产量构成因素(见作物产量)进行测算。例如,原农业部办公厅印发的《全国粮食高产创建测产验收办法(试行)》农办农〔2008〕82 号文件中就详细地描述了水稻、小麦、玉米及马铃薯作物产量测产要求、程序及方法,即水稻、小麦、玉米在成熟前 $15\sim20\ d$ 组织技术人员进行理论或实际测产,马铃薯收获前 $15\sim20\ d$ 进行产量预估。由于该文件可以在网络上查到并下载,在此不做赘述。

割取预测,将各样点的作物割取、脱粒、扬净并干燥至一定标准后称重,求出各取样点的平均产量,再求得每亩产量。撒播的小株作物,每点取 $1\ m^2$ 的方框取样。条播作物可按条长和条幅、条距折算成 $1\ m^2$ 面积。大株作物单株产量变化大,取样点的面积应大些,一般用长方形取样,每点 $6\ m^2$。测产田块的测产结果算出后,即可进一步推算出测产区域的作物总产量。

此外,有条件的地区,在作物各生育期内应测定作物的株高、叶面积指数、根深等生长生育指标。

8. 降雨量与水面蒸发观测(气象资料收集)

为了解不同气象条件在作物生长发育过程中对作物生长相关参数(即需水系数及作物需水量等参数)的影响,需要收集典型测试田块周边气象站资料,数据资料应包括日平均气温、日最高气温、日最低气温、日平均水汽压、日平均相对湿度、日平均风速、日平均气压、日降水量、折算 E601 型日水面蒸发量等。

在周边没有气象站的测试场地需在场地内设置降雨量观测和水面蒸发观测测试点。降雨量观测和水面蒸发观测场地设置依据原水利部职业技能要求进行说明,其他记录、计算等规范在此不做赘述,请查阅参考相关技术规范。

1）降雨量观测场地设置要求

观测场地面积仅设一台雨量计器（计）时为 4 m×4 m；同时设置雨量器和自记雨量计时为 4 m×6 m；雨量器（计）上加防风圈测雪及设置雪板或地面雨量器的雨量站，应加大观测场面积。

观测场地应平整，地面种草或作物，其高度不宜超过 20 cm。场地四周设置栏栅防护，场内铺设观测人行小路。栏栅条的疏密以不阻滞空气流通又能削弱通过观测场的风力为准，在多雪地区还应考虑在近地面不致形成雪堆。有条件的地区，可以利用灌木防护。栏栅或灌木的高度一般为 1.2～1.5 m，并应常年保持一定的高度。杆式雨量器（计），可在其周围半径为 1.0 m 的范围内设置栏栅防护。

观测场内的仪器安置要使仪器相互不受影响，观测场内的小路及门的设置方向，要便于进行观测工作。

当观测场地周围有障碍时，应测量障碍物所在的方位、高度及其边缘至仪器的距离，在山区应测量仪器口至山顶的仰角。

2）水面蒸发观测场地设置要求

设有气象辅助项目的场地应不小于 16 m（东西方向）×20 m（南北方向）；没有气象辅助项目的场地应不小于 12 m×12 m。

为保护场内仪器设备，场地四周应设高约 1.2 m 的围栏，并在北面设小门。为减少围栏对场内气流的影响，围栏尽量用钢筋或铁纱网制作。

观测仪器的安置应以相互不受影响和观测方便为原则。高的仪器安置在北面，低的仪器顺次安置在南面。仪器之间的距离，南北向不小于 3 m，东西向不小于 4 m，与围栏距离不小于 3 m。水面蒸发观测仪器布设一般在尺寸为 16 m×20 m 的观测场布局 7 个仪器位，在尺寸为 12 m×12 m 的观测场布局 4 个仪器位。

2.3　典型测试渠道与田块选取

2.3.1　河套灌区

1. 测试渠道选择与干渠代表性评价

根据 2.1 节确定的布选原则，结合测试任务量，测定渠道以国管渠道为主，在河套灌区内选取总干渠 1 条，干渠 5 条（未衬砌 3 条，衬砌 2 条），分干渠 6 条（未衬砌 4 条，衬砌 2 条），斗渠 4 条，农渠 3 条，共计 19 条。具体所选渠道及测试情况见表 2.6、表 2.7。

表 2.6　河套灌区灌溉水利用系数测定工作量统计

灌域名称	总干渠	干渠	分干渠	斗渠	农渠	合计
乌兰布和灌域		1	1	1	1	4
解放闸灌域		1	2	2	1	6
永济灌域		1	1	1	1	4
义长灌域		1	1	0	0	2
乌拉特灌域		1	1	0	0	2
总干渠	1					1
合计	1	5	6	4	3	19

表 2.7 河套灌区典型测试渠道基本情况

灌域名称	渠道名称	渠道级别	设计流量/(m³/s)	测试区段断面位置	渠道长度/km	混凝土衬砌长度/km	衬砌比例/%	土壤质地
乌兰布和灌域	一干渠	干渠	55.0	渠首/一闸/二闸	32.00			砂壤土
	建设二分干渠	分干渠	18.0	渠首/一闸/渠尾	33.00			砂壤土
解放闸灌域	杨家河干渠	干渠	54.0	口闸/一闸/二闸/三闸/四闸	58.00	29.250	50.43	砂壤土
	机缘分干渠	分干渠	15.6	口闸/四闸	7.10	7.100	100.00	砂壤土
	沙壕分干渠	分干渠	11.0	口闸/一闸/二闸	14.50			壤土
永济灌域	永济干渠	干渠	90.0	口闸/一闸/二闸/三闸	49.40	24.000	48.58	砂壤土
	新华渠	分干渠	23.0	口闸/一闸/二闸/三闸/四闸	32.20			砂壤土
义长灌域	通济干渠	干渠	37.4	口部/一闸/二闸/三闸/北稍渠	67.85			砂性土、黏性土
	什巴分干渠	分干渠	19.0	渠首/四闸	31.90			砂壤土
乌拉特灌域	长济干渠	干渠	26.0	一闸/二闸/三闸	54.30	4.300	7.92	亚黏土
	长济北稍分干渠	分干渠	6.0	口部/尾部	11.00			亚黏土
	总干渠	总干渠	565.0	33 个断面	188.60	20.500		壤土、砂壤土、黏土
合计					568.85	85.115		

总干渠作为河套灌区输水大动脉,全长 188.6 km,渠道的输水效率直接影响到灌区输水损失的大小,本次测试要求分闸段进行测试,以推求各闸段效率和全渠的效率。河套灌区共有干渠 13 条,其中乌兰布和灌域 1 条,解放闸灌域 3 条,永济灌域 1 条,义长灌域 5 条,乌拉特灌域 3 条。在干渠测试渠道的选择上,结合经费和测试工作量等因素,项目组经多次调研咨询,最终讨论确定测试干渠 5 条。其中乌兰布和灌域位于河套灌区最西部,与乌兰布和沙漠接壤,渠道渗漏损失较大,而且历史测试数据较少,加之从三盛公水利枢纽上游取水,本次测试选取一干渠作为测试渠道;解放闸灌域干渠选择杨家河干渠,主要是考虑杨家河灌区二闸至四闸已经全部进行衬砌,2002 年进行过未衬砌前的效率测试,本次测试可以进行渠道衬砌前后效率对比及衬砌工程效率衰减趋势分析;永济灌域的永济干渠作为永济灌域的唯一一条干渠,引水流量最大,位于灌区中游,灌溉控制面积最大,也选择进行测试;义长灌域为灌溉面积最大的灌域,干渠数量最多,本次测试选取其中的通济干渠进行测试,主要是考虑通济干渠没有进行过衬砌,按照规划即将进行衬砌,目的是要摸清衬砌前的渠道水利用效率,为节水工程效益评估提供基础数据;乌拉特灌域有三条干渠,本次测试选择长济干渠,主要是考虑长济干渠位于乌拉特灌域中部,具有较好代表性。

2. 测试田块选择与代表性评价

田间监测点 13 处(包括相应的支渠、斗渠、农渠、毛渠、田口,以确定田间水利用系数),其中:乌兰布和灌域 2 个点,解放闸灌域 2 个点,义长灌域 3 个点,乌拉特灌域 3 个点,永济灌域 3 个点,见表 2.8。渠道与田间情况见图 2.2。

表 2.8 河套灌区各灌域田间测试典型田块基本情况统计

灌域名称	田块名称	所属行政区	测试田块隶属渠道	测试作物名称	田块数量	面积/亩	平均值/亩
乌兰布和灌域	兵团	磴口县农垦	东三毛渠北、南	小麦	2	1.50+1.20	1.42
				葵花	2	1.30+2.00	
	坝楞	磴口县坝楞村	东风渠	玉米	2	1.20+1.41	
				小麦套种葵花	3	1.40+1.40+1.40	
解放闸灌域	沙壕渠	杭锦后旗屯河	一斗四六农渠羊场渠毛3	小麦	6	0.85+1.37	1.48
						1.84+3.04	
						0.80+1.80	
			羊场渠毛4四六渠	玉米	4	1.60+1.20	
						1.69+1.47	
			一斗四六农渠	小麦套种葵花	2	0.93+0.70	
	小召	杭锦后旗崔寡妇圪旦	羊场渠毛2	葵花	2	0.85+1.37	
			羊场渠	西瓜	1	2.69	
永济灌域	双河镇	临河区双河镇	马场地毛1	番茄	1	1.12	1.31
	治丰	临河区治丰村	永刚分干、西济支渠、公安斗渠、右四农渠	小麦	2	2.00+2.10	
				玉米	2	1.26+2.17	
				葵花	2	0.80+2.00	
				小麦套种玉米	2	1.10+1.20	
	隆胜	临河区隆胜镇	井灌区	小麦	2	0.89+0.74	
				玉米	2	0.76+0.85	
				小麦套种玉米	2	0.95+0.94	
义长灌域	五原浩丰	五原县隆兴昌镇浩丰三、七社	义和干渠、左二支渠、三队门前渠	小麦	2	2.90+3.94	2.54
				葵花	2	2.68+2.44	
	五原旧城	五原县隆兴昌镇旧城二、三社	义和干渠、任红永小斗、隆胜渠	小麦	2	1.91+1.73	
				葵花	2	3.64+1.90	
				玉米	2	2.83+3.46	
	五原永联	五原县新公中镇永联二队	皂火干渠、人民支渠、左四斗渠	葵花	2	3.56+1.71	
				玉米	2	1.42+1.42	
乌拉特灌域	人民渠	乌拉特前旗葫芦素	长济干渠、付恒兴支渠、桥湾斗渠、红柳渠农渠	葵花	2	2.00+4.40	3.37
	塔布	乌拉特前旗西小召村	塔布干渠、旧八号支渠、人民农渠	葵花	2	3.70+4.10	
	三湖河	乌拉特前旗西菜园	三湖河干渠、民生支渠、一农渠	葵花	2	2.00+4.00	

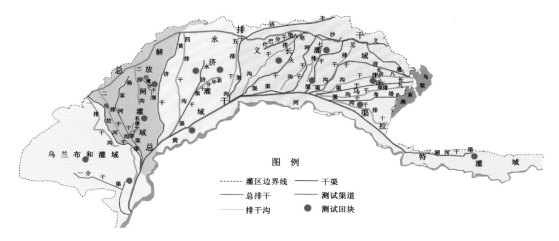

图例
灌区边界线　干渠
总排干　　　测试渠道
排干沟　　● 测试田块

图 2.2　河套灌区灌溉水利用系数试验测定渠道与试验田块布置

（1）乌兰布和灌域：乌兰布和灌域田间监测点选取 2 个，分别位于磴口县坝楞村和农垦兵团 1 团团部附近，磴口县坝楞村田间测试点属于河套灌区上游，从东风分干渠引水，土壤为砂壤土，平均田块面积为 1～2 亩，所选田块面积为 1.20～1.41 亩，主要种植作物分别为玉米和小麦套种葵花，进行了田间节水工程改造，土地平整度较高，具有代表性。而兵团 1 团田间测试点位于乌兰布和沙区边缘，土壤为砂性土，测试田块面积为 1.2～2.0 亩，代表性作物为小麦和葵花，代表乌兰布和灌域下中游的田间灌水水平。

（2）解放闸灌域：解放闸灌域位于河套灌区中上游，田间监测点选取 2 个，分别位于小召和沙壕渠，土壤质地均为砂壤土，平均田块面积 1～2 亩，所选田块面积为 0.80～3.04 亩，主要种植作物分别为小麦、玉米和葵花。经过田间节水工程改造，土地平整度较高，具有一定的代表性。

（3）永济灌域：永济灌域位于河套灌区中上游，在本次测试过程中，田间监测点选取 3 个，分别位于临河区双河镇、隆胜乡治丰村和隆胜村，其中双河镇、治丰村试验点为黄灌区，隆胜试验点为井灌区。试验田块面积为 0.80～2.17 亩，在当地具有一定代表性，治丰黄灌区从永刚分干开口直接引入公安斗渠经右四农渠进入田间，属于越级引水，在河套灌区具有代表性。

（4）义长灌域：义长灌域田间监测点选取 3 个，分别位于五原县新公中镇永联二队、五原县隆兴昌镇浩丰三社和七社、五原县隆兴昌镇旧城二社和三社。五原县新公中镇永联二队属于河套灌区中下游，从皂火干渠人民支渠引水，土壤为壤砂土，平均田块面积为 1～4 亩，所选田块面积为 1.42～3.56 亩，主要种植作物分别为葵花和玉米；五原县隆兴昌镇浩丰三社和七社的典型田块从义和干渠左二支渠引水，土壤为砂壤土，所选田块面积为 2.44～3.94 亩，主要种植作物分别为小麦和葵花，田间节水工程进行了改造，土地较平整，具有代表性，代表义长灌域下游的田间灌水水平；五原县隆兴昌镇旧城二社和三社田块从义和干渠任红永小斗渠引水，土壤为砂土，测试田块面积为 1.73～3.64 亩，代表性作物为小麦、葵花和玉米。

（5）乌拉特灌域：乌拉特灌域位于河套灌区下游，灌域土地及种植面积较大，但相对于其他灌域而言，土质状况较差，土壤盐碱化较为严重，常年干旱少雨，地下水位较高。所以，当地农民一般仍以葵花为主要种植作物，只是局部地区种植有少量其他作物，如番茄、蜜瓜等，这可以从种植结构调查结果看出。根据乌拉特灌域田间灌溉水利用效率测试实施方案，本次试验具体测试地点选在灌域内长济干渠、付恒兴支渠－斗渠－农渠、塔布干渠、人民斗渠－农渠、三湖河民生支渠—农渠及其所控制的灌溉田块。

2.3.2　黄河南岸灌区

通过黄河对南岸灌区自流子灌区及扬水子灌区各渠道进行实地考察,分别选取干渠、支渠、斗渠作为典型测试渠道。

在自流灌区的巴拉亥灌域呼和木都镇选择干渠、支渠、斗渠各1条作为典型测试渠道;在扬水灌区的昭君坟灌域选择干渠、支渠各1条,在树林召灌域选择斗渠1条。各典型测试渠道的基本情况见表2.9。

表2.9　黄河南岸灌区典型测试渠道基本情况

灌区类型	灌域名称	渠道名称	渠道类别	设计流量/(m³/s)	测试渠段断面位置	渠段长度/km	渠段起点到渠首距离/km	衬砌情况（长度、形式）	土壤质地
自流灌区	巴拉亥灌域	南干渠	干渠	40.0	22闸下500 m处	21.410	22.50	190 km,混凝土板	砂土
		林场支渠	支渠	5.0	南干渠40闸处	1.461	0.20	8.084 km,混凝土板	砂壤土
		林场支渠左一斗渠	斗渠	0.8	距离渠首350 m处	0.950	0.35	2.695 km,混凝土板加聚乙烯膜	砂壤土
扬水灌区	昭君坟灌域	东干渠	干渠	3.2	距离渠首800 m处	3.000	0.80	6.08 km,混凝土板	砂土
		南五支渠	支渠	2.2	距离渠首400 m处	1.680	0.45	4.8 km,混凝土板	砂壤土
	树林召灌域	六斗渠	斗渠	0.3	距离渠首500 m处	0.912	0.50	3 km,未衬砌	砂土砂壤土

黄河南岸灌区主要种植作物为玉米、葵花。通过对南岸灌区的现场踏勘和调查资料的分析,确定每个子灌域至少分别选取典型玉米田块样点、典型葵花田块样点进行田间测试。

在自流子灌区上游、中游、下游的巴拉亥灌域、建设灌域、独贵塔拉灌域内分别选择1个典型田块测试点,共3个典型田块测试点,各测试点分别布设玉米和葵花试验田块各1组。在扬水灌区上游、中游的昭君坟灌域、树林召灌域内分别选择1个典型田块测试点,共2个典型田块测试点,各测试点分别布设玉米和葵花试验田块各1组。测试的典型田块位置见图2.3。

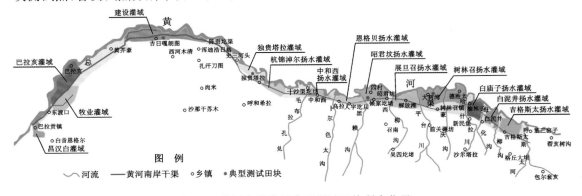

图2.3　黄河南岸灌区典型测试田块所在位置

巴拉亥灌域、建设灌域和独贵塔拉灌域测试典型田块分别位于呼和木都镇、吉日嘎朗图镇和独贵塔拉镇;昭君坟灌域和树林召灌域的测试典型田块分别位于昭君坟镇和小淖新村。典型田间测试点选取情况见表2.10。

表 2.10　黄河南岸灌区典型田块测试点基本情况

灌域名称	田块名称	所属行政区	所属渠系	田块面积/亩	土壤质地	地下水位埋深/m	种植作物	亩产量/kg	地理坐标	
									纬度	经度
巴拉亥灌域	呼和木都	呼和木都镇	左一斗渠	3.70	砂土、砂壤土	1.75	玉米	626.19	40°36.4′	107°17.9′
				1.70	砂土、砂壤土		葵花	205.89	40°36.4′	107°17.9′
建设灌域	吉日嘎朗图	吉日嘎朗图镇	南干渠	3.05	砂土、砂壤土	1.85	玉米	659.81	40°48.7′	107°59.5′
				1.57	砂壤土		葵花	210.32	40°48.7′	107°59.5′
独贵塔拉灌域	独贵塔拉	独贵塔拉镇	南干渠	5.32	砂土、砂壤土	1.80	玉米	572.09	40°34.5′	108°42.6′
				16.17	砂土、砂壤土		葵花	185.54	40°36.6′	108°42.7′
昭君坟灌域	昭君坟	昭君坟镇	南五支渠	3.71	砂土、砂壤土	2.57	玉米	609.60	40°29.4′	109°35.3′
				3.53	砂土、砂壤土		葵花	191.80	40°29.4′	107°35.3′
树林召灌域	小淖新	树林召镇	六斗渠	2.14	砂壤土	2.65	玉米	636.19	40°25.4′	110°08.7′
				1.56	砂土、砂壤土		葵花	189.57	40°25.4′	107°08.7′

2.3.3　镫口扬水灌区

根据典型区段的选择原则,分别在各级渠道上选择典型区段进行测试。总干渠1条:全程测试(包含衬砌段和非衬砌段);分干渠2条:民生渠和跃进渠,分别在选定的典型区段进行测试;支渠6条:民生、跃进灌域各选取3条典型支渠进行测试;斗渠8条:民生、跃进灌域各选取4条典型斗渠进行测试。镫口扬水灌区典型渠道测试基本情况见表2.11。

表 2.11　镫口扬水灌区典型渠道渗漏损失测试统计

序号	渠道名称	设计流量/(m³/s)	测试渠段断面位置	渠段长度/m	渠段起点到渠首距离/km	衬砌情况(长度、时间、形式)	土壤质地
1	总干渠	50	泵站出水口测流桥至官地桥	6 300	500	衬砌(水泥板)	砂壤土
			官地桥至总干渠分水口	9 636	6 300	非衬砌	砂壤土
2	民生干渠	30	茅庵闸至赵家圪梁闸	4 070	200	非衬砌	砂壤土
3	跃进干渠	20	五合圪旦闸至镫口闸	11 700	250	非衬砌	砂壤土
4	民生支渠	2	赵家圪梁(北四支)	800	20	非衬砌	砂壤土
			侯家营(北七支)	2 000	50	非衬砌	砂壤土
			庞家营南(南十二支)	5 300	200	非衬砌	粉壤土

序号	渠道名称	设计流量 /(m³/s)	测试渠段断面位置	渠段长度 /m	渠段起点到渠首距离/km	衬砌情况(长度、时间、形式)	土壤质地
5	跃进支渠	1.5	五合圪旦(南二支)	1 600	500	非衬砌	砂壤土
			镫口(北三支)	2 500	50	非衬砌	粉壤土
			小韩营(南六支)	1 500	100	非衬砌	粉壤土
6	民生斗渠	0.5	赵家圪梁(北四支一斗)	1 000	20	非衬砌	砂壤土
			侯家营(南八支二斗)	2 411	10	衬砌(没浇)	砂壤土
			庞家营南(六斗渠)	1 630	20	非衬砌	粉壤土
7	跃进斗渠	0.5	五合圪旦(南二支一斗)	1 630	50	非衬砌	砂壤土
			镫口(北三支三斗)	2 000	10	衬砌	粉壤土
			小韩营(南六支二斗)	1 889	10	非衬砌(没浇)	粉壤土

　　镫口扬水灌区2012年粮食作物灌溉面积为56.24万亩,经济作物灌溉面积为19.05万亩,粮食作物主要为小麦和玉米,经济作物主要为葵花、籽瓜和甜菜;粮经比3:1,近年来,灌区种植结构发生了明显变化,小麦面积萎缩,玉米种植面积显著增加,经济作物中籽瓜种植面积扩大,葵花、甜菜等相对减小。经实地调查,2012年玉米和葵花的灌溉面积均超过灌区实灌面积的10%,同时考虑小麦为本地区的典型作物,因此,本次灌溉水利用系数测试选取玉米、葵花和小麦作为典型作物。

　　典型田块选择面积适中、边界清楚、形状规则,同时考虑田间平整度、土质类型、地下水位埋深、降水、灌溉习惯和灌溉方式等综合因素的代表性。

　　灌区土壤类型在东西方向上略有差异,南北方向上差异性较小。本次测试分别在灌区上游、中游、下游针对主要作物选择6个典型田块进行测试。民生渠和跃进渠各选取3个典型测试田块。典型田块测试位置和基本情况见图2.4、表2.12。

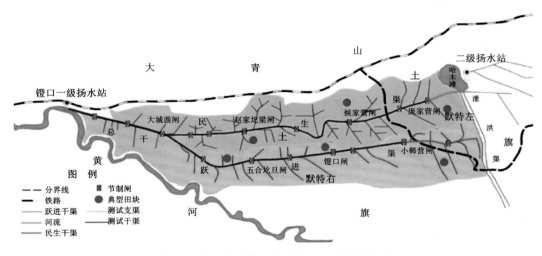

图2.4　镫口扬水灌区典型测试田块所在位置

表 2.12 镫口扬水灌区典型测试田块基本情况

灌域名称	田块名称	所属行政区	所属渠系	田块面积/亩	土壤质地	地下水位埋深/m	种植作物	亩产量/kg	地理坐标	
									纬度/(°)	经度/(°)
民生渠灌域	赵家圪梁	土默特右旗明沙淖乡	民生渠北四支	3.8	粉壤土	2.40	玉米	766.4	40.497	110.518
	侯闸	土默特左旗美岱召镇	民生渠北七支	2.2	砂壤土	2.38	玉米	865.3	40.535	110.780
	庞家营子	土默特左旗哈素乡	民生渠南十二支	3.3	粉壤土	2.15	葵花	215.8	40.558	110.940
跃进渠灌域	五合圪旦	土默特右旗明沙淖乡	跃进渠南一支	2.3	砂壤土	2.80	小麦	426.4	40.454	110.556
	镫口	土默特右旗海子乡	跃进渠北三支	3.3	粉壤土	2.41	玉米	722.9	40.455	110.701
	小韩营子	土默特右旗双龙镇	跃进渠南六支	2.7	粉壤土	2.23	葵花	325.1	40.479	110.901

针对各测试田块监测作物生育期划分、生育期前后土壤含水量、田块毛灌水量、作物生理指标,并估算作物产量,测试土壤物理特性,并选择镫口测试田块,进行有效降雨量的试验测试。

2.3.4 麻地壕扬水灌区

1. 测试渠道的选择与代表性评价

麻地壕扬水灌区现有总干渠 1 条、干渠 2 条、分干渠 5 条、支渠 85 条。根据麻地壕扬水灌区渠道分布特点与水利工程条件,结合灌区管理体制等情况,所选测试渠道基本上能代表本灌区各级渠道的运行情况,以及同级渠道不同流量(或控制面积)、不同长度、不同渠床土质、不同防渗措施、不同地下水位埋深等几种状况。各典型测试渠道的选取结果与代表性评价如下。

(1)因灌区只有 1 条总干渠,2 条干渠,因此,对 3 条骨干渠道全面进行测试。

(2)依据《灌溉渠道系统量水规范》(GB/T 21303—2007)(中华人民共和国水利部 等,2007),结合本灌区的规模,在灌区的 5 条分干渠中选择 3 条测试渠道,由于东一、东二、东三分干渠渠床土质、防渗措施、地下水位埋深基本相同,鉴于东一分干渠长度不满足要求、东二分干渠测试断面极不规则,因此,选择东三分干渠和西一分干渠、西二分干渠 3 条分干渠作为典型测试渠道。在选定的 3 条分干渠上根据不同防渗措施与不同流量级别分别选择了 2 个测试渠段。

(3)测试支渠的选择主要考虑同级渠道不同流量(或控制面积)、不同长度、不同渠床土质、不同防渗措施、不同地下水位埋深,并结合渠道的断面规整程度来选择。每个灌域分别选择具有代表性的干渠、分干渠、支渠、斗渠、农渠至少各一处,对典型测试田块所在的斗渠、农渠全部进行了流量测试。

（4）测试渠道测试渠段的布置主要考虑渠床的稳定性,综合以下因素进行选择:具有规则的横断面,沿渠道的宽度、深度和底坡相同的渠段,且在雍水变动影响范围以外,段内不得有影响水流的建筑物和杂草,详见表 2.13。

表 2.13 麻地壕扬水灌区典型测试渠道基本情况

灌域名称	渠道名称	设计流量/(m³/s)	测试渠段断面位置	渠道长度/km	渠段起点到渠首距离/km	衬砌情况(长度、时间、形式)	土壤质地
总干渠		42.00	麻地壕扬水站—中滩北	4.660	1.00	未衬砌	黏壤土
大井壕灌域	西干渠	16.00	中滩北—大井壕	7.080	0.25	未衬砌	黏壤土
	西一分干渠	6.01	大井壕—新营子	25.528	0.10	(1999)衬砌 4 km (2000)衬砌 6.814 km	砂壤土
	西二分干渠	2.50	大井壕—团结站	10.000	0.10	衬砌	砂壤土
	两间房支渠	3.00	两间房村	6.150	0.20	(1999)衬砌 6.15 km	砂壤土
	五申支渠	0.40	五申镇	2.600	1.00	未衬砌	砂壤土
	乃只盖支渠	0.90	乃只盖乡	3.500	0.20	衬砌	砂壤土
	五申北支渠	2.60	五申镇	3.620	0.20	未衬砌	砂壤土
	中滩支渠	1.80	中滩乡	2.650	0.23	未衬砌	黏壤土
	中滩支渠第四斗渠	0.80	中滩乡	2.100	0.00	衬砌	黏壤土
	五申北支渠一斗渠	0.15	五申镇	1.100	0.10	衬砌	砂壤土
	乃只盖支渠斗渠	0.39	乃只盖	0.900	0.10	衬砌	砂壤土
	中滩支渠一斗渠一农渠	0.80	中滩乡	0.500	0.05	衬砌	黏壤土
	五申北支渠一斗渠一农渠	0.20	五申镇	0.600	0.05	衬砌	砂壤土
丁家壕灌域	东干渠	18.60	中滩北—丁家壕	3.968	0.50	未衬砌	壤砂土
	东三分干渠	18.60	丁家壕—北斗林盖	43.870	3.95	2003 年衬砌 1.5 km,现损毁严重	壤砂土
	左十二支渠	1.23	北斗林盖	1.800	0.20	(2007)衬砌 5.9 km	壤砂土
	左六支渠	0.97	宝号营	4.815	0.20	未衬砌	壤砂土
	左二支渠	2.04	树林扬水站	5.000	0.25	(2002)衬砌 2.5 km	砂壤土

2. 测试田块的选择与代表性评价

通过调查,麻地壕扬水灌区近年来引黄灌溉作物中主要种植作物为玉米,因此,本次灌溉水利用系数测试选取玉米作为典型作物。本次麻地壕扬水灌区灌溉水利用效率测试中分别在灌区上游、中游、下游针对主要作物共选取了 4 个典型田间测试点进行试验测试与分析,所选典型田块面积、田间平整度、土壤特性与灌溉特征等基本能代表全灌区的基本情况,并且考虑了不同的渠道运行情况。典型田块测试位置和基本情况见表 2.14。

表 2.14　麻地壕扬水灌区典型田块测试点基本情况

灌域名称	田块名称	所属行政区	所属渠系	田块面积/亩	土壤质地	地下水位埋深/m	种植作物	亩产量/kg	地理坐标	
									纬度/(°)	经度/(°)
丁家夭灌域	塔布板	古城镇	东三分干左十二支渠	21.5	壤砂土	2.622	玉米	464.86	40.538	111.379
	大北夭	伍什家乡	东二分干左二支渠	12.2	砂壤土	2.639	玉米	700.06	40.396	111.321
大井壕灌域	中滩	双河镇	总干渠中滩支渠	6.4	黏壤土	0.470	玉米	—	40.303	111.083
	两间房	五申镇	西二分干两间房支渠	6.15	0~40 cm 砂壤土 40~100 cm 黏壤土	2.539	玉米	703.97	40.428	111.112

2.3.5　引黄灌区气象站点分布

整个引黄灌区典型渠道和田块由河套灌区、黄河南岸灌区、镫口扬水灌区及麻地壕扬水灌区的典型渠道和田块作为典型代表。本次收集的 2012 年日均气象数据站点共 16 个,包括吉兰泰、镫口、乌拉特后旗、杭锦后旗、临河区、伊克乌素、五原、乌拉特中旗、乌拉特前旗、包头、达拉特旗、土默特右旗、土默特左旗、托克托、呼和浩特、和林格尔站。引黄灌区选用的各气象站点情况见表 2.15,引黄灌区选用气象站及其典型测试田块位置详见图 2.5。

表 2.15　引黄灌区选用的各气象站点情况

气象站	灌区名称			
	河套灌区	黄河南岸灌区	镫口扬水灌区	麻地壕扬水灌区
吉兰泰	√			
镫口	√	√		
乌拉特后旗	√			
杭锦后旗	√	√		
临河区	√	√		
伊克乌素	√			
五原	√			
乌拉特中旗	√			
乌拉特前旗	√	√		
包头	√			
达拉特旗	√	√	√	
土默特右旗		√	√	√
土默特左旗			√	√
托克托县			√	√
呼和浩特				√
和林格尔站				√

注:√表示选用

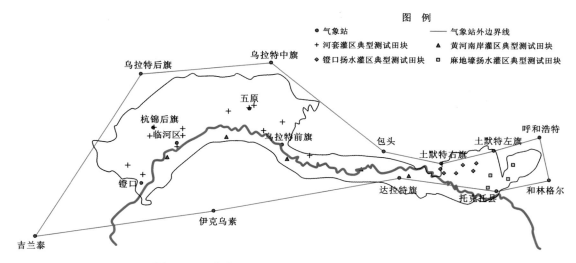

图 2.5　引黄灌区选用气象站及其典型测试田块位置

　　整个引黄灌区各气象因子的分布特征与典型测试田块处估值利用灌区周边各气象站数据采用距离反比法进行计算,详见第 5 章。

第 3 章　　灌溉水利用效率分析与节水潜力估算方法

本章包括四部分内容,第一部分鉴于传统地面种植面积及种植结构的统计缺点,为缩短调查时间,减少人力、财力资源投入,获得准确、客观的结果,结合内蒙古引黄灌区实际情况,将简述基于遥感技术的灌区种植面积及种植结构测算方法,进而为内蒙古引黄灌区灌溉水利用效率更为精准简便的计算提出理论依据;第二部分是依据渠段测算分析理论,考虑单位渠段输水损失和渠道净流量之间关系的回归分析,采用流量平衡法和水量平衡法对相同渠道用水效率相容性检验,介绍一些基本的数学统计方法;第三部分基于内蒙古大型引黄灌区实际情况,主要介绍灌区灌溉水效率首尾测算分析法及渠段测算分析法的计算方法;第四部分则是基于对传统灌溉节水潜力估算方法的认识及研究人员提出的真实节水潜力估算概念,介绍内蒙古引黄灌区灌溉不同环节(输水环节和田间环节)的系列节水潜力估算方法。

3.1　　基于遥感技术的灌区种植面积及种植结构测算方法

遥感技术是现代信息技术的关键技术之一,卫星遥感数据亦是地理信息系统数据库的重要组成部分。遥感作为一门综合性的技术已经渗透到国民经济建设及各科研领域,发挥的作用也越来越重要。在全球范围内,卫星遥感技术在农业方面的应用一直被作为研究的重点。作为现代信息技术的前沿技术,遥感技术能够快速准确地收集农业资源信息及农业生产信息。

农作物种植结构及种植面积的调查、统计是水利监测工作中的一项十分重要的内容,研究不同农作物的空间分布、监测农作物的种植信息与实际种植面积信息是进行引黄用水合理管理的基础,也是制定各灌区灌溉用水量合理配置方案的重要依据。

利用遥感技术对种植结构、种植面积、控制面积等进行解译与利用传统地面调查的方法相比,具有排除人为因素的干扰、客观性强、缩短数据采集周期、减少工作量、提高工作效率、减少投入资金等优点,在很大程度上可提高经济效益和社会效益。因此,运用遥感技术对内蒙古引黄灌区作物种植结构、种植面积、控制面积等进行解译不仅可以缩短调查时间,减少人力、财力资源投入,并且可以获得准确、客观的解译结果。

鉴于本书主要介绍内蒙古引黄灌区灌溉水利用效率测算分析方法,遥感技术相关理论和具体计算方法等在本小节不作详述,如想详细了解请查阅参考《粮食作物种植面积统计遥感测量与估产》及《遥感数字图像处理与分析》等相关书籍。此处只是简述基于遥感技术的灌区种植面积及种植结构测算,即内蒙古大型引黄灌区遥感影像资料获取及测算方法。

3.1.1　影像数据获取

1. 原始影像数据选择

遥感影像数据类型多种多样,包括不同空间分辨率的、不同光谱范围的及不同传感器的,目前我国广泛应用的遥感影像数据主要包括美国的 LandSat TM 数据、MODIS 数据及法国的

SPOT 等卫星数据。

此次研究主要采用美国的 LandSat-5 的 TM 传感器数据,LandSat-5 影像的覆盖范围是185 km×185 km,运行周期为 98.9 min,24 h 绕地球 15 圈,用它作为中小尺度区域提取农作物面积的信息源,从精度上来说是比较合适的(TM 的各光学参数见表 3.1)。本项目区域范围较大需要 5 景 LandSat 影像,才可完全覆盖内蒙古引黄灌区,所需 5 景影像轨道分别为 128/31、129/31、127/32、128/32、129/32,遥感影像获取后需要对数据进行信息融合等处理。影像数据信息见表 3.2。

表 3.1 LandSat-5 的光学参数

波段号	类型	波谱范围/μm	TM5 地面分辨率/m
B1	Blue-Green	0.45~0.52	30
B2	Green	0.52~0.60	30
B3	Red	0.63~0.69	30
B4	Near IR	0.76~0.90	30
B5	SWIR	1.55~1.75	30
B6	LWIR	10.40~12.5	120
B7	SWIR	2.08~2.35	30

表 3.2 LandSat-5 的影像数据信息

参数	传感器	产品类型	轨道行号	轨道列号	产品格式	像元大小/m
说明	TM	2 级	127~129	31~32	TIF	30

2. 原始影像数据来源

所需要使用的全部 TM 数据从 www. usgs. gov 网站购买下载,美国地质调查局(United States Geological Survey,USGS)网站提供较全、较新的各种遥感影像信息数据。

3. 遥感影像时间段确定

为探讨引黄灌区基于遥感技术的中尺度灌区作物种植结构的时空演变规律,根据灌区近30 年水文、气象、生态、环境、管理情况等因素及对遥感数据的获取能力,选取 1987 年、1991 年、1995 年、2000 年、2006 年、2010 年、2011 年,将这 7 年作为典型代表年。由于 LandSat 卫星在2012 年遭受损坏,因此,不能获取 2012 年的 TM 数据。

由于灌区主要作物为小麦、玉米、葵花,在时相选择时避开不同作物生育期的交叉点,可较好地排除不同作物间的相互干扰,提高作物分类的精度。根据每种主要作物的生长情况选取遥感影像数据时间在每年的 6 月中旬~7 月中旬。此时,小麦处于灌浆期,玉米处于拔节期,葵花处于苗期,可较好地避开生育期的交叉点,在遥感影像上各作物波段差距比较明显,较易进行对作物及地物的识别分类。

由于对较早年份的遥感影像获取较难,且项目跨度较大(需要 5 景影像),无法统一遥感影像时间,故可在不影响解译结果的基础上适当调整选取影像时间,对灌区进行解译分析。

各年份不同轨道选取遥感影像时间详见表 3.3。

表 3.3　各年份选取遥感影像时间

年份	卫星数据轨道				
	128/31	129/31	127/32	128/32	129/32
1987	8.28	8.19	8.11	8.15	8.19
1991	8.23	8.30	7.10	8.23	7.30
1995	8.18	7.10	6.80	8.18	7.10
2000	7.14	7.22	7.23	7.14	7.22
2006	7.10	6.20	7.10	7.10	6.20
2010	6.24	7.10	7.50	6.24	7.10
2011	6.11	6.18	7.22	7.13	6.11

考虑到白天的热红外波段 Band6 的数据对本研究的意义不大,所以使用的 TM 波段为波段 1~5、波段 7,共六个波段。

4．遥感影像预处理

所购买原始数据影像未经过任何处理,格式为 TIF 格式,未进行波段组合,故选取好所需时段及波段后,首先要对遥感影像进行波段组合处理。组合好每景影像后,为了消除大气及光照等因素对地物反射的影响,还需对影像进行大气校正、辐射校正等处理。由于传感器本身的高度、姿态等并不稳定,或是地球曲率及大气折射的变化及地形的变化等均可引起遥感图像的几何变形,故要对每景影像进行几何校正。

所选影像时域上跨度较大,故需对每个轨道上的不同年份影像进行不同时相的影像配准。又因为项目区范围较大,需使用 5 个轨道上的影像,故还需对影像进行图像镶嵌、裁切等处理。

按灌区控制范围裁切完成后,需对影像进行图像增强处理,提高影像的整体解析效果。预处理流程见图 3.1。

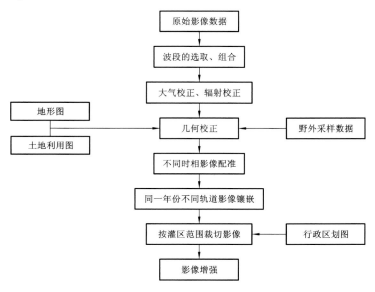

图 3.1　遥感影像预处理流程

3.1.2 测算方法

1. 遥感影像分类方法及选择

1)遥感影像分类概述

遥感影像分类是遥感应用领域研究的重要内容之一,是计算机自动识别技术在遥感技术领域中的具体应用,其核心任务是确定不同地物类别间判别界限及判别标准。

2)分类的理论依据

遥感影像通过亮度值或像元值的高低差异和空间变化反映不同地物之间的差异。影像中的同类地物在相同的条件(纹理、地形、光照及植被覆盖等)下,应具有相同或相似的光谱信息特征和空间信息特征,从而表现出同类地物的某种内在的相似性,即同类地物像元的特征向量将集群在统一特征空间区域,而不同地物的光谱信息特征或空间信息特征不同,因而将集群在不同的特征空间区域。这是区分不同地物的物理基础。

利用遥感影像分类就是利用计算机通过对遥感影像中的各类地物的光谱及空间信息进行分析,确定不同地物的特征,将影像中每个像元按照相应规则划分类别,然后获得遥感影像与实际地物的对应信息,从而实现遥感影像分类。

3)分类方法

遥感影像的分类方法依据其原理可分为统计模式方法和计算机自动分类方法。常用的统计模式方法有监督分类、非监督分类两种。常用的计算机自动分类方法有人工神经网络分类、专家系统分类、决策树分类等。

(1)监督分类。监督分类又称训练分类法,将一定数量的已知样本作为训练样本,以其观测值对样本进行训练,再依据判别规则对该样本的所属类别做出判定。监督分类的主观性较强,分类时定义的类别也许并不是图像中存在的自然类别,导致多维数据空间中各类别间并非独一无二。再者由于图像中同一类别的光谱差异,训练样本并没有很好的代表性。使用监督分类只能识别训练样本中所定义的类别,若某类别未被定义,则监督分类不能识别。监督分类中训练样本的选取和评估也需花费较多的人力、时间等。监督分类的方法也很多,常用的有最小距离法、平行六面体法、最大似然法等。

(2)非监督分类。非监督分类也称聚类分析或点群分析,指事先对分类过程不做任何调查,而仅凭自然聚类的特性进行盲目分类。非监督分类所产生的光谱集群组并不一定是想要的类别,也较难对产生的类别进行控制。再者由于影像中各类别的光谱特征会随时间、地形等变化,不同影像及不同时段的图像之间的光谱集群组无法保持其连续性,很难进行不同影像间的对比。一般说来,非监督分类比监督分类精度低,而且在类别中心数较大时,迭代次数较多,速度很慢,效率较低。常用的非监督分类方法主要有 K-均值算法、迭代自组织数据分析算法。

(3)人工神经网络分类。人工神经网络分类(artifical neural networks classification,ANNC)是具有人工智能的分类方法。它可以看作是对特征空间做非线性变换,产生一个新的数据空间,变换后的数据空间是线性可分的。使用神经网络方法进行分类适应性好,分类类别较少,具有很高的精度。人工神经网络分类当识别对象种类较多时,由于计算复杂,随着网络规模的扩大,网络收敛缓慢而且不稳定,达不到要求的识别精度。在分类前还需要确定分类器层数及各层结点数,前期处理也比较麻烦。

(4)专家系统分类。专家系统分类是将某一领域的专家分析方法或经验对目标对象的多种属性进行分析、判断,确定事物的归属。基于知识的专家系统分类及其应用是遥感影像分类的发展趋势。在专家系统中,证据推理、概率似然推理和模糊推理理论的发展使基于知识的专家系统逐步实用化,但在知识的获取、量化及综合不确定性知识等方面是专家系统较难处理的问题。

(5)决策树分类。决策树分类法的原理是模拟人工分类过程,可利用简单的数学统计及归纳方法或经验总结,对分类规则进行定义。根据各类别的相似程度逐级往上进行聚类,每一级聚类形成一个树结点,在该结点处选择对其往下细分的有效特征。依此往上发展到"原级",完成对各级各类组的特征选择。在此基础上,再根据已选出的特征,从"原级"到"终级"对整个影像实行全面的逐级往下分类,对于每一级层上的特征选择,依据散布矩阵准则进行。

4)分类方法的确定

遥感图像的分类算法很多,但目前还没有一种算法是普适的、最优的。因为作物类别的复杂性、遥感信息的综合性决定了分类方法的多样性。且由于混合光谱值的存在,遥感图像的分类变得更为复杂,选取合适的分类方法是对灌区进行合理分类的基础。

笔者于 2011 年对河套灌区种植结构进行了实地调查与踏勘,共采集样点数 343 个,其中玉米 57 个、小麦 18 个、葵花 177 个、其他作物 67 个、荒地 23 个、鱼塘 1 个。因此,可利用该实测采样点对灌区进行监督分类,从而获得种植结构及灌溉面积等信息。但监督分类训练样本需花费大量人力及时间,故本次解译并未采用此方法。

虽未使用监督分类对灌区进行分类,但可以利用遥感影像对已知采样点的归一化植被指数(normalized difference vegetation index,NDVI)进行计算。有了样点植被、地物的 NDVI 值,可解译并确定所需分类的作物及地物的 NDVI 范围。依据确定的 NDVI 范围利用决策树分类法对遥感影像进行聚类统计,确定出灌区作物及地物分布,从而解译出种植面积、种植结构等。

本次解译利用遥感软件 ENVI 4.8 对影像进行决策树分类。在 ENVI 4.8 中,决策树分类规则是由变量和运算符组成的规则表达式来进行描述的,在创建决策树之前需要将分类规则转化成规则表达式。分类规则的表达式符合 IDL 编程规范,主要由四部分组成:操作函数、变量、数字常量、数据格式转换函数。在 ENVI 4.8 中的决策树使用二叉树来表达,规则表达式生成一个单波段结果。

2. NDVI 计算

NDVI 计算可以将多光谱数据变换成一个单独的图像波段,用于显示植被分布。较高的 NDVI 值预示着绿色植被较多。NDVI 值的计算公式如下:

$$NDVI = \frac{NIR - RED}{NIR + RED} \tag{3.1}$$

其中:NIR 代表近红外波段,对于 TM 影像来说属于 B4 波段;RED 代表红波段,对于 TM 影像来说属于 B3 波段。

NDVI 值域为 $[-1,1]$。一般来说 NDVI 值小于 0.15 就说明该地区的绿色植被极少,可以视为没有植被。对灌区地物分类,主要任务是要区分作物种类及作物面积,故本书确定 NDVI 值小于 0.15 为非植被地物。

在此基础上根据典型区的采样点,确定植被及作物的 NDVI 值域范围。解译后将 NDVI 值大于等于 0.8 或小于 0.2 的地物定义为非作物植被;NDVI 值大于等于 0.25 且小于 0.45 的地物定义为葵花;NDVI 值大于等于 0.45 且小于 0.65 的地物定义为玉米;NDVI 值大于等于 0.65 且小于 0.8 的地物定义为小麦;NDVI 值大于等于 0.2 且小于 0.25 的地物定义为其他作物。

在以上基础上根据遥感影像时段的不同,可依据经验对 NDVI 范围进行微小的调整,以确定最佳的分类解译结果。

3. 遥感影像分类后处理

分类后得到的初步结果,一般很难达到最终的目的。内蒙古引黄灌区覆盖面积比较广,每年都需要对 5 景 TM 影像进行拼接。且由于时间分辨率的原因,每景影像并不为同一时间,故天气情况有所不同,所统计出来的 NDVI 范围会有少许的波动。

在 ENVI 4.8 软件中,采用决策树分类的方法对遥感影像进行分类,确定分类规则存在一定的主观性,所以分类结果与操作者的水平、经验、对遥感应用软件的熟练程度及对研究区的理解程度有非常重要的关系。如果精度不能满足要求,需要对分类后的初步结果进行合理的后处理,以获得相对真实的最终结果。

常用的分类后处理包括更改分类颜色、分类统计分析、聚类处理、过滤处理、分类叠加、小斑点处理等。

3.2 变异性评价与置信区间估计

运用数学统计方法对试验数据与结果进行处理,可获得多种统计参数,进而实现对灌溉水利用系数的分析与评估,能够更加全面地表达灌溉系统灌溉效率的基本特征。根据考斯加可夫经验公式,对单位渠段输水损失和渠道净流量之间的关系进行回归分析,可以计算出反映渠床土壤透水性质的基本参数。对于相同渠道的用水效率,运用数理统计方法进行了相容性检验,以证实流量平衡法和水量平衡法存在的相似性。

3.2.1 统计参数

1. 算术平均值

根据数理统计原理,试验数据测定样本一般服从正态分布,针对相同方法得到的同一级渠道的测定结果,由下式计算平均值:

$$\overline{E} = \frac{1}{n}\sum_{i=1}^{n} E_i \tag{3.2}$$

式中:E_i 为某一测次的实测数据;n 为样本个数。

2. 标准差

为了评价测试结果的可靠性,计算其标准差:

$$S = \sqrt{\frac{1}{n-1}\sum_{i=1}^{n}(E_i - \overline{E})^2} \tag{3.3}$$

式中:S 为标准差;$n-1$ 为自由度。

3. 调和均数

调和均数更能准确地代表测试参数的均值,本次测试同时计算出调和均数供参考。

$$E_{调} = \sum_{i=1}^{n} Q_i \Big/ \sum_{i=1}^{n} \frac{Q_i}{E_i} \tag{3.4}$$

式中:$E_{调}$ 为调和均数;Q_i 为田块毛流量(m^3/s)。

3.2.2 误差处理

1. 过失误差处理

测量过程中,当出现仪器故障、渠道水流不稳,甚至测试人员读错或记错数据等异常情况时,测试数据及其相关计算结果会产生异常值,在现场测定中,若发现应立即停止测定或者重测,并说明原因。事后若发现原始资料有问题,在删除本次测定结果前,也要核查技术方面的原因,并说明理由。

2. 粗大误差处理

剔除了测量过程中产生的过失误差后,仍有可能存在部分可疑测量值。但又找不到产生变异的原因,对于这部分粗大误差数据,不能武断地认为是过失误差而加以剔除,应采用 t 检验方法加以分析剔除。其检验方法与过程如下:

(1)统一规定置信度 $P_a = 5\%$,当自由度为 $n-1$ 时,则显著性水平 $\alpha = 1 - P_a = 95\%$。

(2)若怀疑需剔除的某测量值 E_i 含有过失误差,则剩余误差应满足以下条件:

$$|E_i - \overline{E}| \geqslant t_g \times S \tag{3.5}$$

式中:E_i 为某一测次的实测数据(或计算结果);$\overline{E}$ 为实测数据(或计算结果)的平均值;t_g 为 t 分布临界值;S 为数据(或计算结果)标准差。

也就是说,当满足上述条件时,该测量值是含有过失误差的,应予以剔除,反之,则表明该测定值不属于过失误差,应该将它收入测定数值序列,并重新计算统计参数。

3.2.3 变异性评价

变异系数表示测定结果的集散程度:

$$C_v = \frac{S}{E} \times 100\% \tag{3.6}$$

式中:S 为实测数据标准差;$\overline{E}$ 为实测数据的平均值。$C_v \leqslant 5\%$,表示弱变异;$5\% < C_v \leqslant 10\%$,表示较弱变异;$10\% < C_v \leqslant 15\%$,表示较强变异;$C_v > 15\%$,表示强变异。

3.2.4 置信区间估计

为了对试验数据测定结果的精度进行直观的判断,可采用估计方法,判定试验数据的置信区间。

$$E_d = E \pm t_g \times \frac{S}{\sqrt{n}} \tag{3.7}$$

式中:t_g 是当显著性水平 $\alpha = 5\%$、自由度为 $K = n-1$ 时查 T 检验临界值表得到的临界值。

计算出在某一置信概率下灌溉效率的变化范围，可以明确地知道算术平均值的精度。直观地判定试验数据的估计值，使人们对灌溉效率有更为清晰的认识。

3.2.5 相容性检验

相容性检验主要用于不同测定样本之间的比较，分析不同样本的测定结果是否可归类于同一范畴内。

测定长度相同的两组样本的相容性检验，检验方法主要采用 T 检验法，当测定渠道长度相同时，主要对同一渠道基于不同方法的测定样本结果进行分析（如水量平衡法和流量平衡法）。设第一测定样本数为 n_1，平均值为 $\overline{E}_1$，第二测定样本数为 n_2，平均值为 $\overline{E}_2$。

$$T = \frac{|\overline{E}_1 - \overline{E}_2|}{\sqrt{\sum_{i=1}^{n_1}(E_{1i} - \overline{E}_1)^2 + \sum_{i=1}^{n_2}(E_{2i} - \overline{E}_2)^2} \times \sqrt{\dfrac{n_1 + n_2}{n_1 \times n_2 \times (n_1 + n_2 - 2)}}} \quad (3.8)$$

式中：n_1 为第一测定样本数；$\overline{E}_1$ 为第一测定样本平均值；n_2 为第二测定样本数；$\overline{E}_2$ 为第二测定样本平均值。

查 T 检验分布表，自由度为 $n_1 + n_2 - 2$，显著性水平 $\alpha = 5\%$，得到 t_g 值，如果 $T \leqslant t_g$，说明两个测定样本没有显著差异。

针对同一渠道，对水量平衡法和流量平衡法计算结果进行相容性检验后，如果两组样本相容，则说明两种方法的测定结果精度较高，可以进行归类合并，从而进行下一步的计算分析，并将水量平衡法和流量平衡法计算结果的算术平均值作为最后的确定值。

如果不相容，则说明至少有一种方法测定结果精度低，必须对原始资料进行分析，找出出现问题的原因，如找不出原因，则需要做进一步的分析，不能简单地依附某一结果得出结论。

3.2.6 流量损失的回归分析

按照传统理论，渠道的渗水损失为

$$\sigma = \frac{A'}{Q_{\text{净}}^m} \quad (3.9)$$

式中：σ 为单位千米长度的输水损失（以净流量的百分数表示）；A' 为土壤透水系数；m 为土壤透水指数；$Q_{\text{净}}$ 为渠道净流量（m^3/s）。

由上式可得到单位千米长度输水损失流量值为

$$S' = A'Q_{\text{净}}^{1-m}/100 \quad (3.10)$$

式中：S' 为单位千米长度输水损失流量值$[\text{m}^3/(\text{s} \cdot \text{km})]$。

经过筛选分析，采用双对数型曲线最符合该类问题的实际，故对上式两边取对数：

$$\lg S' = \lg A' - 2 + (1-m)\lg Q_{\text{净}} \quad (3.11)$$

令 $Y = \lg S'$、$X = \lg Q_{\text{净}}$，以及 $a = \lg A' - 2$、$b = 1-m$，得到线性方程：$Y = a + bX$，系数及常数计算如下：

$$b = \frac{\sum (X_i - \overline{X})(Y_i - \overline{Y})}{\sum (X_i - \overline{X})^2} \quad (3.12)$$

$$a = Y - bX \quad (3.13)$$

$$r = \frac{\sum (X_i - \overline{X})(Y_i - \overline{Y})}{\sqrt{\sum (X_i - \overline{X})^2 \sum (Y_i - \overline{Y})^2}} \tag{3.14}$$

式中:X_i 为自变量;$\overline{X}$ 为自变量的平均值;Y_i 为因变量;$\overline{Y}$ 为因变量的平均值;r 为相关系数;a 为回归截距;b 为回归斜率。

采用最小二乘法拟合该线性方程,用 a、b 值计算出透水系数 A' 和透水指数 m 值:$A' = 10^{2+a}$,$m = 1 - b$。

3.2.7 标准流量的改正效率

标准流量 Q_s 是保证测定工作在同一流量标准下进行,以消除由于流量不同造成所测结果不同而引起的误差,标准流量的确定方法因渠道不同而不同。在测定条件下,当测定流量系列较长时,可直接取用测定流量频率(由小到大排列)$P \geqslant 80\% \sim 85\%$ 时所对应的流量作为标准流量 $Q_s = Q_{80\% \sim 85\%}$。标准流量 Q_s 一般应由 $Q_{p\%}$ 直方图求得。在缺乏资料情况下也可用该渠正常设计流量代替,斗渠、农渠、毛渠的标准流量采用该渠道的正常设计流量作为其标准流量。

当测验流量 Q_i 与标准流量 Q_s 不符时,评估前应将测定结果用变流量计算方法,将测定时的流量 Q_i 的效率换算到标准流量 Q_s 时的效率上。

计算公式如下:

$$E = \alpha^m (E_i - 1) + 1 \tag{3.15}$$

式中:E_i 为某次实测 Q_s 时求得的渠道水效率(%);α 为某次测试进口流量 Q_i 与该渠的标准流量的比值;E 为标准流量 Q_s 求得的渠道水效率(%),m 为渠床透水指数。

$$\alpha = \frac{Q_i}{Q_s} \tag{3.16}$$

式中:Q_i 为某次测试进口流量($\mathrm{m^3/s}$);Q_s 为该渠的标准流量($\mathrm{m^3/s}$)。

3.3 灌溉水利用效率分析方法

灌溉水有效利用系数是指某一时期灌入田间可被作物利用的水量与水源地灌溉取水总量的比值。它反映全灌区渠系输水和田间用水状况,是衡量从水源取水到田间作物吸收利用过程中灌溉水利用程度的一个重要指标,它能综合反映灌区灌溉工程状况、用水管理水平与灌溉技术水平。传统灌溉水利用系数的测算通常是通过实际量测获得不同级别典型渠道的渠道水利用系数,干渠、支渠、斗渠、农渠各级渠道的渠道水利用系数采用系数连乘的方法得出灌区的渠系水利用系数;通过实际量测计算典型田块作物的实际需水量(耗水量)和毛灌溉水量,两者的比值即为田间水有效利用系数,灌区各种作物的田间水有效利用系数加权平均即可得到灌区的田间水有效利用系数,灌区的渠系水利用系数与灌区的田间水有效利用系数相乘即为灌区的灌溉水利用系数。传统测算方法主要存在以下困难和问题:①测定工作量大;②测试条件要求严格,实际测量中难以满足;③对测试手段和技术人员需求大;④通过典型测量获得的灌溉水有效利用系数的代表性较差。

为了避免传统测算方法存在的上述困难与问题,既便于分析汇总、点面结合、提高测算分析的规范性和可操作性,同时又满足提高灌溉水有效利用系数测算精度的要求,在总结以往研究成果与经验的基础上,本节将介绍灌溉水利用系数首尾测算分析法,并简述渠段测算分析法用以对其校核。

3.3.1 首尾测算分析法

首尾测算分析法是指直接测量统计灌区从水源引入（取用）的毛灌溉用水总量，通过分析测算得到田间实际净灌溉用水总量，田间实际净灌溉用水总量与毛灌溉用水总量的比值即为灌溉水有效利用系数，计算公式如下：

$$\eta_w = \frac{W_j}{W_a} \tag{3.17}$$

式中：η_w 为灌区灌溉水有效利用系数（无量纲）；W_j 为灌区净灌溉用水总量（m^3）；W_a 为灌区毛灌溉用水总量（m^3）。

根据《全国灌溉用水有效利用系数测算分析技术指南》，采用首尾测算分析法测算出各灌域（区）的灌溉水利用系数，其计算公式如下：

$$\eta_{wi} = \frac{W_{ji}}{W_{ai}} \tag{3.18}$$

式中：η_{wi} 为第 i 个灌域（区）的灌溉水有效利用系数（无量纲）；W_{ji} 为第 i 个灌域（区）的净灌溉用水总量（m^3）；W_{ai} 为第 i 个灌域（区）的毛灌溉用水总量（m^3）。

为了能够反映灌区灌溉水利用的整体情况，计算分析时段以测算分析年的日历年为准，即每年 1 月 1 日至 12 月 31 日；对于跨年度的作物则应分段计算（以下同），合理确定测算分析年该作物净灌溉用水量。

考虑各灌区灌溉水利用系数的差异性，建立如下公式求出各灌区的灌溉水利用效率，最后通过加权平均（点面结合）求出引黄灌区平均灌溉水有效利用系数：

$$\eta_{w黄} = \sum_{i=1}^{n} \eta_{wi} \times W_{ai黄} / W_{a黄} \tag{3.19}$$

式中：$\eta_{w黄}$ 为引黄灌区灌溉水有效利用系数（无量纲）；η_{wi} 为引黄灌区第 i 个灌域的灌溉水有效利用系数（无量纲）；$W_{ai黄}$ 为引黄灌区第 i 个灌域的毛灌溉用水总量（m^3）或第 i 个灌域的灌溉面积（万亩）；$W_{a黄}$ 为引黄灌区毛灌溉用水总量（m^3）或引黄灌区灌溉面积（万亩）。

1. 灌区毛灌溉用水总量

灌区年毛灌溉用水总量 W_a 是指灌区全年从水源地等灌溉系统取用的用于农田灌溉的总水量，其值等于取水总量中扣除由于工程保护、防洪除险等需要的渠道（管路）弃水量、向灌区外的退水量及非农业灌溉水量等。

当农业灌溉输水与工业或城市、农村生活供水共用一条渠道（管路）时，还应扣除其相应的水量（从分水点反推到渠首）。

年毛灌溉用水总量应根据灌区从水源地等灌溉系统实际取水测量值统计分析取得。

2. 灌区净灌溉用水总量

净灌溉用水总量以田间实测灌前灌后土壤剖面含水率为基础，分析计算作物净灌溉定额。如果灌区范围较大，不同区域之间气候气象条件、灌溉用水情况等差异明显，则应在灌区内分区域进行典型分析测算，再以分区结果为依据汇总分析整个灌区净灌溉用水量。

1）旱作物充分灌溉净灌溉定额

（1）通过在灌区选择典型田块，进行实地测试计算灌溉定额。

① 净灌溉用水量的计算

通过灌前灌后作物计划湿润层深度内土壤剖面含水率的变化，利用公式计算出净灌溉定额。作物净灌水定额计算主要是根据灌溉前后土壤含水量变化来确定，其计算公式如下：

$$M = 667\gamma H(\theta_2 - \theta_1) \tag{3.20}$$

式中：M 为净灌水定额（m^3/亩）；γ 为土壤容重（t/m^3）；H 为作物计划湿润层深度（m）；θ_1 为灌水前测定的土壤重量含水率（干土重的%）；θ_2 为灌水后测定的土壤重量含水率（干土重的%）。

② 毛灌溉定额推算

毛灌溉定额根据量水堰测得。在田间的进水口埋设量水堰，在该田块灌水时记载整个灌溉过程中水尺读数变化时的时间，从而计算毛灌溉定额。

（2）如样点灌区观测资料有限，可根据当年的水文气象资料，依据水量平衡原理计算得出主要作物的净灌溉定额：

$$M_i = \mathrm{ET}_{ci} - P_{ei} - G_{ei} - \Delta W_i \tag{3.21}$$

式中：ET_{ci} 为第 i 种作物的蒸发蒸腾量（mm）；P_{ei} 为第 i 种作物生育期内的有效降水量（mm）；G_{ei} 为第 i 种作物生育期内地下水利用量（mm）；ΔW_i 为第 i 种作物生育期始末土壤储水量的变化量（mm）。

具体计算方法详见《灌溉与排水工程设计规范》（GB 50288—99）（国家质量技术监督局 等，1999）。计算出的作物净灌溉定额单位由毫米换算为立方米每亩时需乘以换算系数 0.667。

① 第 i 种作物蒸发蒸腾量

作物蒸发蒸腾量采用 FAO 推荐的参考作物系数法计算，计算公式为

$$\mathrm{ET}_c = \sum \mathrm{ET}_{ci} = \sum K_{ci} \mathrm{ET}_{0i} \tag{3.22}$$

式中：ET_c 为作物全生育期的蒸发蒸腾量（mm）；ET_{ci} 为第 i 阶段的蒸发蒸腾量（mm）；K_{ci} 为第 i 阶段的作物系数；ET_{0i} 为第 i 阶段的参考作物蒸发蒸腾量（mm）。

参考作物蒸发蒸腾量 ET_0 采用 FAO 在 56 号文本中提出的修正彭曼-蒙特斯公式计算，以日为计算时段。其基本形式如下：

$$\mathrm{ET}_0 = \frac{0.408\Delta(R_n - G) + \gamma \dfrac{900}{T+273} u_2 (e_s - e_a)}{\Delta + \gamma(1 + 0.34 u_2)} \tag{3.23}$$

式中：ET_0 为参考作物蒸发蒸腾量（mm/d）；R_n 为作物冠层表面的净辐射[$MJ/(m^2 \cdot d)$]；G 为土壤热通量[$MJ/(m^2 \cdot d)$]；T 为 2 m 高度处的空气温度（℃）；u_2 为 2 m 高度处的风速（m/s）；e_s 为饱和水汽压（kPa）；e_a 为实际水汽压（kPa）；$e_s - e_a$ 为饱和水汽压差（kPa）；Δ 为水汽压曲线斜率（kPa/℃）；γ 为湿度计常数（kPa/℃）。

② 作物系数 K_{ci} 的确定

作物系数受土壤、气候、作物生长状况和管理方式等多种因素的影响，一般各地都通过灌溉试验确定，并给出逐时段（日、旬或月）的变化过程。已有专用的计算程序 Win Isareg 可以对各种作物的 K_c 进行计算，需要输入气象、作物、土壤、灌溉、地下水等数据。对缺乏试验资料或试验资料不足的作物或地区，可利用 FAO 推荐的 84 种作物的标准作物系数和修正公式，并依据当地气候、土壤、作物和灌溉条件对其进行修正。

图 3.2 给出了作物系数的变化过程。FAO 推荐采用分段单值平均法确定作物系数,即把全生育期的作物系数变化过程概化为四个阶段,并分别采用三个作物系数值予以表示。

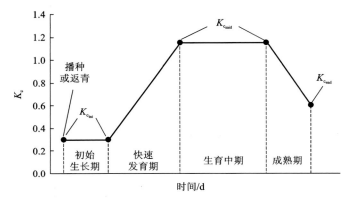

图 3.2　作物系数变化过程

根据试验及模型模拟,确定出引黄灌区小麦、玉米和葵花等作物不同生育期的作物系数,见表 3.4。

表 3.4　引黄灌区小麦、玉米、葵花等作物的作物系数

生育期	不同作物的作物系数 K_c				
	小麦	玉米	葵花	番茄	瓜类
初始生长期	0.41～0.61	0.47-0.74	0.70	0.60	0.40
快速发育期	0.41-0.61～1.15-1.29	0.47-0.74～1.10-1.25	0.70～1.15-1.25	0.60～1.15	0.40～1.00
生育中期	1.15～1.29	1.10～1.25	1.15～1.25	1.15	1.00
成熟期	0.70～0.75	0.65～0.70	0.60～0.90	0.95	0.90

③ 第 i 种作物生育期内有效降雨量

有效降雨量是指总降雨量中能够保存在作物根系层中用于满足作物蒸腾蒸发需要的那部分水量,不包括地表径流和渗漏至作物根系吸水层以下的水量,即理论上有效降雨量的计算公式为

$$P_{ei} = P - P_1 - P_2 \tag{3.24}$$

式中:P_1 为降雨所产生的地表径流(mm);P_2 为降雨所产生的深层渗漏量(mm)。

降雨有效系数为有效降雨量与降雨总量的比值,它与降雨总量、降雨强度、降雨延续时间、土壤性质、作物生长、地面覆盖和计划湿润层深度有关,一般根据试验资料、大面积统计分析和经验确定。对没有降雨有效利用系数资料的灌区,一般结合灌区实际情况参考邻近灌区试验数据选取,对于有降雨有效利用系数的灌区,以灌区提供的降雨有效系数为准。

对于以月为时间段的有效降雨系数的确定,前人(王伦平 等,1993)已在河套灌区做过相关试验,获得可参考的系数,见表 3.5。

表 3.5　河套灌区月有效降雨系数参考值

降雨量/(mm/月)	<5	5～30	30～50	50～100	100～150	>150
降雨量有效利用系数	0.00	0.85	0.80	0.75	0.65	0.55

对于以日为时间段的有效降雨系数的确定,笔者结合田间净灌溉用水量测试,在河套灌区、黄河南岸灌区、磴口扬水灌区、麻地壕扬水灌区共选择 6 个测试田块,针对特大降雨、大雨、中雨、小雨分别进行了有效降雨量的试验,据此模拟确定出日有效降雨量的计算公式。

④ 第 i 种作物生育期内地下水利用量

地下水利用量是指地下水借助于土壤毛细管作用上升至作物根系吸水层而被作物直接吸收利用的地下水水量。作物在生育期内所直接利用的地下水量与土壤类型、作物根系发育深度及地下水位埋深等因素有关,一般通过试验由水量平衡计算获得。在一定的土壤质地和作物条件下,地下水利用量与地下水位埋深和蒸腾蒸发条件有关。

⑤ 第 i 种作物生育期始末土壤储水量的变化量

计算公式为

$$\Delta W_i = W_{末} - W_{始} \tag{3.25}$$

式中:ΔW_i 可通过测试作物生育期始末土壤含水率来计算,大多数情况下可忽略不计。

2)作物套种情况净灌溉定额

在许多灌区,往往采用两种或多种作物间做套种,如玉米与大豆、小麦与葵花、小麦与玉米等。

套种期间:在灌溉实践中,一般以满足主体作物的需水为主,其净灌溉定额可根据主体作物种植情况按式(3.20)确定,实灌面积以套种作物实灌面积计。

非套种期间:按照单种作物的实际情况计算净灌溉定额。

3.3.2 典型渠段测算分析法

1. 各级渠道的渠道水利用系数

采用流量平衡法与水量平衡法两种方法计算,并相互补充验证。一般情况下以水量平衡法计算为主。

1)流量平衡法

某一测段按流量平衡法计算时,应根据历年灌溉用水规律,选择在该渠道流量相对比较稳定的时期进行,测试要具有代表性。在流量平衡计算时,将各条直口的漏闸损失水量计入无效流量,其他方面的损失量可忽略不计。测定渠道长度的确定,以该渠首至某处渠长的末端流量等于或接近下一级渠道标准流量为终点,并与节制闸相结合。

在测验各级渠道的渠道水利用系数时,通常采用动水流量做全程全封闭测验,按流量平衡法计算。原则上所有渠段均要进行测试,在各级渠道上选择典型渠段,在典型渠段首、尾部设置测流断面,通过流速仪测验首、尾断面流量。渠段尾部流量与渠段首部流量的比值即为该渠段渠道水利用系数:

$$\eta_{道i} = \frac{Q_{尾i}}{Q_{首i}} \tag{3.26}$$

同一级渠道由于在不同流量下利用系数有差别,故应按输水流量加权平均:

$$\overline{\eta}_{道} = \eta_{道i} Q_{首i} \Big/ \sum Q_{首i} \tag{3.27}$$

如果被测渠段中间有沿程分水,则应同步监测各分口的流量。首先,计算典型渠段的输水损失率 $\delta_{典段}$,$\delta_{典段}$ 等于典型渠段测量时段内损失水量与渠段上游断面的累计水量之比,即

$$\delta_{典段} = W_{损失} / W_{首} \qquad (3.28)$$

其次,计算典型渠道单位长度的输水损失率 $\sigma_{典渠道}$。实际渠道不论是按续灌方式运行还是按轮灌方式运行,都是在分水情况下运行,流量自渠首至渠尾逐渐减小,单位长度的损失水量也相应减少,故由典型渠段的输水损失率计算实际典型渠道单位长度输水损失率时,必须进行修正换算。因此,引入 k_1、k_2、k_3 这三个修正系数。典型渠道单位长度的输水损失率 $\sigma_{典渠道}$ 可由下式计算:

$$\sigma_{典渠道} = [k_2 + k_3(k_1 - 1)(1 - k_2)]\delta_{典段} / L_{典渠段} \qquad (3.29)$$

式中:$L_{典渠段}$ 为典型渠段的长度(km);k_1 为输水系数,$k_1 = 1 + Q_e / Q_0$,Q_0 为渠首流量,Q_e 为渠尾出流流量;k_2 为分水系数;k_3 为位置修正系数。

分水系数由下式计算:

$$k_2 = 0.5[1 - \Delta B / (6 \times B)] \qquad (3.30)$$

式中:B 为渠道平均宽度;ΔB 为渠道首尾宽度差。如渠道接近均匀分水,则 $k_2 = 0.5$。

位置修正系数由下式计算:

$$k_3 = 0.5 + L_1 / L \qquad (3.31)$$

式中:L_1 为引水口到该渠道渠首距离(m);L 为典型渠道的长度(m)。

某一级别渠道的单位长度输水损失率 $\sigma_{渠道}$ 等于该级渠道输水损失率 $\sigma_{典渠道i}$ 按渠道长度 $L_{典渠道i}$ 进行加权平均求得,即

$$\sigma_{渠道} = \sum \sigma_{典渠道i} L_{典渠道i} \Big/ \sum L_{典渠道i} \qquad (3.32)$$

则某级渠道的输水损失 $\delta_{渠}$ 为

$$\delta_{渠} = \sigma_{渠道} L_{渠} \qquad (3.33)$$

式中:$L_{渠}$ 为该级渠道的平均长度(km)。

因此,某级渠道的渠道水利用系数 $\eta_{道}$ 为

$$\eta_{道} = 1 - \delta_{渠} \qquad (3.34)$$

2)水量平衡法

水量平衡法的计算要在流量平衡法的基础上按时段统计,将流量(或日流量)换算成总水量。分别求得全年、夏灌、秋灌和秋浇的渠道水利用效率。综合分析这四个时段渠道水利用效率的平均值,从而剔除测流过程中的偶然误差和随机误差。

3)积分法

利用积分法计算典型渠道的渠道水利用系数。单位流量在单位流程上的输水损失 σ 的计算公式为

$$\sigma = \frac{Q_{损}}{Q_{净} \times L} \qquad (3.35)$$

式中:$Q_{损}$ 为经过长 L 渠道的渗漏损失流量(m^3/s);$Q_{净}$ 为经过长 L 渠道末端的净流量(m^3/s)。

若渠道的毛流量,经过流程 L 后的流量为 Q,再经过流程 dL,若损失流量为 dQ,则从渠道经过流程 $L + dL$ 后的净流量为 $Q - dQ$,在 dL 区段内,单位流量在单位流程上的损失量:

$$\sigma = \frac{dQ}{Q \times dL} \qquad (3.36)$$

上式可化为

$$\frac{dQ}{Q} = \sigma dL \qquad (3.37)$$

对上式积分,得

$$\int_Q^{Q_m} \frac{1}{Q} \mathrm{d}Q = \int_0^L \sigma \mathrm{d}L \tag{3.38}$$

$$\ln Q_m - \ln Q = \sigma L \tag{3.39}$$

$$\ln \frac{Q_m}{Q} = \sigma L \tag{3.40}$$

式中:Q_m 为经过流程 $L + \mathrm{d}L$ 后的净流量($\mathrm{m^3/s}$)。

两边分别取 e 的指数

$$\frac{Q_m}{Q} = \mathrm{e}^{\sigma L} \tag{3.41}$$

所以,经过流程 L 后净流量为

$$Q = \frac{Q_m}{\mathrm{e}^{\sigma L}} \tag{3.42}$$

若知道毛流量,则

$$\Delta Q = Q_{毛} - Q = Q_{毛} - \frac{Q_m}{\mathrm{e}^{\sigma L}} \tag{3.43}$$

假定一长为 L 的渠道,其控制的总灌溉面积为 A,渠道上有 n 个配水口,第 i 个配水口控制的灌溉面积为 A_i,第 i 个配水口与第 $i-1$ 个配水口之间的距离为 L_i,第 i 个配水口所分配的流量为 Q_i。Q_{in} 为一灌溉周期内流进渠道的平均流量,Q_{out} 为一灌溉周期内流出渠道的平均流量。假定在一个灌溉周期内各配水口所分配的流量与各配水口所控制的面积大致成正比,设该渠道的利用系数为 η,则第 i 个配水口所分配的流量为

$$Q_i = [Q_{in} - Q_{out} - (1 - \eta) \times Q_{in}] \times A_i / A \tag{3.44}$$

先假定一 η 值,便可求得各配水口的流量 Q_i。因为各配水口之间的渠道可视为输水渠道,则利用上面的推导公式,逐段求算各渠段的净流量。其递推公式为

$$q_1 = \frac{Q_{in}}{\mathrm{e}^{\sigma L} - 1} \tag{3.45}$$

$$q_{i毛} = q_{i-1} - Q_{i-1} \tag{3.46}$$

$$q_i = \frac{q_{i毛}}{\mathrm{e}^{\sigma L_i}} \tag{3.47}$$

$$q_{n+1} = Q_{out} \tag{3.48}$$

实际上 q_{n+1} 应该等于 Q_{out},因此,该求算方法中以 $q_{n+1} = Q_{out}$ 为限制条件,通过试算寻求 η 值,当 $M = 667 \gamma H (\theta_2 - \theta_1)$ 时,该 η 值便是所求的该渠道的利用系数。

根据实测的流速数据,计算典型渠段单位流量单位长度的损失量 σ,在已知 σ 的情况下,用 VB 编制计算机程序(图 3.3),根据典型渠道的基本数据计算典型渠道水有效利用系数。

4)衬砌前后渠道水利用系数的对比分析

(1)衬砌率计算公式为

$$\varepsilon = \frac{L_{衬砌}}{L_{总长}} \times 100\% \tag{3.49}$$

式中:$L_{衬砌}$ 为已经衬砌的长度(m);$L_{总长}$ 为该渠段的总长度(m)。

(2)相对变化率计算公式为

$$\varphi = \frac{\eta_{衬砌} - \eta_{未衬砌}}{\eta_{衬未砌}} \times 100\% \tag{3.50}$$

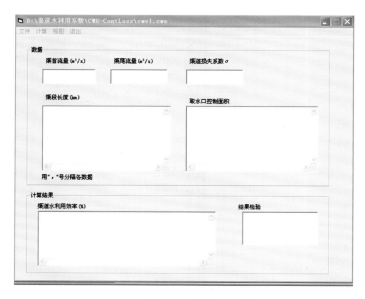

图 3.3　渠道水利用系数计算软件

式中：$\eta_{衬砌}$为衬砌后的渠道水利用系数；$\eta_{未衬砌}$为衬砌前的渠道水利用系数。若结果为正值，则表示衬砌后渠道水利用系数提高了，相对衬砌前的提高幅度为 φ；若结果为负值，则相反。

2. 田间水利用系数

1）第 i 种作物的田间灌水量

每一种作物的田间灌水量根据典型田块实测获得，由下式计算：

$$M_{毛i} = \frac{W_i}{0.667 A_i} \tag{3.51}$$

式中：$M_{毛i}$为第 i 种作物典型田块的田间灌水量（mm）；W_i 为第 i 种作物典型田块的灌水总量（m³）；A_i 为第 i 种作物典型田块的面积（亩）。

2）第 i 种作物的田间水利用系数

第 i 种作物的田间水利用系数是指第 i 种作物全年的净灌溉定额 M_i 与第 i 种作物全年的田间灌水量 $M_{毛i}$ 的比值，即

$$\eta_{田i} = \frac{M_i}{M_{毛i}} \tag{3.52}$$

灌区田间水利用系数是由各灌域田间水利用系数进行种植面积或灌水量加权平均计算而得。

3. 渠系水利用系数

灌区渠系水利用系数采用传统的连乘法，它反映了各级输配水渠道的输水损失，表示整个渠系水的利用率，等于各级渠道平均渠道水利用系数的乘积：

$$\eta_{系} = \eta_{干} \times \eta_{支} \times \eta_{斗} \times \eta_{农} \tag{3.53}$$

式中：$\eta_{干}$、$\eta_{支}$、$\eta_{斗}$、$\eta_{农}$ 分别为干渠、支渠、斗渠、农渠的平均渠道水利用系数。

1984 年，水利电力部推荐的《灌溉排水渠系设计规范》（SDJ 217-84）（试行），渠道系统灌溉效率的计算采用逐级连乘公式，这一公式的应用是建立在灌溉系统的渠道配置是按标准的

级别次序构成、没有越级配置的基础上,在灌区渠道配置十分混杂,越级现象非常普遍,所以用这一公式计算渠系灌溉效率并不能完全反映实际情况,得到的结论不尽合理。一般情况下,分析某一级渠道的水利用系数并不困难,但如何合理确定全灌区的渠系水利用系数则往往十分棘手。现行的灌区规划理论是按各级渠道水利用系数连乘计算灌域渠系水利用系数的。运用连乘公式计算渠系水利用系数,即使各级渠道水利用系数的来源十分可靠,也往往产生难以置信的结论,灌区渠系越密集,渠道级数越多,其结论往往偏差越大。故在本次渠系水计算中也采用返算法,即用灌溉水利用系数除以对应的田间灌溉水利用系数:

$$\eta_{系} = \frac{\eta_{灌}}{\eta_{田}} \tag{3.54}$$

式中:$\eta_{灌}$ 为灌溉水利用系数;$\eta_{田}$ 为田间灌溉水利用系数。

4. 灌区灌溉水利用系数

渠段测算分析法的灌区灌溉水利用系数 $\eta_{灌}$ 为渠系水利用系数与田间水利用系数的乘积,即

$$\eta_{灌} = \eta_{系} \times \eta_{田} \tag{3.55}$$

3.4 灌区节水潜力估算方法

传统灌溉节水潜力的估算方法,早期大多数涉及灌溉节水潜力的估算,基本上都是把实施节水灌溉措施后的灌溉用水量与实施节水措施前的灌溉用水量的差值,作为节水量的估计值进而得到节水潜力。这种传统方法理论上的节水潜力源于两方面:一是灌溉水利用系数的提高;二是净灌溉用水量的减少。事实上,以"节水潜力"为关键词,近年来发表的有关灌溉节水潜力的文章中,有绝大多数的节水潜力估算方法都是采用此法。

真实节水潜力的估算方法,是基于对传统灌溉节水潜力估算方法的认识不足,其他许多学者对灌溉节水潜力及其估算方法进行探讨而得出的不同的节水潜力估算方法。

综合考虑学者对节水潜力计算方法的研究成果,本书在计算农业灌溉节水潜力时,采用田玉青、张霞、程宪国等的灌区灌溉节水潜力计算方法,并对灌区农业灌溉节水潜力进行不同环节的系列估算与分析。

节水潜力的计算主要涉及输水系统的节水潜力、田间系统的节水潜力和管理技术上的节水潜力三部分。但鉴于输水系统和田间系统是节水的重点环节,且考虑对管理水平、大众的节水意识、水的价格、有关水的法规的制定和执行情况等诸多因子难以控制,故本节着重介绍输水系统和田间系统这两个系统的节水潜力估算分析,不考虑管理技术上的节水潜力估算与分析。

3.4.1 整体法

整体法是利用各种节水技术实施后的灌区综合灌溉定额、有效灌溉面积和灌溉水利用系数,分析节水技术实施后的灌溉需水量。灌区改造产生的节水潜力 W_{ias} 就是灌区现状灌溉需水量 W_{iac} 与节水技术实施后的灌溉需水量 W_{iaa} 的差值,计算公式为

$$W_{ias} = W_{iac} - W_{iaa} \quad 或 \quad W_{ias} = \frac{m_{iaa}A_{ia}}{\eta_{iaa}} \tag{3.56}$$

式中:W_{ias} 为灌区改造产生的节水潜力(m^3);W_{iac} 为灌区现状灌溉需水量(m^3);W_{iaa} 为各种节水

措施实施后灌区灌溉需水量(m^3);m_{iaa}为各种节水措施实施后的综合净灌溉定额(m^3/亩);A_{ia}为灌区现状灌溉面积(亩);η_{iaa}为灌区节水技术实施后的灌溉水利用系数。

3.4.2 分项法

分项法是分别计算灌区渠道输水节水潜力与田间节水潜力,按照节水改造前后分别进行估算。

1. 渠道输水节水潜力

根据《宁蒙引黄灌区节水潜力与耗水量研究》(张霞,2007)论文中给出的渠系综合法来计算渠道衬砌后的节水潜力,其计算公式为

$$W_s = W_{sb} - W_{sa} = W_{sb}(1 - \eta_b / \eta_a) \tag{3.57}$$

式中:W_s为衬砌渠道节水潜力(m^3);W_{sb}为衬砌前渠首引水量(m^3);W_{sa}为衬砌后渠首引水量(m^3);η_b为衬砌前渠系水利用系数;η_a为衬砌后渠系水利用系数。

2. 田间节水潜力

田间节水潜力是指灌区农渠以下田间采取工程措施与非工程措施节水,田间水利用系数达到《节水灌溉技术规范》(SL 207-98)(水利部农村水利司,1998)的要求后,在同等规模条件下,田间灌溉水量与基准年相比节约的水量。工程措施主要指实行沟畦改造,即平整土地、缩小畦块、提高田间水利用系数。非工程措施主要指种植结构调整和实行节水灌溉制度,即减少高耗水作物的种植比例,并在基本不影响作物产量的前提下,使水分生产效率最高,减少作物的灌水定额,从而降低田间的综合灌溉定额,达到节水目的。

田间节水潜力可采用综合法和逐项法进行估算。

1)综合法

综合法是利用灌区现状田间灌溉水量与采取各种节水措施后的田间灌溉水量的差值来计算田间节水量。计算公式为

$$W_{fi} = W_{bi} - W_{ai} = m_{bi}A_{ai} / \eta_{frb} - m_{ai}A_{ai} / \eta_{fra} \tag{3.58}$$

式中:W_{fi}为灌区田间灌溉节水量(m^3);W_{bi}为灌区现状田间灌溉水量(m^3);W_{ai}为各种节水措施实施后的田间灌溉水量(m^3);m_{bi}为现状综合净灌溉定额(m^3/亩);m_{ai}为各种节水措施实施后的综合净灌溉定额(m^3/亩);A_{ai}为灌区现状灌溉面积(亩);η_{frb}为灌区现状田间水利用系数;η_{fra}为各种节水措施实施后灌区田间水利用系数。

田间节水潜力的计算公式为

$$W_{fiq} = W_{fi} / \eta_{iaa} \tag{3.59}$$

2)逐项法

逐项法是将工程措施与非工程措施分开分别进行节水潜力的估算。

(1)种植结构调整。由于不同作物的灌溉需水量不同,灌区不同作物种植比例影响灌区的需水量,调整作物种植结构,灌区的综合灌溉定额将发生变化,其灌溉需水量的差值即为节水量,计算公式如下:

$$W_{ad} = W_{adb} - W_{ada} \quad (其中:W_{adb} = m_{adb}A_{fr}, W_{ada} = m_{ada}A_{fr}) \tag{3.60}$$

式中:W_{ad}为灌区种植结构产生的净节水量(m^3);W_{adb}为灌区种植结构调整前的灌溉水量(m^3);W_{ada}为灌区种植结构调整后的灌溉水量(m^3);m_{adb}为种植结构调整前的灌区综合灌溉定

额（m³/亩）；m_{ada} 为种植结构调整后的灌区综合灌溉定额（m³/亩）；A_{fr} 为灌区现状灌溉面积（亩）。

种植结构调整后的田间节水潜力的计算公式为

$$W_{\text{adq}} = W_{\text{ad}} / \eta_i \eta_b \tag{3.61}$$

式中：η_i 为灌区田间水有效利用系数，与逐项法的计算顺序有关。

（2）采用节水灌溉制度。灌区采用节水灌溉制度，降低作物灌溉定额，可减少灌溉水量，其减少的水量及节水量，计算公式为

$$W_{\text{st}} = W_{\text{tr}} - W_{\text{sr}} \quad (\text{其中：} W_{\text{tr}} = m_{\text{tr}} A_{\text{sr}}, W_{\text{sr}} = m_{\text{sr}} A_{\text{sr}}) \tag{3.62}$$

式中：W_{st} 为采用节水灌溉制度产生的净节水量（m³）；W_{tr} 为采用现状灌溉制度的灌溉水量（m³）；W_{sr} 为采用节水灌溉制度的灌溉水量（m³）；m_{tr} 为采用现状灌溉制度的综合灌溉定额（m³/亩）；m_{sr} 为采用节水灌溉制度的综合灌溉定额（m³/亩）；A_{sr} 为灌区现状灌溉面积（亩）。

采用节水灌溉制度后的田间节水潜力的计算公式为

$$W_{\text{srq}} = W_{\text{st}} / \eta_i \eta_b \tag{3.63}$$

式中：η_i 为灌区田间水有效利用系数，与逐项法的计算顺序有关。

（3）沟畦改造。沟畦灌是当前最主要的田间灌水方式，其水分损失的主要途径包括：田面土壤蒸发、水面蒸发和深层渗漏，其中深层渗漏占损失的主要部分。引黄灌区多为大畦灌溉，加之土壤多为砂壤土，土壤渗漏损失严重。

沟畦改造产生的田间节水量 W_{fr} 就是沟畦改造前田间的灌溉水量 W_{frb} 与沟畦改造后田间的灌溉水量 W_{fra} 的差值，计算公式为

$$W_{\text{fr}} = W_{\text{frb}} - W_{\text{fra}} \quad (\text{其中：} W_{\text{frb}} = m A_{\text{fr}} / \eta_{\text{frb}}, W_{\text{fra}} = m A_{\text{fr}} / \eta_{\text{fra}}) \tag{3.64}$$

式中：W_{fr} 为实施沟畦改造产生的田间灌溉节水量（m³）；W_{frb} 为实施沟畦改造前田间灌溉水量（m³）；W_{fra} 为实施沟畦改造后田间灌溉水量（m³）；m 为综合净灌溉定额（m³/亩）；A_{fr} 为灌区现状灌溉面积（亩）；η_{frb} 为实施沟畦改造前的田间灌溉水利用系数；η_{fra} 为实施沟畦改造后的田间灌溉水利用系数。

沟畦改造产生的田间节水潜力的计算公式为

$$W_{\text{frq}} = W_{\text{fr}} / \eta_b \tag{3.65}$$

第4章 基于遥感技术的种植面积及种植结构测算结果分析

本章基于遥感技术依靠内蒙古引黄灌区实际数据,对内蒙古4个大型引黄灌区历年的种植结构、种植面积、控制面积进行解译。通过解译得出灌区控制面积、种植面积及种植结构,从而验证遥感解译结果与实际统计数据结果相差不大,总趋势是相同的。并在获取较好影像的前提下,解译出各项结果基本接近于实际统计值。提出基于遥感技术既省人力又省物力的内蒙古引黄灌区统计控制面积、种植面积、种植结构理想方法。

4.1 灌区种植面积及种植结构测算

4.1.1 灌区控制面积测算

利用 GPS 及遥感技术对各灌区控制面积进行解译,确定河套灌区、黄河南岸灌区、镫口扬水灌区、麻地壕扬水灌区的控制面积,并与官方统计出的灌区控制面积进行对比,分析解译误差及准确性。利用遥感技术解译出的灌区控制面积与官方统计出的灌区控制面积误差分析见表 4.1、图 4.1。

表 4.1 遥感解译与官方统计出的各灌区控制面积误差分析

灌区名称	像元个数	像元大小/m²	解译面积		统计面积		误差/%
			km²	万亩	km²	万亩	
河套灌区	12 722 544	900	11 450.3	1 717.5	11 201.0	1 679.3	2.28
黄河南岸灌区	5 313 639	900	4 782.3	717.3	4 799.0	719.5	−0.31
镫口扬水灌区	946 755	900	852.1	127.8	915.8	137.3	−6.92
麻地壕扬水灌区	845 162	900	760.6	114.1	824.0	123.5	−7.61
合计	19 828 100	900	17 845.3	2 676.7	17 739.8	2 659.6	0.64

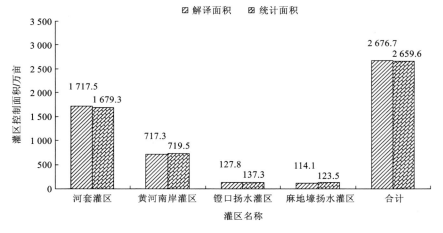

图 4.1 遥感解译与官方统计出的各灌区控制面积对比分析

由表 4.1 与图 4.1 可以看出，通过 GPS 及遥感技术解译出的灌区面积与各灌区官方统计出的面积误差很小，内蒙古 4 个引黄灌区总体误差为 0.64%，这说明所确定的各灌区边界较为真实可信，运用其对灌区的地理及种植等信息进行进一步解译是可行的。

4.1.2 灌区种植面积测算

利用 ENVI 4.8 软件对影像进行解译获取作物的种植面积。ENVI 软件解译作物种植面积的原理为：对分类后影像的各组栅格单元个数进行统计求和，由于影像的空间分辨率（每个栅格代表的面积）是一定的，即 TM 影像空间分辨率为 30 m×30 m，故可求出内蒙古引黄灌区中 4 个典型测试灌区的种植面积。

内蒙古 4 个引黄灌区在 1987 年、1991 年、1995 年、2000 年、2006 年、2010 年及 2011 年的种植总面积及土地利用率见表 4.2、图 4.2。

表 4.2　内蒙古 4 个引黄灌区多年种植面积及土地利用率

项目	年份						
	1987	1991	1995	2000	2006	2010	2011
种植面积/万亩	1 013.98	1 003.37	1 124.86	1 141.99	1 191.17	1 074.58	1 163.22
土地利用率/%	37.88	37.49	42.02	42.66	44.50	40.15	43.46

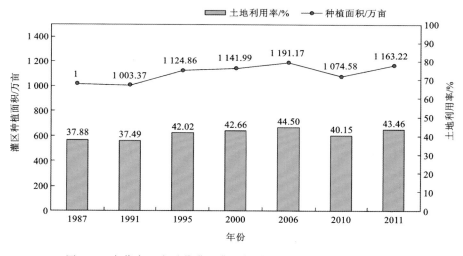

图 4.2　内蒙古 4 个引黄灌区典型年种植面积及土地利用率变化

通过表 4.2 与图 4.2 可以看出：内蒙古 4 个引黄灌区总种植面积由 1987 年的 1 013.98 万亩增长到了 2011 年的 1 163.22 万亩；土地利用率从 1987 年的 37.88% 增长到了 2011 年的 43.46%。虽然从 2006 年以后土地利用率有所下降，但是总体来讲近 30 年来内蒙古 4 个引黄大型灌区的土地利用呈增加趋势，尤其是 1991~2006 年增加幅度最大，总种植面积由 1 003.37 万亩增长到 1 191.17 万亩，增加了 187.8 万亩，土地利用率从 37.49% 增长到 44.50%。

4.1.3 种植结构测算及其种植比例分析

利用 ENVI 4.8 软件中的决策树分类方法对各作物面积进行解译计算。获取灌区各种主要作物及其他作物的遥感影像信息，并计算出灌区的种植结构与种植比例，内蒙古引黄灌区在 1987

年、1991 年、1995 年、2000 年、2006 年、2010 年及 2011 年的种植结构及种植比例见表 4.3、表 4.4 及图 4.3～图 4.7。

表 4.3　内蒙古 4 个引黄灌区多年种植面积

年份	灌区	作物种植面积/万亩				
		小麦	玉米	葵花	其他作物	作物面积合计
1987	河套灌区	427.17	98.10	21.69	209.39	756.35
	黄河南岸灌区	0.11	19.96	111.94	21.28	153.29
	镫口扬水灌区	0.08	12.08	46.71	12.00	70.87
	麻地壕扬水灌区	6.32	9.61	3.06	14.47	33.46
1991	河套灌区	395.49	110.25	114.2	123.97	743.91
	黄河南岸灌区	0.12	48.43	81.77	23.62	153.94
	镫口扬水灌区	0.03	6.14	55.91	11.99	74.07
	麻地壕扬水灌区	6.38	10.58	4.56	9.93	31.45
1995	河套灌区	418.53	84.79	134.25	201.91	839.48
	黄河南岸灌区	0.58	41.68	104.73	23.09	170.08
	镫口扬水灌区	14.62	18.62	35.17	5.50	73.91
	麻地壕扬水灌区	0.40	26.86	9.11	5.02	41.39
2000	河套灌区	342.11	130.47	227.18	135.31	835.07
	黄河南岸灌区	4.43	61.92	80.99	21.37	168.71
	镫口扬水灌区	10.78	34.24	32.53	8.33	85.88
	麻地壕扬水灌区	5.81	28.99	2.50	15.03	52.33
2006	河套灌区	259.58	135.20	251.57	248.88	895.23
	黄河南岸灌区	0.85	40.97	104.68	17.96	164.46
	镫口扬水灌区	1.43	53.10	30.31	4.25	89.09
	麻地壕扬水灌区	2.68	25.96	1.64	12.11	42.39
2010	河套灌区	114.45	182.04	325.98	150.44	772.91
	黄河南岸灌区	0.27	42.66	92.62	16.84	152.39
	镫口扬水灌区	2.17	49.61	38.41	3.61	93.80
	麻地壕扬水灌区	6.31	28.93	11.46	8.80	55.50
2011	河套灌区	195.15	171.44	250.17	235.35	852.11
	黄河南岸灌区	0.91	55.94	82.07	21.15	160.07
	镫口扬水灌区	16.48	44.68	8.24	24.56	93.96
	麻地壕扬水灌区	0.80	44.22	6.00	6.05	57.07

表 4.4　内蒙古 4 个引黄灌区多年种植比例

年份	项目	种植作物				
		小麦	玉米	葵花	其他作物	全部作物合计
1987	面积/万亩	433.69	139.75	183.41	257.13	1013.98
	种植比例/%	42.77	13.78	18.09	25.36	100.00
1991	面积/万亩	402.02	175.41	256.44	169.50	1003.37
	种植比例/%	40.07	17.48	25.56	16.89	100.00
1995	面积/万亩	434.13	171.96	283.25	235.53	1124.86
	种植比例/%	38.59	15.29	25.18	20.94	100.00
2000	面积/万亩	363.13	255.62	343.20	180.03	1141.98
	种植比例/%	31.80	22.38	30.05	15.77	100.00
2006	面积/万亩	264.53	255.23	388.21	283.21	1191.18
	种植比例/%	22.21	21.43	32.59	23.77	100.00
2010	面积/万亩	123.19	303.24	468.46	179.69	1074.58
	种植比例/%	11.46	28.22	43.60	16.72	100.00
2011	面积/万亩	213.34	316.29	346.48	287.11	1163.22
	种植比例/%	18.34	27.19	29.79	24.68	100.00

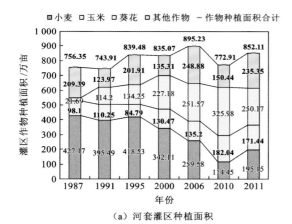

（a）河套灌区种植面积

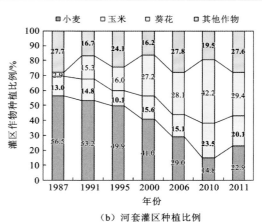

（b）河套灌区种植比例

图 4.3　河套灌区典型年种植面积及种植比例的变化

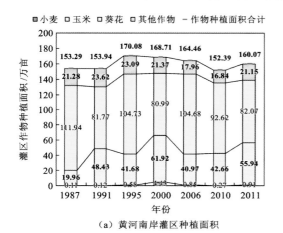

（a）黄河南岸灌区种植面积

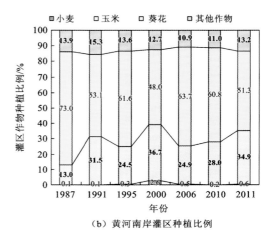

（b）黄河南岸灌区种植比例

图 4.4　黄河南岸灌区典型年种植面积及种植比例的变化

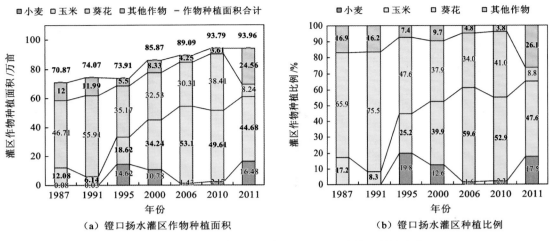

（a）镫口扬水灌区作物种植面积 （b）镫口扬水灌区种植比例

图 4.5　镫口扬水灌区典型年种植面积及种植比例的变化

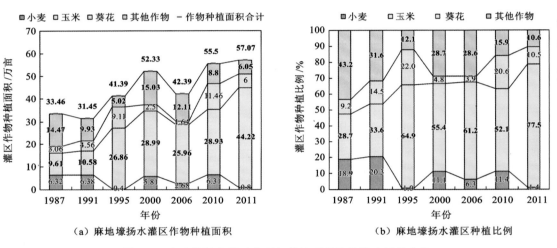

（a）麻地壕扬水灌区作物种植面积 （b）麻地壕扬水灌区种植比例

图 4.6　麻地壕扬水灌区典型年种植面积及种植比例的变化

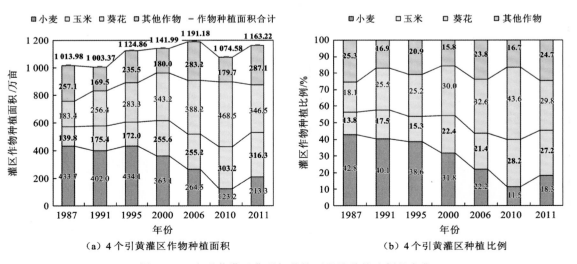

（a）4 个引黄灌区作物种植面积 （b）4 个引黄灌区种植比例

图 4.7　4 个引黄灌区典型年种植面积及种植比例的变化

1. 河套灌区

河套灌区种植面积与种植比例见图4.3。由表4.3与图4.3可以看出,河套灌区2000年以前主要种植作物为小麦,2000~2010年玉米和葵花的种植面积总体呈逐年增加趋势,到了2011年小麦种植面积又有所增加,呈现出小麦、玉米、葵花与其他作物的种植面积基本持平的局面。此外,小麦、玉米、葵花与其他作物的种植结构由1987年的56.4∶13.0∶2.9∶27.7变化到2011年的22.9∶20.1∶29.4∶27.6,葵花种植面积增加最快,其次为玉米,其他作物的种植面积与比例变化不大,基本稳定。

2. 黄河南岸灌区

黄河南岸灌区种植面积与种植比例见图4.4。由表4.3与图4.4可以看出,黄河南岸灌区多年来作物的种植结构变化不大,主要种植作物为玉米和葵花,葵花种植面积最大,然后是玉米。但总体来看,随着时间的推移,玉米种植比例总趋势增加,葵花种植比例总趋势尽管减少但依然占绝对优势,其他作物变化较平稳,小麦种植比例极小,只有2000年最大。从总种植面积来看,1995年最高,为170.08万亩,1995年以前趋势增加,以后趋势减少,但变化不大,基本稳定。此外,小麦、玉米、葵花与其他作物的种植结构由1987年的0.1∶13.0∶73.0∶13.9变化到2011年的0.6∶34.9∶51.3∶13.2,葵花种植比例,除2000年为48%以外,其他年份均超过50%。

3. 镫口扬水灌区

镫口扬水灌区种植面积与种植比例见图4.5。由表4.3与图4.5可以看出,镫口扬水灌区多年来作物的种植结构波动较大,主要种植作物为玉米和葵花,但总体来看,葵花种植比例呈减少趋势,玉米种植比例呈增加趋势,小麦与其他作物变化规律不明显,如1995年、2000年、2011年,小麦种植面积比其他年份明显偏大,而其他作物种植面积与比例,在2010年以前基本呈减少趋势,但到2011年增加显著。从总种植面积来看,1987~2011年持续增加,期间增加了23.09万亩。此外,小麦、玉米、葵花与其他作物的种植结构由1987年的0.1∶17.1∶65.9∶16.9变化到2010年的2.3∶52.9∶41.0∶3.8,到2011年又变化到17.5∶47.6∶8.8∶26.1,但玉米与葵花的种植面积之和均超过56.4%(2011年)。

4. 麻地壕扬水灌区

麻地壕扬水灌区种植面积与种植比例见图4.6。由表4.3与图4.6可以看出,麻地壕扬水灌区多年来作物的种植结构波动较大,主要种植作物为玉米,但总体来看,玉米种植比例呈增加趋势,其他作物与小麦的种植比例呈波动式减少趋势,葵花变化规律不明显,如1995年、2010年,葵花种植面积比其他年份明显偏大。从总种植面积来看,1987~2011年基本呈增加趋势,1991年最小,为31.45万亩,2011年最大,为57.07万亩,期间增加了25.62万亩。此外,小麦、玉米、葵花与其他作物的种植结构由1987年的18.9∶28.7∶9.1∶43.2变化到2011年的1.4∶77.5∶10.5∶10.6,但玉米的种植面积自1995年以后均超过52.1%(2010年)。

5. 小结

引黄灌区种植面积与种植比例见图4.7。引黄灌区由于受控于河套灌区,其规律与河套灌区大体相同。进一步由表4.4与图4.7可以看出:引黄灌区2000年以前主要种植作物为小麦,其次为其他作物、葵花和玉米;2000～2010 年,玉米和葵花的种植面积总体呈逐年增加趋势,到了 2011 年小麦种植面积又有所增加,呈现出葵花种植面积最大,玉米次之,然后是其他作物和小麦。此外,小麦、玉米、葵花与其他作物的种植结构由 1987 年的 42.77:13.78:18.09:25.36 变化到 2011 年的 18.34:27.19:29.78:24.68,葵花种植面积增加最快,其次为玉米,其他作物的种植面积与比例变化不大,基本稳定。在 2000 年之前,灌区的 1/4 种植作物都为小麦,这说明内蒙古四个引黄灌区由之前的单一化种植结构,逐渐向多元化种植结构转变。灌区其他非主要作物的种植比例基本没有变化。

4.1.4　测算结果验证

　　受各灌区管理状况及建设、发展时间等因素的制约,对内蒙古 4 个引黄灌区历年种植结构及种植面积资料进行收集时,只获取到河套灌区的多年资料,故对遥感解译结果的验证只能利用河套灌区历年的统计资料。遥感与实际统计结果误差分析见表 4.5,遥感与实际统计的结果对比如图 4.8 所示。

表 4.5　河套灌区遥感解译面积与统计面积的对比

年份	项目	种植作物				
		葵花	小麦	玉米	其他作物	种植作物合计
1987	解译面积/万亩	21.69	427.17	98.10	209.39	756.35
	统计面积/万亩	59.85	375.44	86.87	287.24	809.40
	误差/%	−63.76	13.78	12.93	−27.10	−6.55
1991	解译面积/万亩	114.20	395.49	110.25	123.97	743.90
	统计面积/万亩	101.88	358.08	74.30	164.08	698.34
	误差/%	12.09	10.45	48.38	−24.45	6.52
1995	解译面积/万亩	134.25	418.53	84.79	201.91	839.48
	统计面积/万亩	124.21	385.31	75.33	234.01	818.86
	误差/%	8.08	8.62	12.56	−13.72	2.52
2000	解译面积/万亩	227.18	342.11	130.47	135.31	835.07
	统计面积/万亩	219.04	303.94	118.34	188.17	829.49
	误差/%	3.72	12.56	10.25	−28.09	0.67
2006	解译面积/万亩	251.57	259.58	135.20	248.88	895.23
	统计面积/万亩	230.50	231.13	128.67	274.58	864.88
	误差/%	9.14	12.31	5.07	−9.36	3.51
2010	解译面积/万亩	325.98	114.45	182.04	150.44	772.91
	统计面积/万亩	315.93	126.58	179.84	147.07	769.42
	误差/%	3.18	−9.58	1.22	2.29	0.45
2011	解译面积/万亩	250.17	195.15	171.44	235.35	852.12
	统计面积/万亩	210.13	190.25	170.33	278.06	848.77
	误差/%	19.05	2.58	0.65	−15.36	0.39

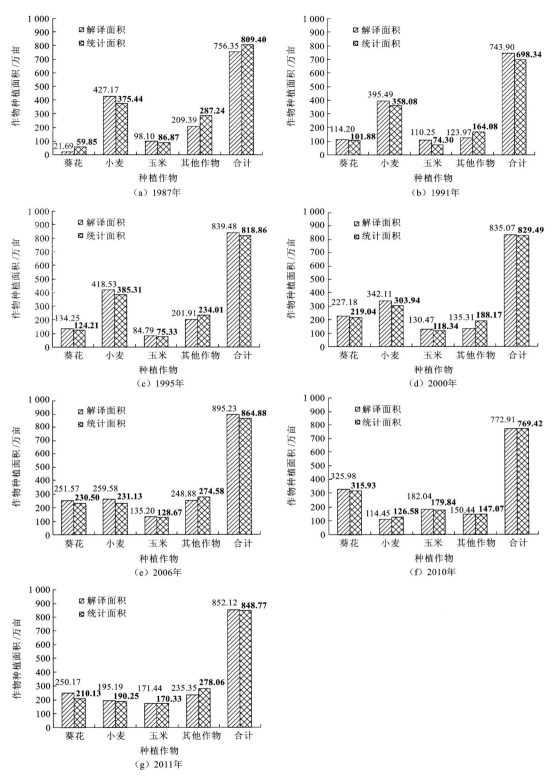

图 4.8　河套灌区遥感解译及实际统计作物种植面积的对比

由表 4.5 遥感解译与灌区统计的对比结果可以看出,遥感解译出的种植面积与统计出的种植面积误差较小。但种植结构的解译结果与统计结果在部分年份差异较大,尤其是 1987 年。这可能是由所获取遥感影像时间与获取 NDVI 值的样点时间相差较大所产生的误差,也可能是由遥感影像本身受到多云等气候因素影响较大所产生的误差。

由图 4.8 可以看出,遥感解译出的种植结构与当地实际统计出的种植结构变化趋势基本相同,解译出的面积与实际统计出的面积也基本一致,误差并不明显,故使用遥感方法对黄河南岸灌区、磴口扬水灌区、麻地壕扬水灌区各项指标进行解译分析也是可行的。

总之,在获取较好遥感影像的前提下,对内蒙古 4 个引黄灌区的种植面积及种植结构进行解译是完全可行的、正确的。解译出的结果基本接近于真实值。

4.1.5 灌区种植面积及种植结构演变分析

通过对内蒙古 4 个引黄灌区多年遥感影像的解译及验证,可以得到灌区多年种植面积及种植结构的演变趋势,如图 4.9 所示。

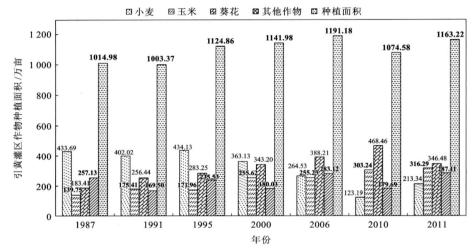

图 4.9 内蒙古 4 个引黄灌区种植结构及种植面积的变化

由图 4.9 可以看出,4 个引黄灌区作物的种植面积总体上呈稳定增长态势,种植面积在近 30 年间基本呈增长趋势,尤其是 1991~2006 年呈持续增长趋势,而后又微弱减少。引黄灌区在 1987 年主要种植小麦,但随着时间的推移,小麦的种植面积逐年减少,直到 2011 年又出现上升态势。灌区的葵花种植面积呈逐年增加趋势;玉米种植面积虽有增加但增加幅度较葵花略显偏小。其他非主要作物的种植面积呈波动式微弱增加,但增加幅度较小,整体趋势相对较平稳。

4.2 小　结

基于遥感技术对内蒙古 4 个引黄灌区历年的控制面积、种植面积、种植结构进行了解译,得出灌区控制面积、种植面积及种植结构。

灌区的控制面积为 2 676.7 万亩(17 845.3 km²),对比官方统计的 2 659.6 万亩(17 739.8 km²),相差-1.73%。

灌区的种植面积及土地利用率近 30 年来变化并不明显,但整体呈微增长趋势。

引黄灌区近 30 年间的种植结构发生了明显变化,由早年的以种植小麦为主的种植结构演变成现今种植小麦、玉米、葵花的多元化种植结构。

通过对遥感解译结果的验证,可以看出遥感解译结果与实际统计数据相差不大,总趋势是相同的。在获取较好影像的前提下,解译出的各项结果基本接近于实际统计值。遥感技术对于解译控制面积、种植面积、种植结构是可行的,是既省人力又省物力的理想方法。

第 5 章　作物蒸发蒸腾量与有效降雨量的模拟计算

本章共包括两部分内容，第一部分是计算作物蒸发蒸腾量，首先利用彭曼-蒙特斯公式计算引黄灌区及其周边各气象站点处 2012 年日参考作物蒸发蒸腾量，据此利用距离反比法估计推断各典型测试田块处参考作物蒸发蒸腾量，然后利用作物系数法计算 4 个引黄灌区各典型测试田块不同测试作物的蒸发蒸腾量（需水量）；第二部分是计算有效降雨量，利用距离反比法估计推断各典型测试田块处的日降雨量和 E601 型日水面蒸发量，然后根据 6 个典型测试田块处降雨前后实测土壤含水率资料，计算不同降雨量级别下的有效降雨量，再经区域综合模拟，确定出引黄灌区日有效降雨量的计算模式，据此，计算出各典型测试田块处的日有效降雨量。

5.1　引黄灌区作物蒸发蒸腾量的计算

5.1.1　参考作物蒸发蒸腾量的计算

FAO 的彭曼-蒙特斯公式综合考虑了各种气象因素对 ET_0 的影响，并且是机理性公式，具有可靠的物理基础，已在世界上许多国家和地区广泛应用（刘钰，2001）。经过几十年的理论研究与实践应用，FAO 的彭曼-蒙特斯公式已成为利用气象参数计算参考作物蒸发蒸腾量公认的标准方法。本书以日为计算时段，彭曼-蒙特斯法计算参考作物蒸发蒸腾量的基本公式见式（3.23）。

公式中各参数的计算方法如下。

1）饱和水汽压曲线上的斜率 Δ

$$\Delta = \frac{4\,098\left[0.610\,8\exp\left(\dfrac{17.27T}{T+237.3}\right)\right]}{(T+237.3)^2} \tag{5.1}$$

2）湿度计常数 γ

$$\gamma = \frac{c_p P}{\varepsilon\lambda} = 0.665\times10^3 P \tag{5.2}$$

$$P = 101.3\left(\frac{293-0.0065z}{293}\right)^{5.26} \tag{5.3}$$

式中：P 为大气压强，可以利用式（5.3）计算，也可以使用实测日平均大气压强（kPa）；z 为海拔高度（m）；λ 为水的汽化潜热，其值为 2.45 MJ/kg，也可以利用公式 $\lambda=2.501-2.361\times10^3 T$ 来计算；c_p 为标准大气压下的显热常数，其值为 1.013×10^{-3} MJ/(kg·℃)；ε 为水蒸气与干空气分子的比率常数，其值为 0.622。

3）离地面 2 m 高处平均风速 u_2

一般气象站所测风速均为 2 m 高处风速，但如果不是这样，应进行转换，其公式为

$$u_2 = u_z\frac{4.87}{\ln(67.8z-5.42)} \tag{5.4}$$

式中:u_z 为离地面 z m 高处的风速(m/s);z 为风速施测高度(m)。

4) 饱和水汽压 e_s

$$e^0(T) = 0.610 \, 8\exp\left(\frac{17.27T}{T+237.3}\right) \tag{5.5}$$

$$e_s = \frac{e^0(T_{max}) + e^0(T_{min})}{2} \tag{5.6}$$

式中:$e^0(T)$ 为温度 T 下的饱和水汽压(kPa);T 为温度(℃);T_{max} 为日最高气温(℃);T_{min} 为日最低气温(℃)。

5) 实际水汽压 e_a

当有日最大相对湿度与日最小相对湿度时,其公式为

$$e_a = \frac{e^0(T_{max})\dfrac{RH_{min}}{100} + e^0(T_{min})\dfrac{RH_{max}}{100}}{2} \tag{5.7a}$$

当只有日最大相对湿度时,其公式为

$$e_a = e^0(T_{min})\frac{RH_{max}}{100} \tag{5.7b}$$

当只有日平均相对湿度时,其公式为

$$e_a = \frac{RH_{mean}}{100}\frac{e^0(T_{max}) + e^0(T_{min})}{2} \tag{5.7c}$$

式中:RH_{max}、RH_{min}、RH_{mean} 分别为日最大、最小与日平均相对湿度(%)。

式(5.7a)、式(5.7b)一般只适用于计算周期为十天或者一个月的情况,如果在估计中 RH_{min} 不准确或者偏大,可以只用 RH_{max} 的式(5.7b)来计算。当以日为时段时,多采用式(5.7c)。

6) 太阳净辐射 R_n

$$R_n = R_{ns} - R_{nl} \tag{5.8}$$

$$R_{ns} = (1-\alpha)R_s \tag{5.9}$$

$$R_s = \left(a_s + b_s\frac{n}{N}\right)R_a \tag{5.10}$$

$$R_a = \frac{12\times60}{\pi}G_{sc}d_r(\omega_s\sin\varphi\sin\delta + \cos\varphi\cos\delta\sin\omega_s) \tag{5.11}$$

式中:R_{ns}、R_{nl} 分别为太阳净短波辐射和净长波辐射[MJ/(m^2·d)];R_s 为太阳辐射[MJ/(m^2·d)];R_a 为大气层顶辐射[MJ/(m^2·d)];α 为根据不同地区情况所确定的系数,如没有试验资料,通常取 0.23;G_{sc} 为太阳常数,其值为 0.082 0;d_r 为地球和太阳的相对距离;φ 为气象站纬度(rad);ω_s 为太阳日落角(rad);δ 为太阳角(rad);a_s、b_s 为地区修正系数,在计算中一般取 a_s=0.25 和 b_s=0.50。

式(5.11)中 d_r、δ、ω_s 的计算公式为

$$d_r = 1 + 0.033\cos\left(\frac{2\pi}{365}J\right) \tag{5.12}$$

$$\delta = 0.409\sin\left(\frac{2\pi}{365}J - 1.39\right) \tag{5.13}$$

$$\omega_s = \arccos(-\tan\varphi\tan\delta) \tag{5.14a}$$

$$\omega_s = \frac{\pi}{2} - \arctan\left(\frac{-\tan\varphi\tan\delta}{X^{0.5}}\right) \tag{5.14b}$$

式中：$X=1-\tan^2\varphi\tan^2\delta$，如果 $X\leqslant0$，取 $X=0.00001$；J 为一年中的第几天，取值范围为 $1\sim365/366$。

式（5.10）中的 N 为日照时间（h），计算式为

$$N=\frac{24}{\pi}\omega_s \tag{5.15}$$

式（5.8）中 R_{nl} 为太阳净长波辐射，FAO 推荐的计算式为

$$R_{nl}=\sigma\left(\frac{T_{max,K}^4+T_{min,K}^4}{2}\right)\left(0.34-0.14\sqrt{e_a}\right)\left(1.35\frac{R_s}{R_{s0}}-0.35\right) \tag{5.16}$$

式中：σ 为斯特藩-玻尔兹曼常数 $[MJ/(k^4\cdot m^2\cdot d)]$，$\sigma=4.903\times10^{-9}\ MJ/(k^4\cdot m^2\cdot d)$；$T_{max,K}$、$T_{min,K}$ 分别为日最大、最小绝对温度（K）；R_s/R_{s0} 为相对短波辐射，其值 $\leqslant1.0$；R_s 为实测或者计算[采用式（5.10）]出来的太阳辐射 $[MJ/(m^2\cdot d)]$；R_{s0} 为在无云情况下计算出来的太阳辐射 $[MJ/(m^2\cdot d)]$。

某地区提供修正系数 a_s 和 b_s 时，R_{s0} 计算式为

$$R_{s0}=(a_s+b_s)R_a \tag{5.17}$$

某地区不能提供修正系数 a_s 和 b_s 时，R_{s0} 计算式为

$$R_{s0}=(0.75+2\times10^5 z)R_a \tag{5.18}$$

其中：z 为海拔高度（m）。

收集内蒙古引黄灌区境内及其周边共 16 个气象站 2012 年日最高气温、日最低气温、日平均气温、日平均相对湿度、日平均风速、日降雨量、日水面蒸发量资料，在计算日参考作物蒸发蒸腾量时，应用的主要参变量及其计算公式为：①饱和水汽压曲线上的斜率 Δ 采用式（5.2）来计算；②湿度计常数 γ 采用式（5.2）来计算；③日平均大气压 P 采用式（5.3）来计算；④饱和水汽压 e_s 采用式（5.6）来计算；⑤实际水汽压 e_a 采用式（5.7c）来计算；⑥太阳净辐射 R_n 采用式（5.8）～式（5.13）、式（5.14a）、式（5.15）～式（5.18）来计算。

由于以日为时间段，土壤热通量 G 可以取 0，从而将 Δ、γ、e_s、e_a、R_n 及 2 m 高度处日平均气温 T、日平均风速 u_2 代入式（5.1）即可计算出参考作物蒸发蒸腾量。

1. 参考作物蒸发蒸腾量与水面蒸发量的关系

引黄灌区及其周边 16 个气象站中，有 5 个气象站非冻结期测有 E601 型水面蒸发量，分别是吉兰泰气象站、临河气象站、乌拉特中旗气象站、包头气象站、呼和浩特气象站，其余 11 个气象站测有 $\Phi20\ cm$ 型水面蒸发量，据此，绘制出各测站参考作物蒸发蒸腾量与水面蒸发量的关系线，见图 5.1、图 5.2，其结果见表 5.1。

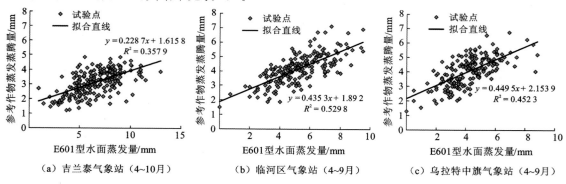

图 5.1　引黄灌区 2012 年非冻结期参考作物蒸发蒸腾量与 E601 型水面蒸发量的关系

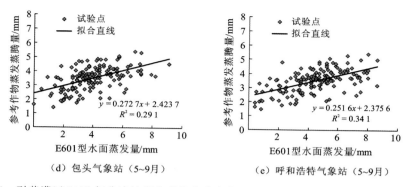

（d）包头气象站（5~9月）　　　　（e）呼和浩特气象站（5~9月）

图 5.1　引黄灌区 2012 年非冻结期参考作物蒸发蒸腾量与 E601 型水面蒸发量的关系(续)

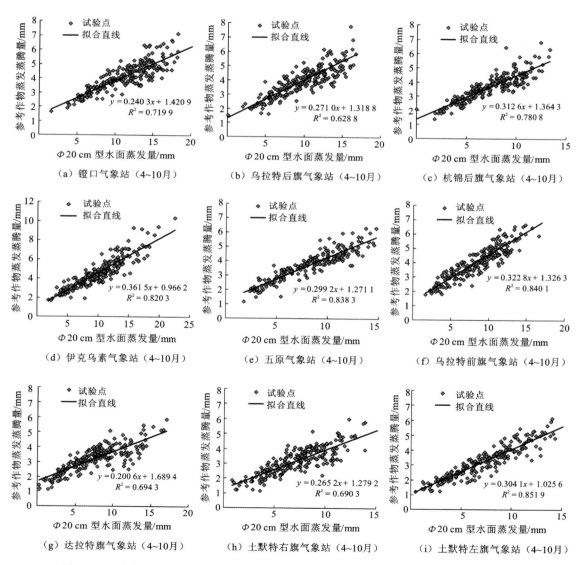

图 5.2　引黄灌区 2012 年非冻结期参考作物蒸发蒸腾量与 Φ20 cm 型水面蒸发量的关系

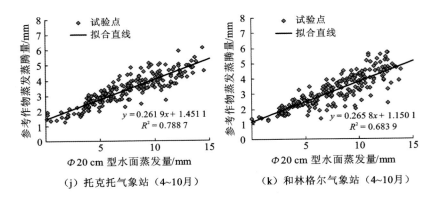

（j）托克托气象站（4~10月）　　　　　（k）和林格尔气象站（4~10月）

图 5.2　引黄灌区 2012 年非冻结期参考作物蒸发蒸腾量与 $\Phi20$ cm 型水面蒸发量的关系（续）

表 5.1　各气象站参考作物蒸发蒸腾量 ET_0 与水面蒸发量 E_0 相关分析结果

相关分析自变量	气象站	回归参数		相关系数
		常数项 a	自变量系数 b	
E601 型水面蒸发量	吉兰泰	1.615 8	0.228 7	0.598
	临河区	1.892	0.435 3	0.728
	乌拉特中旗	2.153 9	0.449 5	0.673
	包头	2.413 7	0.272 7	0.539
	呼和浩特	2.375 6	0.251 6	0.584
$\Phi20$ cm 型水面蒸发量	镫口	1.420 9	0.240 3	0.848
	乌拉特后旗	1.318 8	0.271	0.793
	杭锦后旗	1.364 3	0.312 6	0.884
	伊克乌素	0.966 2	0.361 5	0.906
	五原	1.271 1	0.299 2	0.916
	乌拉特前旗	1.326 3	0.322 8	0.917
	达拉特旗	1.689 4	0.200 6	0.833
	土默特右旗	1.279 2	0.265 2	0.831
	土默特左旗	1.025 6	0.304 1	0.923
	托克托	1.451 1	0.261 9	0.888
	和林格尔	1.150 1	0.265 8	0.827

由图 5.1、图 5.2 及表 5.1 可以看出，各气象站参考作物蒸发蒸腾量 ET_0 与水面蒸发量 E_0 相关关系都很好，而且与 $\Phi20$ cm 型水面蒸发量的相关程度更密切，相关系数 R 为 0.793~0.923，与 E601 型水面蒸发量相关程度较差，相关系数 R 为 0.539~0.728，但经检验都属显著，这也进一步说明 FAO 的彭曼-蒙特斯法计算的参考作物蒸发蒸腾量是合理可靠的。另外

也说明了利用气象站水面蒸发量资料,采用回归分析方法也可以确定参考作物蒸发蒸腾量。

2. 参考作物蒸发蒸腾量的空间变异性

引黄灌区主要种植作物有玉米、小麦、葵花,玉米生育期大体上介于 5 月和 9 月,通常在 130 天左右,因此,这里统计各气象站 2012 年 5~9 月累计参考作物蒸发蒸腾量,并绘制其空间变异等值线图,如图 5.3 所示。

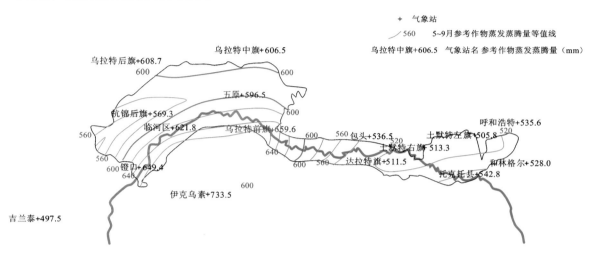

图 5.3　内蒙古引黄灌区 2012 年各典型测试田块参考作物蒸发蒸腾量空间变异性(5~9 月)

引黄灌区最大参考作物蒸发蒸腾量出现在磴口-乌拉特前旗之间沿黄河一线,自磴口-临河-五原往南逐渐增大;最小参考作物蒸发蒸腾量出现在达拉特旗-土默特右旗-土默特左旗一线,该线往东南的托克托、和林格尔方向,以及往西的包头、乌拉特前旗方向又逐渐增大;河套灌区境内,五原-杭锦后旗一线有一相对低值区,且较稳定,自杭锦后旗向西南方向又逐渐减少。

3. 各典型测试田块处参考作物蒸发蒸腾量的估算

本次测试,河套灌区、黄河南岸灌区、磴口扬水灌区、麻地壕扬水灌区分别布设 13 个、5 个、6 个、4 个典型测试田块,各田块的基本信息见表 5.2。

表 5.2　引黄灌区各典型测试田块基本信息

灌区名称	灌域名称	灌区内序号	田块名称	所属行政区	地理坐标/(°)		大地坐标/m	
					纬度	经度	X	Y
河套灌区	乌兰布和灌域	1	兵团	磴口县农垦	40.518	106.830	4 485 360	19 152 874
		2	坝楞	磴口县坝楞村	40.421	107.009	4 482 415	19 164 187
	解放闸灌域	3	南小召	杭锦后旗崔寡妇圪旦	40.822	107.092	4 528 502	19 170 620
		4	沙壕渠	杭锦后旗屯河	40.906	107.142	4 536 111	19 177 650

灌区名称	灌域名称	灌区内序号	田块名称	所属行政区	地理坐标/(°)		大地坐标/m	
					纬度	经度	X	Y
河套灌区	永济灌域	5	双河	临河区双河镇	40.711	107.410	4 514 724	19 196 539
		6	治丰	临河区治丰村	40.828	107.454	4 527 921	19 202 241
		7	隆胜	临河区隆胜镇	40.898	107.480	4 534 720	19 204 917
	义长灌域	8	五原永联	五原县新公中镇永联	41.075	108.013	4 560 987	19 258 350
		9	五原旧城	五原县隆兴昌镇旧城	41.110	108.258	4 556 702	19 270 040
		10	五原浩丰	五原县隆兴昌镇浩丰	41.138	108.315	4 563 735	19 277 317
	乌拉特灌域	11	塔布	乌拉特前旗西小召村	40.878	108.430	4 529 931	19 280 222
		12	三湖河	乌拉特前旗葫芦素	40.624	108.977	4 500 787	19 328 401
		13	人民渠	乌拉特前旗西菜园	40.966	108.653	4 538 790	19 300 539
黄河南岸灌区	巴拉亥灌域	1	呼和木都	呼和木都镇	40.606	107.298	4 503 492	19 186 664
	建设灌域	2	吉日嘎朗图	吉日嘎朗图镇	40.812	107.992	4 524 083	19 246 158
	独贵塔拉灌域	3	独贵塔拉	独贵塔拉镇	40.593	108.711	4 498 007	19 306 193
	昭君坟灌域	4	昭君坟	昭君坟镇	40.490	109.588	4 484 928	19 380 274
	树林召灌域	5	小淖新	树林召镇	40.424	110.144	4 477 884	19 427 387
镫口扬水灌区	民生渠灌域	1	赵家圪梁	土默特右旗明沙淖乡	40.497	110.518	4 484 918	19 459 150
		2	侯闸	土默特左旗美岱召镇	40.535	110.780	4 489 034	19 481 385
		3	庞家营子	土默特左旗哈素乡	40.558	110.940	4 491 527	19 494 914
	跃进渠灌域	4	五合圪旦	土默特右旗明沙淖乡	40.454	110.556	4 480 106	19 462 340
		5	镫口	土默特右旗海子乡	40.455	110.701	4 480 122	19 474 628
		6	小韩营子	土默特右旗双龙镇	40.479	110.901	4 482 789	19 491 605
麻地壕扬水灌区	丁家夭灌域	1	塔布板	古城镇	40.538	111.379	4 489 374	19 532 127
		2	大北夭	伍什家乡	40.396	111.321	4 473 638	19 527 265
	大井壕灌域	3	中滩	双河镇	40.303	111.083	4 463 215	19 507 094
		4	两间房	五申镇	40.428	111.112	4 477 123	19 509 482

各测试田块处的参考作物蒸发蒸腾量,利用其周边主要气象站计算出的参考作物蒸发蒸腾量,采用距离反比法进行估算。估算每个测试田块 ET_0 时所应用的气象站名及其权重见表5.3。

各典型测试田块2012年3~9月参考作物蒸发蒸腾量估计结果见表5.4,5~9月 ET_0 分布见图5.4。

表 5.3　引黄灌区各测试田块估算 ET_0 时所应用的气象站名及其权重

各典型测试田块估值时采用的气象站及其估值值权重

灌区名称	灌域名称	灌区内序号	田块名称	吉兰泰	磴口	乌拉特后旗	杭锦后旗	临河区	伊克乌素	五原	乌拉特中旗	乌拉特前旗	包头	达拉特旗	土默特右旗	土默特左旗	托克托	呼和浩特	和林格尔
河套灌区	乌兰布和灌域	1	兵团	0.074 4	0.687 4	0.079 7	0.158 6												
		2	坝楞		0.861 4		0.138 6												
	解放闸灌域	3	南小召		0.159 4		0.840 6												
		4	沙壕渠				0.968 5			0.031 5									
	永济灌域	5	双河		0.075 1			0.924 9											
		6	治丰				0.220 5	0.630 1		0.085 8		0.063 6							
		7	隆胜				0.289 2	0.498 3		0.124 6		0.087 9							
	义长灌域	8	五原永联				0.140 6			0.859 4									
		9	五原旧城			0.016 1				0.983 9									
		10	五原浩丰							0.705 9	0.160 2	0.134 0							
	乌拉特灌域	11	塔布							0.491 7		0.508 3							
		12	三湖河									0.756 2		0.243 8					
		13	人民渠							0.256 8	0.247 3	0.200 6	0.295 2						
黄河南岸灌区	巴拉亥灌域	1	呼和木都		0.323 5			0.676 5											
	建设灌域	2	建设嘎阴图					0.272 3	0.156 3	0.333 2	0.238 8								
	独贵塔拉灌域	3	独贵塔拉						0.121 9			0.658 4	0.119 3	0.100 4					
	昭君坟灌域	4	昭君坟						0.084 4			0.155 9	0.431 1	0.328 6					
	树林召灌域	5	小淖新											0.795 8	0.204 2				
磴口扬水灌区	民生渠灌域	1	赵家圪梁											0.113 6	0.734 1	0.076 6	0.075 8		
		2	侯圐											0.141 3	0.432 9	0.225 7	0.200 2		
		3	庞家营子											0.123 2	0.279 4	0.343 8	0.253 7		
	跃进渠灌域	4	五合圪旦											0.156 8	0.611 5	0.112 5	0.119 2		
		5	磴口											0.155 2	0.485 7	0.171 2	0.187 9		
		6	小韩营子											0.133 9	0.304 3	0.268 2	0.293 0		
麻地壕扬水灌区	丁家夭灌域	1	塔布板													0.313 9	0.260 0	0.207 5	0.218 5
		2	大北天													0.202 8	0.465 1	0.137 7	0.194 3
	大井壕灌域	3	中滩												0.153 3		0.846 7		
		4	两间房												0.161 8	0.241 9	0.455 5		0.140 7

表 5.4 引黄灌区各典型测试田块 2012 年 3～9 月参考作物蒸发蒸腾量估计结果

灌区名称	灌域名称	灌区内序号	田块名称	各典型测试田块 2012 年各月参考作物蒸发蒸腾量 ET$_0$ 的估计值							
				3月	4月	5月	6月	7月	8月	9月	5～9月合计
河套灌区	乌兰布和灌域	1	兵团	80.8	130.9	137.5	130.2	127.5	127.8	99.2	622.2
		2	坝楞	83.4	131.3	140.4	134.1	130.7	130.8	102.4	638.4
	解放闸灌域	3	南小召	81.1	134.1	133.6	118.1	119.7	119.0	91.6	582.1
		4	沙壕渠	80.2	134.5	132.1	114.9	117.4	116.6	89.1	570.1
	永济灌域	5	双河	79.7	141.1	144.8	131	126.1	126.3	95.6	623.8
		6	治丰	77.9	138.2	141.3	127.4	123.9	124.7	93.2	610.5
		7	隆胜	77.3	136.8	140.0	126.4	123.4	124.4	92.5	606.7
	义长灌域	8	五原永联	68.5	130.7	133.5	127.4	121.7	123.4	86.6	592.6
		9	五原旧城	66.8	130.4	133.6	129.5	122.4	124.6	86.4	596.7
		10	五原浩丰	66.6	129.9	136.3	130.7	124.4	127.2	87.9	606.5
	乌拉特灌域	11	塔布	68.3	127.0	140.2	134.2	127.6	133.8	92.8	628.6
		12	三湖河	67.3	118.2	138.5	130.8	126.7	132.9	94.6	623.5
		13	人民渠	65.6	124.3	134.2	127.6	121.7	123.0	87.5	594.0
黄河南岸灌区	巴拉亥灌域	1	呼和木都	80.8	138.3	144.0	132.6	127.9	128.1	98.0	630.6
	建设灌域	2	吉日嘎朗图	74.1	135.4	146.4	137.4	128.7	133.1	94.2	639.8
	独贵塔拉灌域	3	独贵塔拉	70.2	123.6	143.8	136.0	128.5	135.1	95.7	639.1
	昭君坟灌域	4	昭君坟	64.8	113.2	127.6	120.7	115.5	114.3	86.0	564.1
	树林召灌域	5	小淖新	59.2	100.9	115.0	106.1	108.2	102.8	79.8	511.9
镫口扬水灌区	民生渠灌域	1	赵家圪梁	60.8	105.2	120.9	107.5	107.3	102.1	76.9	514.7
		2	侯闸	61.5	110.1	123.8	109.4	106.2	100.7	77.1	517.2
		3	庞家营子	62.0	113.3	125.9	110.6	105.1	99.5	76.9	518.0
	跃进渠灌域	4	五合圪旦	61.0	106.6	121.5	108.0	107.1	101.8	77.2	515.6
		5	镫口	61.3	108.9	123.0	108.9	106.8	101.2	77.4	517.3
		6	小韩营子	61.9	112.6	125.3	110.3	106.2	100.4	77.4	519.6
麻地壕扬水灌区	丁家夭灌域	1	塔布板	61.3	114.2	125.9	114.9	107.2	101.0	78.0	526.5
		2	大北夭	61.7	115.2	126.1	114.5	109.4	102.3	79.1	531.4
	大井壕灌域	3	中滩	63.4	117.4	128.4	112.3	112.5	104.3	80.8	538.3
		4	两间房	61.8	114.8	126.6	112.8	108.3	101.3	78.0	527.0

5.1.2 作物蒸发蒸腾量的计算

1. 作物生育期的确定

2012 年 4 个引黄灌区各典型测试田块不同作物生育期划分均是根据实测作物生育阶段进行划分的,其结果见表 5.5、表 5.6。

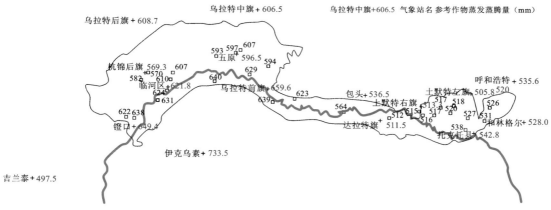

图 5.4 内蒙古引黄灌区 2012 年各典型测试田块参考作物蒸发蒸腾量估值分布（5～9 月）

表 5.5 2012 年河套灌区各典型测试田块不同作物生育期划分结果

所属灌域	田块名称	种植作物		生育期				生育期天数/d
				生长初期	快速生长期	生长中期	生长后期	
乌兰布和灌域	兵团	小麦		3.10～4.1	4.2～5.5	5.6～6.8	6.9～7.1	115
		葵花		5.27～6.19	6.20～7.9	7.10～8.12	8.13～9.16	114
		玉米		4.18～5.16	5.17～6.20	6.21～8.1	8.2～8.29	135
		小麦套种葵花	小麦	3.10～4.1	4.2～5.5	5.6～6.8	6.9～7.1	115
			葵花	5.27～6.19	6.20～7.9	7.10～8.12	8.13～9.16	114
	坝楞	小麦		3.12～4.2	4.3～5.8	5.9～6.11	6.12～7.3	115
		葵花		5.28～6.20	6.21～7.10	7.11～8.13	8.14～9.20	117
		玉米		4.20～5.20	5.21～6.22	6.23～8.4	8.5～9.1	136
		小麦套种葵花	小麦	3.12～4.2	4.3～5.8	5.9～6.11	6.12～7.3	115
			葵花	5.28～6.20	6.21～7.10	7.11～8.13	8.14～9.20	117
解放闸灌域	南小召	葵花		5.30～6.22	6.23～7.12	7.13～8.15	8.16～9.24	119
		西瓜		5.8～5.28	5.29～6.19	6.20～7.22	7.23～8.12	98
	沙壕渠	小麦		3.15～4.5	4.6～5.10	5.11～6.13	6.14～7.4	113
		玉米		4.22～5.22	5.23～6.25	6.26～8.6	8.7～9.4	137
		小麦套种葵花	小麦	3.15～4.5	4.6～5.10	5.11～6.13	6.14～7.4	113
			葵花	5.30～6.22	6.23～7.12	7.13～8.15	8.16～9.24	119
永济灌域	双河	番茄		5.10～5.20	5.21～6.20	6.21～7.19	7.20～8.20	104
	治丰	小麦		3.18～4.8	4.9～5.13	5.14～6.15	6.16～7.5	111
		葵花		5.31～6.23	6.24～7.13	7.14～8.16	8.17～9.25	119
		玉米		4.24～5.24	5.25～6.27	6.28～8.8	8.9～9.7	138
		小麦套种玉米	小麦	3.18～4.8	4.9～5.13	5.14～6.15	6.16～7.5	111
			玉米	4.27～5.27	5.28～6.30	7.1～8.11	8.12～9.10	138
		小麦套种葵花	小麦	3.18～4.8	4.9～5.13	5.14～6.15	6.16～7.5	111
			葵花	5.31～6.23	6.24～7.13	7.14～8.16	8.17～9.25	119

所属灌域	田块名称	种植作物	生育期				生育期天数/d
			生长初期	快速生长期	生长中期	生长后期	
永济灌域	隆胜	小麦	3.18~4.8	4.9~5.13	5.14~6.15	6.16~7.5	111
		葵花	5.31~6.24	6.25~7.15	7.16~8.18	8.19~9.27	121
		玉米	4.27~5.27	5.28~6.30	7.1~8.11	8.12~9.10	138
		小麦套种葵花 小麦	3.18~4.8	4.9~5.13	5.14~6.15	6.16~7.5	111
		小麦套种葵花 葵花	5.31~6.24	6.25~7.15	7.16~8.18	8.19~9.27	121
义长灌域	五原永联	葵花	6.1~6.25	6.26~7.16	7.17~8.19	8.20~9.28	121
		玉米	4.29~5.29	5.30~7.2	7.3~8.13	8.14~9.14	140
	五原旧城	小麦	3.22~4.10	4.11~5.14	5.15~6.17	6.18~7.8	110
		葵花	6.1~6.25	6.26~7.16	7.17~8.19	8.20~9.28	121
		玉米	4.29~5.29	5.30~7.2	7.3~8.13	8.14~9.14	140
	五原浩丰	小麦	3.22~4.10	4.11~5.14	5.15~6.17	6.18~7.8	110
		葵花	6.2~6.26	6.27~7.17	7.18~8.20	8.21~9.28	120
乌拉特灌域	塔布	葵花	6.15~7.5	7.6~7.29	7.30~8.27	8.28~9.22	101
	三湖河	葵花	6.17~7.7	7.8~7.31	8.1~8.29	8.30~9.23	100
	人民渠	葵花	6.18~7.8	7.9~8.1	8.2~8.31	9.1~9.23	99

表 5.6　2012 年黄河南岸、镫口扬水、麻地壕扬水灌区各典型测试田块不同作物生育期划分结果

灌区名称	田块名称	种植作物	生育期				生育期天数/d
			生长初期	快速生长期	生长中期	生长后期	
黄河南岸灌区	呼和木都镇	玉米	4.20~5.15	5.16~6.21	6.22~8.7	8.8~9.3	138
		葵花	5.21~6.10	6.11~7.6	7.7~8.7	8.8~9.10	114
	吉日嘎朗图镇	玉米	4.22~5.17	5.18~6.23	6.24~8.9	8.10~9.2	135
		葵花	5.22~6.11	6.12~7.7	7.8~8.8	8.9~9.12	115
	独贵塔拉镇	玉米	4.25~5.20	5.21~6.26	6.27~8.12	8.13~9.7	137
		葵花	5.24~6.13	6.14~7.9	7.10~8.10	8.11~9.13	114
	昭君坟镇	玉米	4.25~5.20	5.21~6.26	6.27~8.12	8.13~9.10	140
		葵花	5.25~6.14	6.15~7.10	7.11~8.11	8.12~9.6	106
	小淖新村	玉米	4.28~5.23	5.24~6.29	6.30~8.15	8.16~9.16	143
		葵花	5.25~6.14	6.15~7.10	7.11~8.11	8.12~9.7	107
镫口扬水灌区	赵家圪梁	玉米	4.25~6.8	6.9~7.3	7.4~8.17	8.18~9.6	136
	侯闸	玉米	4.28~6.11	6.12~7.6	7.7~8.20	8.21~9.13	140
	庞家营子	葵花	6.8~6.27	6.28~8.6	8.7~9.6	9.7~9.25	111
	五合圪旦	小麦	3.28~5.4	5.5~5.29	5.30~7.13	7.14~7.25	121
	磴口	玉米	4.27~6.10	6.11~7.5	7.6~8.19	8.20~9.10	138
	小韩营子	葵花	6.10~6.30	7.1~8.9	8.10~9.9	9.10~9.29	113
麻地壕扬水灌区	塔布板	玉米	5.9~6.9	6.10~7.12	7.13~8.24	8.25~9.15	131
	大北天	玉米	5.9~6.9	6.10~7.12	7.13~8.24	8.25~9.15	131
	中滩	玉米	5.6~6.6	6.7~7.9	7.10~8.20	8.21~9.12	131
	两间房	玉米	5.3~6.3	6.4~7.5	7.6~8.17	8.18~9.9	131

2. 作物系数 K_{ci} 的确定

图 3.2 给出了作物系数的变化过程。FAO 推荐采用分段单值平均法确定作物系数,即把全生育期的作物系数变化过程概化为 4 个阶段,并分别采用三个作物系数值予以表示。

作物系数的确定,最好根据田间试验加以确定,当有气象、作物、土壤、灌溉、地下水位等数据时,也可用专业计算程序 Win Isareg 对各种作物的 ET_c 进行计算。本次测试,首先依据引黄灌区不同区域的气候、土壤、作物、灌溉条件及作物的种植时间,将整个引黄灌区划分成 6 个区块(表 5.7),在充分利用前人在本区和林格尔县、镫口县坝楞村、临河区治丰所进行的田间试验结果,结合 Win Isareg 模型模拟和 FAO 推荐的 84 种作物的标准作物系数及其修正公式,经修正和区域综合分析,最终确定出引黄灌区各区块不同作物各生育期的作物系数,见表 5.7。

表 5.7 引黄灌区各区块不同作物各生育期的作物系数

作物种类	生育期	河套灌区(1~7)、黄河南岸灌区(呼和木都镇)	河套灌区(8~10)、黄河南岸灌区(吉日嘎朗图镇)	河套灌区(11~13)、黄河南岸灌区(独贵塔拉镇)	黄河南岸灌区(昭君坟、小淖新村)	镫口扬水灌区	麻地壕扬水灌区
小麦	生长初期	0.610	0.500			0.410	
	快速生长期	0.950	0.860			0.780	
	生长中期	1.290	1.220			1.150	
	生长后期	0.700	0.720			0.750	
葵花	生长初期	0.700	0.700	0.70	0.700	0.700	
	快速生长期	0.925	0.955	0.95	0.970	0.975	
	生长中期	1.150	1.210	1.20	1.240	1.250	
	生长后期	0.600	0.700	0.65	0.750	0.900	
玉米	生长初期	0.740	0.720	0.73	0.650	0.500	0.47
	快速生长期	0.920	0.935	0.93	0.945	0.875	0.85
	生长中期	1.100	1.150	1.13	1.240	1.250	1.23
	生长后期	0.650	0.670	0.66	0.680	0.700	0.69
番茄	生长初期	0.600					
	快速生长期	0.875					
	生长中期	1.150					
	生长后期	0.950					
西瓜	生长初期	0.400					
	快速生长期	0.700					
	生长中期	1.000					
	生长后期	0.900					

对套种作物综合作物系数的计算,首先按单作种植确定出作物 1 和作物 2 的作物系数,然后用作物种植面积和作物株高进行加权,最后计算出套种作物的综合作物系数

$$K_{c,T} = \frac{f_1 h_1 K_{c1} + f_2 h_2 K_{c2}}{f_1 h_1 + f_2 h_2} \tag{5.20}$$

式中: f_1、f_2 分别为作物 1 和作物 2 种植面积的权重系数; h_1、h_2 分别为作物 1 和作物 2 在不同生长阶段的株高(cm); K_{c1}、K_{c2} 分别为作物 1 和作物 2 在单作种植时的作物系数。

以上参数中,两种作物的面积权重系数根据田间实地测量得到;作物株高在作物不同生长阶段定期观测(取平均值)。

3. 作物蒸发蒸腾量 ET_c 的计算

有了各典型测试田块处日参考作物蒸发蒸腾量 ET_0、不同作物生育期及其作物系数 K_{ci},利用式(3.6)即可计算出 4 个灌区各典型测试田块每种测试作物的实际蒸发蒸腾量 ET_c,其结果分别见表5.8~表5.11。

表 5.8　河套灌区 2012 年各田间测试地块作物蒸发蒸腾量与有效降雨量计算结果　（单位:mm）

所属灌域	项目区名称	名称		全生育期参考作物蒸发蒸腾量	全生育期作物蒸发蒸腾量	全生育期有效降雨量	作物蒸发蒸腾量与有效降雨量差值
乌兰布和灌域	兵团	小麦		476.3	453.0	56.1	396.9
		葵花		467.6	394.7	140.8	253.9
		玉米		586.5	514.3	138.5	375.8
		小麦套种葵花	小麦	476.3	453.0	56.1	396.9
			葵花	467.6	394.7	140.8	253.9
	坝楞	小麦		486.2	463.5	45.8	417.7
		葵花		482.2	403.8	133.6	270.2
		玉米		590.9	518.3	142.2	376.1
		小麦套种葵花	小麦	486.2	463.5	45.8	417.7
			葵花	482.2	403.8	133.6	270.2
解放闸灌域	南小召	葵花		439.3	368.0	153.8	214.2
		西瓜		384.0	295.3	156.9	138.4
	沙壕渠	小麦		450.3	431.5	102.4	329.1
		玉米		536.3	468.1	173.3	294.8
		小麦套种葵花	小麦	450.3	431.5	102.4	329.1
			葵花	439.3	368.0	153.8	214.2
永济灌域	双河	番茄		441.4	401.8	117.4	284.4
	治丰	小麦		470.3	451.5	88.0	363.5
		葵花		459.3	383.8	129.8	254.0
		玉米		573.0	500.2	144.5	355.7
		小麦套种玉米	小麦	470.3	451.5	88.0	363.5
			玉米	573.0	500.2	144.5	355.7
		小麦套种葵花	小麦	470.3	451.5	88.0	363.6
			葵花	459.3	383.8	129.8	254.0
	隆胜	小麦		466.2	447.5	88.3	359.2
		葵花		463.6	387.3	139.6	247.7
		玉米		565.7	493.9	155.4	338.5
		小麦套种葵花	小麦	466.2	447.5	88.3	359.2
			葵花	463.6	387.3	139.6	247.7

所属灌域	项目区名称	名称	全生育期参考作物蒸发蒸腾量	全生育期作物蒸发蒸腾量	全生育期有效降雨量	作物蒸发蒸腾量与有效降雨量差值
义长灌域	五原永联	葵花	453.7	404.1	202.4	201.7
		玉米	559.6	498.9	216.2	282.7
	五原旧城	小麦	453	407.3	95.8	311.5
		葵花	457.3	407.2	209.6	197.6
		玉米	564.1	503.1	222.3	280.8
	五原浩丰	小麦	457.9	411.7	92.4	319.3
		葵花	460.6	412.1	203.5	208.6
乌拉特灌域	塔布	葵花	404.2	363.5	180.2	183.3
	三湖河	葵花	418.5	378.6	158.1	220.5
	人民渠	葵花	368.4	336.9	196.9	140.0

表 5.9　黄河南岸灌区 2012 年各田间测试地块作物蒸发蒸腾量与有效降雨量计算结果（单位：mm）

项目	作物	生育期	黄河南岸灌区				
			呼和木都镇	吉日嘎朗图镇	独贵塔拉镇	昭君坟镇	小淖新村
参考作物蒸发蒸腾量	玉米	生长初期	124.8	123.9	123.9	103.9	94.2
		快速生长期	173.5	180.1	180.4	142.8	132.4
		生长中期	188.4	192.8	199.1	160.4	160.9
		生长后期	106.8	99.0	114.4	97.1	97.9
		全生育期	593.5	595.8	617.8	504.2	485.4
	葵花	生长初期	91.6	94.2	102.4	83.6	81.4
		快速生长期	115.2	118.4	121.3	95.9	88.6
		生长中期	128.9	132.3	138.8	107.3	105.7
		生长后期	133.2	138.1	140.9	87.9	87.7
		全生育期	468.9	483.0	503.4	374.7	363.4
作物蒸发蒸腾量	玉米	生长初期	92.4	89.2	90.5	67.6	61.2
		快速生长期	159.6	168.4	167.8	134.9	125.1
		生长中期	207.3	221.7	225.0	199.0	199.5
		生长后期	69.4	66.3	75.5	66.0	66.6
		全生育期	528.7	545.6	558.8	467.5	452.4
	葵花	生长初期	64.1	65.9	71.7	58.5	57.0
		快速生长期	106.5	113.1	115.3	93.0	86.0
		生长中期	148.3	160.1	166.5	133.1	131.1
		生长后期	79.9	96.6	91.6	66	65.8
		全生育期	398.8	435.7	445.1	350.6	339.9
有效降雨量	玉米	生长初期	7.8	6.6	6.2	8.6	9.7
		快速生长期	16.4	20.0	45.3	21.9	39.7
		生长中期	98.3	106.3	96.6	160.7	128.7
		生长后期	15.1	29.0	9.2	32.7	49.2
		全生育期	137.6	161.9	157.3	223.9	227.3

项目	作物	生育期	黄河南岸灌区				
			呼和木都镇	吉日嘎朗图镇	独贵塔拉镇	昭君镇	小淖新村
有效降雨量	葵花	生长初期	16.4	14.4	17.6	9.5	8.2
		快速生长期	50.7	46.8	39.2	42.6	32.0
		生长中期	47.6	60.6	63.7	126.5	128.2
		生长后期	7.4	20.3	20.2	31.8	43.2
		全生育期	122.1	142.1	140.7	210.4	211.6
作物蒸发蒸腾量与有效降雨量的差值	玉米	生长初期	84.6	82.6	84.3	58.9	51.5
		快速生长期	143.2	148.3	122.5	113.0	85.4
		生长中期	109.0	115.4	128.4	38.3	70.8
		生长后期	54.4	37.3	66.3	33.3	17.4
		全生育期	391.1	383.8	401.4	243.5	225.1
	葵花	生长初期	47.7	51.5	54.1	49.0	48.8
		快速生长期	55.8	66.3	76.1	50.4	54.0
		生长中期	100.7	99.5	102.9	6.6	2.9
		生长后期	72.5	76.3	71.4	34.2	22.6
		全生育期	276.8	293.7	304.3	140.1	128.3

表 5.10　镫口扬水灌区 2012 年各田间测试地块作物蒸发蒸腾量与有效降雨量计算结果（单位：mm）

项目	生育期	镫口扬水灌区					
		赵家圪梁（玉米）	侯闸（玉米）	庞家营子（葵花）	五合圪旦（小麦）	磴口（玉米）	小韩营子（葵花）
参考作物蒸发蒸腾量	生长初期	172.3	177.5	77.2	133.2	176.0	77.2
	快速生长期	90.2	90.1	133.1	99.9	90.8	135.1
	生长中期	149.1	145.8	96.0	164.0	146.3	97.3
	生长后期	64.3	71.8	48.1	38.9	68.8	49.2
	全生育期	475.9	485.2	354.4	436.0	481.9	358.8
作物蒸发蒸腾量	生长初期	86.2	88.7	54.0	54.6	88.0	54.0
	快速生长期	78.9	78.9	129.8	77.9	79.5	131.7
	生长中期	186.3	182.3	120.0	188.6	182.9	121.6
	生长后期	45.0	50.3	43.3	29.1	48.1	44.3
	全生育期	396.4	400.2	347.1	350.2	398.5	351.6
有效降雨量	生长初期	21.5	20.8	19.2	7.4	20.6	38.3
	快速生长期	39.6	38.4	125.5	16.6	38.6	119.4
	生长中期	134.3	141.0	58.1	44.2	141.0	45.2
	生长后期	30.4	27.7	15.9	29.1	25.7	16.9
	全生育期	225.8	227.9	218.7	97.3	225.9	219.8
作物蒸发蒸腾量与有效降雨量的差值	生长初期	64.7	67.9	34.8	47.2	67.4	15.7
	快速生长期	39.3	40.5	4.3	61.3	40.9	12.3
	生长中期	52.0	41.3	61.9	144.4	41.9	76.4
	生长后期	14.6	22.6	27.4	0.0	22.4	27.4
	全生育期	170.6	172.2	128.2	253.0	172.5	131.9

表 5.11 麻地壕扬水灌区 2012 年各田间测试地块作物蒸发蒸腾量与有效降雨量计算结果 （单位：mm）

项目	生育期	麻地壕扬水灌区			
		塔布板	大北天	中滩	两间房
参考作物蒸发蒸腾量	生长初期	125.5	126.8	123.8	130.6
	快速生长期	127.4	127.5	119.0	122.2
	生长中期	138.1	140.7	140.0	140.2
	生长后期	65.9	66.8	69.3	74.2
	全生育期	456.9	461.8	452.1	467.2
作物蒸发蒸腾量	生长初期	59.0	59.6	58.2	61.4
	快速生长期	108.3	108.4	101.2	103.9
	生长中期	169.9	173.0	172.2	172.4
	生长后期	45.5	46.1	47.8	51.2
	全生育期	382.7	387.1	379.4	388.9
有效降雨量	生长初期	21.9	18.5	22.7	16.4
	快速生长期	45.0	44.8	43.0	43.7
	生长中期	129.5	126.8	143.6	128.2
	生长后期	30.4	30.1	25.1	31.6
	全生育期	226.8	220.2	234.4	219.9
作物蒸发蒸腾量与有效降雨量的差值	生长初期	37.1	41.1	35.5	45.0
	快速生长期	63.3	63.6	58.2	60.2
	生长中期	40.4	46.2	28.6	44.2
	生长后期	15.1	16.0	22.7	19.6
	全生育期	155.8	166.9	144.9	169.0

5.2 引黄灌区有效降雨量的试验模拟

作物生育期有效降雨量的计算，对于利用水量平衡方法准确确定作物需水量及制定合理的灌溉制度至关重要，本书进行了专门试验，并通过模拟，确立了引黄灌区统一的有效降雨量计算关系式。

5.2.1 有效降水量试验设计

结合田间净灌溉用水量测试依据第 2 章测试要求及方法，在河套灌区、黄河南岸灌区、磴口扬水灌区、麻地壕扬水灌区共选择 6 个测试田块，它们是解放闸灌域南小召、义长灌域五原永联、乌拉特灌域三湖河、黄河南岸灌区小淖新村、磴口扬水灌区磴口、麻地壕扬水灌区大北天，针对特大降雨、大雨、中雨、小雨分别进行了有效降雨量的试验，试验过程和方法如下。

1）降雨前后土壤含水量测定

在降雨前、降雨后 2～3 d，采用 TDR 法或土壤剖面法测定典型田块的土壤含水量，在每一测试田块的土壤含水量观测点不能少于两个，测试深度为 0～20 cm、20～40 cm、40～60 cm、60～80 cm、80～100 cm、100～120 cm，据此计算降雨前后作物计划湿润层内的蓄水变化量。

2）计划湿润层土壤物理参数测定

在测定降雨前后土壤含水量的测点附近，同时用环刀（100 cm³）取原状土样，测定土壤容重，以便计算土壤体积含水率，取适量的土样做筛分，制作土壤颗粒级配曲线，并确定土壤岩性,本部分测试结合灌溉田间测试进行,没有单独进行试验测定。

3）测试时段内作物蒸发蒸腾量的确定

一次降雨往往连续几天,甚至十几天,有时候一次降雨过后 1～2 d 还没等取样,下一次降雨又开始了,这时候,就必须计算出典型田块降雨前后测试时段内作物的实际蒸发蒸腾量,才能准确确定次降雨条件下的有效降雨量。

4）日降雨量与日水面蒸发量的确定

降雨资料选用典型测试田块周边各旗县气象站数据,数据均为日降雨数据,同时还收集了 $\Phi 20\ cm$ 型、E601 型日水面蒸发量数据。引黄灌区 6 个典型测试田块处日降雨量、日水面蒸发量利用其周边各气象站数据采用距离反比法进行计算。

5.2.2　有效降雨量的计算

作物次有效降雨量采用如下公式计算:

$$P_e = \Delta W + ET_c - G_e \tag{5.21}$$

$$\Delta W = 10 \times \sum_{i=1}^{n_h} \gamma_i h_i (\theta_{2i} - \theta_{1i}) \tag{5.22}$$

$$ET_c = \sum_{j=1}^{n_d} ET_{cj} \tag{5.23}$$

式中:P_e 为次降雨有效降雨量(mm);ΔW 为次降雨前后土壤含水率测试时段内计划湿润层土壤蓄水变化量(mm);ET_c 为测试时段内作物实际蒸发蒸腾量,利用 FAO-56 推荐公式计算(mm);G_e 为次降雨前后土壤含水率测试时段内地下水利用量(mm);ET_{cj} 为测试时段内第 j 日作物实际蒸发蒸腾量,利用 FAO-56 推荐公式计算(mm);n_d 为测试时段内总天数(d);n_h 为作物计划湿润层取土样划分层数;h_i 为作物计划湿润层深度内第 i 层土壤厚度(cm);γ_i 为第 i 层土壤容重(t/m³);θ_{1i} 为次降雨前测定的第 i 层土壤重量含水率(干土重的％);θ_{2i} 为次降雨后 2～3 d 测定的第 i 层土壤重量含水率(干土重的％)。

上述公式使用时,要保证降雨期内没有灌溉,如果有灌溉水量应减去净灌溉水量。

6 个典型测试田块 2012 年生育期内典型次降雨量及其次有效降雨量计算结果见表 5.12。

表 5.12　引黄灌区典型田间测试地块 2012 年次降雨量与有效降雨量模拟计算结果

灌区名称	灌域名称	田块名称	次降雨持续时间	次降雨量/mm	计划湿润层土壤有效蓄水变化量/mm	作物实际蒸发蒸腾量/mm	次有效降雨量/mm
河套灌区	解放闸灌域	南小召	5.10～5.11	14	6.8	2.2	9.0
			6.6～6.7	8.9	4.5	1.4	5.9
			6.23～6.27	93.7	55.0	14.0	69.0
			7.27～7.30	62.2	24.9	20.1	45.0
	义长灌域	五原永联	5.21	13	6.3	2.7	9.0
			6.23～6.28	79.2	36.2	22.8	59.0
			7.25～7.30	91.5	30.5	28.5	59.0
			8.10～8.11	38.7	17.9	12.1	30.0
	乌拉特灌域	三湖河	5.21	4.4	2.3	0.0	2.3
			5.5～5.6	12.5	5.4	1.7	7.1
			6.20～6.28	57.6	11.0	28.0	39.0
			7.17～8.2	96.3	5.2	55.8	61.0
			8.11	27.5	8.5	9.5	18.0

灌区名称	灌域名称	田块名称	次降雨 持续时间	次降雨量 /mm	计划湿润层土壤 有效蓄水变化量/mm	作物实际蒸 发蒸腾量/mm	次有效降 雨量/mm
黄河南岸灌区	树林召灌域	小淖新	5.21	7.9	3.1	2.1	5.2
			6.6～6.7	3.8	1.7	0.0	1.7
			6.20～6.28	49.6	13.0	30.7	32.0
			7.19～7.21	71.9	31.8	16.2	48.0
			7.25～8.8	106.3	1.5	65.7	67.2
			8.11	16.0	5.9	6.2	12.1
镫口扬水灌区	跃进渠灌域	镫口	5.21	10.0	4.6	1.7	6.3
			6.20～6.28	59.6	10.6	25.1	35.7
			7.20～7.21	71.3	36.0	12.0	48.0
			7.25～8.8	90.6	4.1	64.0	68.1
			8.31～9.2	33.6	15.5	5.7	21.2
麻地壕 扬水灌区	丁家夭灌域	大北夭	5.29～5.31	10.7	3.3	3.1	6.4
			6.21～6.28	65.8	16.2	23.4	39.6
			7.21	62.9	35.8	8.6	44.4
			7.25～8.8	137.8	4.9	57.1	62.0
			8.31～9.2	35.3	17.3	5.7	23.0

据表 5.12 确定的数据,同时引入徐小波(2003)在北疆灌区的试验数据,模拟确定出次有效降雨量的计算公式,其公式为

$$P_e = 0.392\,2P^{1.220\,4}e^{(-0.005\,6P)} \tag{5.24}$$

式中:P 为次降雨量(mm)。

试验点数据与拟合曲线如图 5.5 所示。

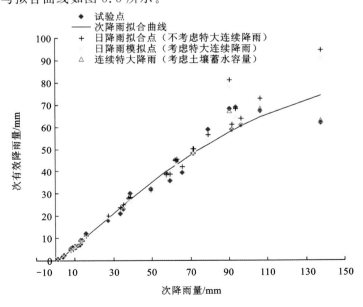

图 5.5 引黄灌区次有效降雨量与降雨量的关系

从图 5.5 可以看出,利用次降雨与次有效降雨试验点模拟出的曲线尽管穿过点群中心,但试验点与模拟点相关系数为 0.984 4,许多特大降雨量点数据偏离误差较大,本书选用日降水量数据,利用优化方法模拟出引黄灌区日有效降雨量的关系式,分考虑特大连续降雨与不考虑特大连续降雨情况,其模拟方程如下。

考虑特大连续降雨时:

$$P_e = 0.41P^{1.2}e^{-0.005P} \tag{5.25}$$

不考虑特大连续降雨:

$$P_e = 0.39P^{1.24}e^{-0.006P} \tag{5.26}$$

考虑与不考虑特大连续降雨情况下,试验点与模拟点相关系数分别为 0.997、0.998。其相应的拟合点见图 5.5,尽管精度有所提高,尤其是 90 mm 以下试验点,拟合点更靠近试验点,然而 90 mm 以上的几个试验点依然偏差很大。分析原因,主要是特大降雨模拟时,没有考虑持续降雨时土壤的蓄水能力,引入土壤蓄水能力后重新模拟,三个特大降雨量点已明显改观。因此,本书推荐采用日有效雨模拟式(5.26),同时应考虑试验田块土壤的有效蓄水容量。据此,推断出各试验田块不同作物生育期有效降雨量,一同列入表 5.8~表 5.11。

5.3　引黄灌区降雨量的频率分析

引黄灌区及其周边共收集到 15 个气象站年降水量及其生育期 5~9 月降雨量,经插补延展后,形成 1959~2012 年同步期数据,据此进行频率分析。

15 个气象站年降水量、5~9 月降雨量频率分析结果分别见表 5.13、表 5.14。多年平均与2012 年降水量及其重现期,多年平均与 2012 年 5~9 月降雨量及其重现期见图 5.6。

表 5.13　引黄灌区各气象站年降水量频率分析结果

气象站	特征参数			不同频率下年降水量/mm						2012 年降水量特征信息		
	均值/mm	离差系数 C_v	C_s/C_v	$P=5\%$	$P=25\%$	$P=50\%$	$P=75\%$	$P=90\%$	$P=95\%$	年降水量/mm	对应频率/%	重现期
磴口	144.4	0.38	2	245.4	179.1	137.7	104.8	80.0	68.4	219.5	12.8	7.8
杭锦后旗	137.5	0.44	2	250.2	172.4	128.4	93.2	67.4	56.4	275.0	3.1	32.6
临河区	143.9	0.36	2	238.9	177.2	137.8	106.8	83.2	71.7	208.3	14.9	6.7
五原	173.9	0.37	2	292.5	215.0	166.3	127.7	98.4	84.5	371.1	0.7	133.9
乌拉特前旗	215.9	0.31	2	336.9	259.4	209.0	167.1	136.0	118.8	317.9	9.9	10.1
乌拉特中旗	206.1	0.37	2	346.2	254.7	197.0	151.3	116.6	100.2	443.7	0.7	146.8
乌拉特后旗	139.6	0.44	2	254.2	175.1	130.4	94.7	68.4	57.3	324.8	0.9	108.9
伊克乌素	188.1	0.34	2	304.7	229.5	180.9	142.2	112.8	97.8	258.7	17.2	5.8
达拉特旗	310.1	0.31	2	483.7	372.5	300.1	240.0	195.3	170.5	443.8	12.2	8.2
呼和浩特	407.9	0.35	2	668.9	500.3	391.6	305.9	240.7	208.0	551.4	18.9	5.3
土默特右	357.5	0.30	2	550.6	427.2	346.8	278.9	228.8	200.2	451.5	21.1	4.7
土默特左	390.7	0.32	2	617.3	471.8	377.8	300.1	242.2	211.0	563.8	12.4	8.1
托克托	355.6	0.28	2	534.9	420.5	346.5	283.1	236.3	209.1	479.2	14.7	6.8
包头	304.0	0.32	2	480.5	367.1	293.6	233.5	188.5	164.1	551.4	1.6	61.8
和林格尔	400.5	0.29	2	609.5	476.0	389.5	315.6	261.1	229.9	589.2	8.0	12.4

注:C_s 为偏态系数

表 5.14　引黄灌区各气象站 5～9 月降雨量频率分析结果

气象站	特征参数			不同频率下 5～9 月降雨量/mm						2012 年 5～9 月降雨量特征信息		
	均值/mm	离差系数 C_v	C_s/C_v	$P=5\%$	$P=25\%$	$P=50\%$	$P=75\%$	$P=90\%$	$P=95\%$	月降雨量/mm	对应频率/%	重现期
磴口	125.0	0.42	2	222.5	156.5	117.7	86.7	63.7	53.7	218.2	6.3	15.9
杭锦后旗	117.1	0.45	2	215.4	146.9	108.9	78.4	56.2	46.8	270.8	2.3	44.3
临河区	124.5	0.40	2	216.6	155.6	118.2	88.4	66.0	56.0	203.1	9.4	10.6
五原	148.8	0.42	2	264.9	186.3	140.2	103.3	75.9	64.0	350.8	0.6	159.2
乌拉特前旗	184.8	0.34	2	299.3	225.5	177.8	139.7	110.9	96.1	284.2	9.1	11.0
乌拉特中旗	181.2	0.40	2	315.3	226.5	172.1	128.6	96.0	81.5	419.0	0.5	191.7
乌拉特后旗	121.7	0.47	2	228.8	153.1	112.7	80.1	56.5	45.8	320.1	0.9	106.6
伊克乌素	164.7	0.36	2	273.0	203.1	157.8	122.9	95.9	82.3	231.9	16.8	6.0
达拉特旗	258.0	0.34	2	417.9	314.8	248.2	195.0	154.8	134.1	368.0	14.7	6.8
呼和浩特	342.6	0.38	2	582.4	425.0	326.8	248.7	189.8	162.6	439.4	23.2	4.3
土默特右	298.4	0.33	2	477.5	362.3	287.7	227.4	182.0	158.2	383.4	21.3	4.7
土默特左	326.9	0.34	2	529.6	398.9	314.5	247.1	196.1	170.0	467.2	14.5	6.9
托克托	286.9	0.31	2	447.6	344.7	277.7	222.1	180.7	157.8	366.8	20.7	4.8
包头	253.8	0.35	2	416.2	311.6	243.6	190.3	149.7	129.4	439.4	1.5	64.9
和林格尔	326.9	0.32	2	516.6	394.7	315.7	251.0	202.7	176.5	439.2	17.7	5.7

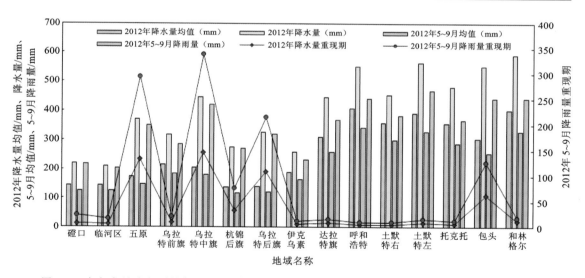

图 5.6　各气象站多年平均与 2012 年降水量、多年平均与 2012 年 5～9 月降雨量及其重现期分布

　　由表 5.13、表 5.14 及图 5.6 可以看出,所有气象站 2012 年降水量、5～9 月降雨量均比多年平均水平高,尤其是乌拉特中旗、五原、乌拉特后旗、包头、杭锦后旗气象站极为突出,河套灌区及其周边的包头、伊克乌素气象站 5～9 月降雨量的重现期均高于年降水量水平,说明降水量主要集中在 5～9 月的作物生育期,乌拉特中旗、五原、乌拉特后旗三站 2012 年降水量及5～9 月降雨量的重现期均超过 100,属 100 年一遇的大降雨年。达拉特旗以东各气象站 2012年降水量重现期大体介于 4 年和 13 年,也属于丰水年范围。

第6章 不同尺度灌溉水利用效率测算分析与节水潜力评估

关于引黄灌区灌溉水利用系数分析主要包括典型骨干渠渠道水利用系数、田间水利用系数及灌溉水利用系数。本章首先对4个独立灌区的渠道水利用系数、田间水利用系数及灌溉水利用系数进行分析,然后根据各灌区的测试结果对4个灌区各种系数分别按面积与水量加权平均进行以点带面转换求得4个引黄灌区综合利用系数。其中河套灌区及黄河南岸灌区分别按照灌域进行渠道水利用系数、渠系水利用系数、田间水利用系数、灌溉水利用系数的测算分析,然后点面转换进行整个灌区的分析,由此在不同尺度上评价灌区灌溉水利用效率的差异性,以及分析灌区不同尺度的节水潜力。本章灌溉水利用系数的计算主要利用首尾测算分析法。

6.1 河套灌区灌溉水利用系数计算分析与评估

6.1.1 典型测试渠道水利用系数

1. 典型测试渠道测试情况

在本次测试中,选择灌区内国管分干以上衬砌与非衬砌的典型渠道进行了测试,对与田间测试点相匹配的斗渠、农渠、毛渠进行了典型测试。同时结合河套灌区续建配套与节水改造工程项目的实施,分别对国管已衬砌渠道按节水工程实施段,分段进行了测试。共完成渠道测试19条,其中总干渠1条、干渠5条(未衬砌2条、部分衬砌3条)、分干渠6条(未衬砌5条、衬砌1条)、斗渠4条、农渠3条,其渠道具体情况见表6.1。共完成总干渠、干渠、分干渠渠道水利用系数测试140个测次,其中总干渠完成15个测次,各干渠、分干渠共完成125个测次,有效测次均达到或超过9次。

表 6.1 河套灌区测试渠道基本情况

所属灌域	渠道名称	渠段名称	设计流量 /(m³/s)	正常流量 /(m³/s)	渠道长度/km	衬砌长度/km	衬砌年份	土壤质地
总干渠		全渠	565.0～9.0	500.0	188.6	0		壤土
		渠首至四闸	565.0～65.0	500.0	128	0		砂壤土
		渠首至二闸	565.0～313.0	500.0	46	0		黏粉壤土
		二闸至三闸	313.0～150.0	239.0	41	20		
		三闸至四闸	150.0～65.0	132.0	41	0		
		四闸至二道壕	65.0～9.0	26.7	60.6	0		
乌兰布和灌域	一干渠	全渠	55.0	40.0	32	0		砂壤土
	二分干渠	全渠	18.0	13.0	33	0		砂壤土

所属灌域	渠道名称	渠段名称	设计流量/(m³/s)	正常流量/(m³/s)	渠道长度/km	衬砌长度/km	衬砌年份	土壤质地
解放闸灌域	杨家河干渠	全渠	54.0	48.0	58.0	29.3	2000～2002	砂壤土
		一闸至二闸		25.0	10.7	10.0	2000	
		二闸至三闸		25.0	10.7	10.7	2000	
		三闸至四闸		19.0	9.0	9.0	2002	
	沙壕分干渠	全渠	15.6	7.0	14.5	0.0		壤土
	机缘分干渠	全渠	11.0	12.0	7.1	7.1	2003～2005	砂壤土
永济灌域	永济干渠	全渠	90.0	75.0	49.8	24.0		砂壤土
		口闸至一闸	90.0	75.0	15.6	7.4		
		一闸至二闸	65.0	65.0	14.0	9.3	2003	
		二闸至三闸	28.0	26.0	20.2	7.3		
		全渠	23.0	18.0	32.2	0.0		
	新华分干渠	口闸至一闸		18.0	11.0	0.0		砂壤土
		一闸至二闸		10.0	6.0	0.0		
		二闸至三闸		8.0	7.0	0.0		
		三闸至四闸		4.0	8.2	0.0		
义长灌域	通济干渠	全渠	30.0	32.0	54.9	0.0		砂性土
								黏性土
	什巴分干渠	全渠	19.0	21.0	31.9	0.0		砂壤土
乌拉特灌域	长济干渠	全渠	26.0	25.0	53.4	4.3	2007	亚黏土
	北稍分干渠	全渠	6.0	8.0	11.0	0.0		亚黏土

总干渠分别于 2012 年 5 月 14～18 日、6 月 4～8 日、6 月 12 日、7 月 6 日、9 月 4 日、9 月 25 日、10 月 13 日、10 月 28 日、10 月 30 日,共计完成总干渠 9 次有效测次。其中,2012 年降雨频繁,第 2～7 测次时因三湖河未放水,三湖河干渠运行时间很短,上游、下游断面同时稳定的机会很少,所以测次较少,仅有 3 次,但能有效评价总干渠渠道水利用系数,具体测试情况见表 6.1～表 6.4。

表 6.2 河套灌区总干渠、干渠渠道测试情况

		测试断面	测次	有效测次		测试断面	测次	有效测次
测试断面33个	渠首到一闸间	总干渠渠首	15	9				
		大滩渠	6	6				
		黄土档断面	15	9				

测试断面			测次	有效测次		测试断面	测次	有效测次
测试断面33个	一闸	乌拉河干渠	7	7	三闸	三闸节制闸下	15	9
		杨家河干渠	6	6		义和干渠	5	5
		清惠分干渠	6	6		通济干渠	5	5
		黄济干渠	6	6		长塔干渠	5	5
		黄羊分干渠	5	5		华惠干渠	1	1
		合济分干渠	6	6		四闸泄水渠	6	6
		永济干渠	7	7	四闸	四闸节制闸下	6	6
		南边分干渠	4	4		三湖河干渠	3	3
		北边分干渠	3	3		渠首至黄土档	15	9
		二闸泄水渠	6	6		渠首至三湖河	15	9
	二闸	二闸节制闸下	15	9	各闸之间	渠首至四闸	15	9
		南三支分干渠	4	4		二闸上分水	15	9
		丰济干渠	4	4		二闸至三闸分水	15	9
		复兴干渠	4	4		三闸至四闸	15	9
		三闸泄水渠	5	5		四闸下至三湖河	3	3

表 6.3 河套灌区测试干渠、分干渠渠道基本情况

灌域	干渠	测试断面		测次	有效测次	分干渠	测试断面	测次	有效测次
乌兰布和灌域	一干渠	一干渠首	一闸	9	9	建设二分干渠	二分干首	9	9
		一闸	二闸	9	9		一闸	9	9
							渠稍	9	9
解放闸灌域	杨家河干渠	口闸	一闸	7	7	机缘分干渠（衬砌）	口闸	13	13
		一闸	二闸	7	7		四闸	13	13
		二闸	三闸	16	16	沙壕分干渠	口闸	10	10
		三闸	四闸	16	16		一闸	10	10
							二闸	10	10
永济灌域	永济干渠	口闸至一闸	口闸	12	12	新华分干渠	口闸	13	13
		一闸至二闸	一闸下	12	12				
			永刚分干渠	12	12		一闸下	13	13
			永兰分干渠	12	12				
			一闸上直口	12	12				
		二闸至三闸	二闸下	12	12		二闸下	12	12
			新华分干渠	12	12				
			西乐分干渠	12	12		三闸下	8	8
			二闸上直口	12	12				
		口闸至三闸	三闸下	12	12		四闸下	13	13
			大退水分干渠	12	12				
			三闸上直口	12	12				

灌域	干渠	测试断面	测次	有效测次	分干渠	测试断面	测次	有效测次
义长灌域	通济干渠	口部	9	9	什巴分干渠	什巴渠首	9	9
		第一节制闸闸下	9	9				
		第二节制闸闸下	8	8		四闸	9	9
		第三节制闸闸下	8	8				
		北稍分干渠	9	9				
乌拉特灌域	长济干渠	一闸至二闸	9	9	北稍分干渠	口部	9	9
		二闸至三闸	9	9		尾部	9	9
		口闸至三闸	6	6				

表 6.4　河套灌区测试斗渠、农渠渠道基本情况

灌域名称	斗渠	测试长度/km	测次	有效测次	农渠	测试长度/km	测次	有效测次
乌兰布和灌域	八一边渠	2.96	11	11	坝楞二社渠	1.80	11	11
					一团八一农渠	1.67	9	9
解放闸灌域	一斗渠	4.7	10	10	羊场渠	0.50	9	9
	四六渠	4.6	10	10				
永济灌域	公安斗渠	0.8	31	28	右四农渠	0.75	39	37

2. 测试渠道测试结果变异性评价与置信区间估计

利用第 3 章的评价分析方法对测试渠道测试结果变异性与置信区间进行计算分析，其计算结果如下。

1）总干渠

总干渠测试结果变异性评价与置信区间估计结果见表 6.5。

表 6.5　总干渠渠道水利用系数的数理统计分析

渠道名称	渠段	流量平衡法算术平均 E_1	水量平衡法算术平均 E_2	变异系数 C_v	置信区间 E_d	
总干渠	全渠	0.934 1	0.946 9	2.180	0.918 5	0.949 7
	渠首至四闸	0.939 2	0.938 4	1.840	0.925 9	0.952 5
	渠首至二闸	0.955 5	0.968 0	2.420	0.937 7	0.973 3
	二闸至三闸	0.996 7	1.002 0	3.780	0.975 3	1.023 0
	三闸至四闸	0.932 8	0.925 6	4.590	0.903 4	0.954 9
	四闸至二道壕	0.652 9	0.633 9	12.650	0.524 9	0.761 9

渠道名称	渠段	改正系数	A	m	损失	确定值
总干渠	全渠		0.017 9	−0.300	0.372 0	0.940 5
	渠首至四闸	0.935	0.018 4	−0.155	0.161 7	0.938 8
	渠首至二闸	0.953	0.038 7	−0.155	0.347 3	0.961 7
	二闸至三闸	负损失	负损失	负损失	0.088 5	0.999 8
	三闸至四闸	0.916	0.004 7	−0.669	0.088 5	0.929 2
	四闸至二道壕	0.658	0.608 2	0.033	0.647 7	0.643 4

（1）误差分析

各测段经分析后，均不存在粗大误差，除总干渠四闸至二道壕渠段变异系数为 12.65、属较强变异外，其他渠段变异系数为 1.84～4.59，均为弱变异。

（2）标准流量的改正计算

总干渠渠首标准流量为 500 m^3/s，二闸下标准流量为 239 m^3/s，三闸下标准流量为 132 m^3/s，四闸下标准流量为 26.7 m^3/s。

总干渠渠首至四闸渠段经改正后的渠道水利用系数为 0.935，改正后比实测结果小 0.003 8；总干渠二闸至三闸渠段由于渠道负损失，无法进行改正；总干渠渠首至二闸渠段经改正后的渠道水利用系数为 0.953，改正后比实测结果小 0.008 7；总干渠三闸至四闸渠段经改正后的渠道水利用系数为 0.916，改正后比实测结果小 0.013 2；总干渠四闸至二道壕渠段经改正后的渠道水利用系数为 0.658，改正后比实测结果大 0.014 6。若渠床透水指数 m 小于零，根据 $E=\alpha^m(E_i-1)+1$ 可知，改正后的结果偏小；反之亦然，但是实测结果与改正后的结果很接近，说明测试结果具有较好的相容性。

（3）总干渠二闸至三闸渠段负损失分析

总干渠二闸至三闸渠段发生负损失的问题不仅在本次测定中存在，而且在多年的水调水文数据中也常有发生。原因分析如下：①总干渠二闸至三闸渠段全长 41 km，其中有 30 km 渠床高程低于两岸地面，是地下渠道，当总干二闸下运行流量达 270 m^3/s（属二闸下最大流量）时，其水位也低于两岸地面 2 m 左右；本区域内地下水埋深为 1.8～3.8 m。②位于二闸开口处的南边紧邻黄河，极易受黄河的侧渗补给，同时当两条分干渠引水灌溉时，这两条分干渠又与总干渠基本呈平行走向，而且都是灌溉总干渠两边的农田，由此而产生的灌溉重力水又回到了总干渠，当总干渠以小流量运行时，两岸的回归水也同样补给这一渠段。③在这一渠段有一定数量的工业废水和生活弃水排入。④总干渠二闸至三闸渠段于 2010～2011 年部分衬砌，也减少了水量损失。这些原因到目前为止还没有科学的测试数据进行佐证，只能是定性的分析，有待今后深入调研试验与考证。

经相容性检验，总干渠各测段利用水量平衡法与流量平衡法计算出的利用系数是相容的。

2）乌兰布和灌域

乌兰布和灌域各测试渠道测试结果的变异性评价与置信区间的估计结果见表 6.6。

表 6.6　乌兰布和灌域渠道水利用系数的数理统计分析

灌域名称	渠道名称	渠段名称	流量平衡法算术平均 E_1	水量平衡法算术平均 E_2	变异系数 C_v	置信区间 E_d		加权平均
乌兰布和灌域	一干渠	全渠	0.799 5	0.810 0	5.27	0.767 1	0.831 8	0.799 5
		渠首至一闸		0.944 1	0.83	0.931 0	0.956 1	
		一闸至二闸		0.829 0	1.19	0.813 0	0.845 1	
	二分干渠	全渠	0.614 2	0.606 5	3.35	0.598 3	0.630 1	0.614 2
		渠首至一闸		0.874 2	5.86	0.793 1	0.956 4	
		一闸至二闸		0.869 4	5.55	0.792 2	0.946 2	
		二闸至渠稍		0.695 3	6.66	0.621 3	0.769 1	

灌域名称	渠道名称	渠段	标准流量 /(m³/s)	改正效率	A	m	损失	确定值
乌兰布和灌域	一干渠	全渠	45	0.779	0.128 7	−0.542	0.216 9	0.804 8
		渠首至一闸						0.944
		一闸至二闸						0.829
	二分干渠	全渠	15	0.586	1.663 0	−0.093	0.082 0	0.610 4
		渠首至一闸						0.874
		一闸至二闸						0.869 1
		二闸至渠稍						0.695 2

（1）误差分析

经分析,各测段中二分干渠的流量法数据中有 1 组存在粗大误差。流量平衡法测试结果:一干渠渠首至二闸渠段的变异系数为 5.27,二分干渠全段的变异系数为 3.35,均属弱变异。水量平衡法测试结果:一干渠渠首至一闸、一闸至二闸渠段的变异系数分别为 0.83、1.19,二分干渠渠首至一闸、一闸至二闸、二闸至渠尾的变异系数分别为 5.86、5.55、6.66,均属较弱变异。说明各次测试结果的变异性不大,数据较稳定,数据可用于分析。

（2）标准流量的改正计算

一干渠、二分干渠的标准流量分别为 45 m³/s、15 m³/s;经改正后的渠道水利用系数分别为 0.779、0.586,比实测结果分别小 0.025 8 和 0.024 4。

经相容性检验,各测段利用水量平衡法与流量平衡法计算出的利用系数是相容的。

3）解放闸灌域

解放闸灌域各测试渠道测试结果的变异性评价与置信区间的估计结果见表 6.7。

表 6.7 解放闸灌域渠道水利用系数的数理统计分析

灌域名称	渠道名称	渠段	流量平衡法算术平均 E_1	水量平衡法算术平均 E_2	变异系数 C_v	置信区间 E_d		加权平均
解放闸灌域	杨家河干渠	口闸至一闸	0.855 0	0.963 0	0.98/1.06	0.896 5	0.921 7	
		一闸至二闸	0.852 0	0.943 0	5.03/3.86	0.848 5	0.946 0	
		二闸至三闸	0.897 5	0.877 0	4.64/0.60	0.871 7	0.902 3	
		三闸至四闸	0.892 7	0.873 6	1.65/2.58	0.884 8	0.900 6	
		全渠						0.885 1
	沙壕分干渠	全渠	0.796 8		2.25	0.783 9	0.809 6	0.796 8
	机缘分干渠	全渠	0.915 5	0.914 9	1.21/0.43	0.908 7	0.921 7	0.915 2

灌域名称	渠道名称	渠段	标准流量 /(m³/s)	改正效率	A	m	损失	确定值
解放闸灌域	杨家河干渠	口闸至一闸						0.909 0
		一闸至二闸						0.897 5
		二闸至三闸	25	0.914 4	4.91	0.56	0.17	0.887 2
		三闸至四闸	19	0.899 2	1.75	0.13	0.15	0.883 2
		全渠						0.885 1
	沙壕分干渠	全渠	7	0.786 5	3.29	−0.09	0.12	0.796 8
	机缘分干渠	全渠	13	0.917 1	1.50	0.08	0.09	0.915 2

注:变异系数项中前面数字代表流量平衡法所得 C_v;后面数字代表水量平衡法所得 C_v。

（1）误差分析

经分析，各测段中沙壕渠的流量法数据有1组存在粗大误差。对杨家河干渠而言，流量平衡法结果的变异系数：口闸至一闸、一闸至二闸、二闸至三闸、三闸至四闸渠段分别为0.98、5.03、4.64和1.65，分别属于弱变异、较弱变异、弱变异、弱变异；水量平衡法结果的变异系数：口闸至一闸、一闸至二闸、二闸至三闸、三闸至四闸渠段分别为1.16、3.86、0.6和2.58，均属弱变异。对沙壕分干渠而言，全渠段流量平衡法结果的变异系数为2.25，属弱变异。对机缘分干渠而言，全渠段流量平衡法与水量平衡法结果的变异系数分别为1.21、0.43，均属弱变异。从总体来看，测试结果较稳定，数据可用于分析。

（2）标准流量的改正计算

经标准流量分析，杨家河干渠二闸至三闸、三闸至四闸渠段的标准流量分别为25 m^3/s、19 m^3/s，改正渠道水利用系数分别为0.914 4、0.899 2，比实测结果分别大0.027 2和0.016 1。

沙壕分干渠全渠段的标准流量为7 m^3/s，改正渠道水利用系数为0.786 5，比实测结果小0.010 3。

机缘分干渠口闸至分水闸全渠段的标准流量为13 m^3/s，改正渠道水利用系数为0.917 1，比实测结果大0.001 9。

经相容性检验，各测段利用水量平衡法与流量平衡法计算出的利用系数是相容的。

4）永济灌域

永济灌域测试渠道测试结果的变异性评价与置信区间的估计结果见表6.8。

表6.8　永济灌域渠道水利用系数的数理统计分析

灌域名称	渠道名称	渠段名称	流量平衡法算术平均 E_1	水量平衡法算术平均 E_2	变异系数 C_v	置信区间 E_d		加权平均
永济灌域	永济干渠	口闸至一闸	0.968 2	0.971 3	1.35/0.21	0.964 0	0.975 6	
		一闸至二闸	0.939 3	0.953 3	2.26/0.34	0.937 0	0.955 7	
		二闸至三闸	0.891 5	0.858 0	4.95/2.73	0.842 1	0.907 5	
		全渠	0.889 6	0.903 5	2.89/1.11	0.880 4	0.912 7	0.896 5
	新华分干渠	口闸至一闸	0.915 6	0.850 4	4.42/11.36	0.794 0	0.940 1	
		一闸至二闸	0.912 6	0.931 1	11.72/2.60	0.870 3	0.977 2	
		二闸至三闸	0.854 0	0.910 8	10.49/2.21	0.836 3	0.914 2	
		三闸至四闸	0.911 2	0.880 4	6.28/11.62	0.790 5	0.959 0	
		全渠	0.822 1	0.824 2	1.65/0.97	0.812 7	0.830 3	0.891 7

灌域名称	渠道名称	渠段名称	标准流量 /(m^3/s)	改正效率	A	m	损失	确定值
永济灌域	永济干渠	口闸至一闸	75	0.969 1	0.925 5	0.401 7	0.098 8	0.969 8
		一闸至二闸	65	0.922 0	0.086 3	−0.406 7	0.159 6	0.946 3
		二闸至三闸	26	0.920 4	2.122 0	0.523 4	0.090 0	0.874 8
		全渠	75	0.901 9	0.709 4	0.280 0	0.116 0	0.896 5

灌域名称	渠道名称	渠段名称	标准流量/(m³/s)	改正效率	A	m	损失	确定值
永济灌域	新华分干渠	口闸至一闸	18	0.913 0	1.329	0.233 0	0.101 4	0.883 0
		一闸至二闸	10	0.940 4	4.910	0.905 4	0.059 1	0.921 9
		二闸至三闸	8	0.890 9	4.809	0.583 1	0.095 3	0.882 4
		三闸至四闸	4	负损失	负损失	负损失	0.040 0	0.895 8
		全渠	18	0.830 8	1.070	0.186 8	0.084 9	0.823 2

（1）误差分析

经分析,永济灌域各测段中公安斗渠和右四农渠分别有 3 组存在粗大误差,其余测段均无粗大误差。对永济干渠而言,流量平衡法结果的变异系数:口闸至一闸、一闸至二闸、二闸至三闸、全渠段分别为 1.35、2.26、4.95、2.89;水量平衡法的变异系数:口闸至一闸、一闸至二闸、二闸至三闸、全渠段分别为 0.21、0.34、2.73、1.11,均为弱变异。

对新华分干渠而言,流量平衡法结果的变异系数:口闸至一闸、一闸至二闸、二闸至三闸、三闸至四闸、全渠段分别为 4.42、11.72、10.49、6.28、1.65,分属弱变异、较强变异、较强变异、较弱变异和弱变异;对应水量平衡法结果的变异系数分别为 11.36、2.60、2.21、11.62、0.97,分属较强变异、弱变异、弱变异、较强变异与弱变异。

公安斗渠和右四农渠的变异系数分别为 17.41、1.94,分属强变异与弱变异。

（2）标准流量的改正计算

永济干渠口闸至一闸、一闸至二闸、二闸至三闸、全渠段各渠段的标准流量分别为 75 m³/s、65 m³/s、26 m³/s、75 m³/s;改正渠道水利用系数分别为 0.969 1、0.922 0、0.920 4、0.901 9,比实测结果分别小 0.000 7、小 0.024 2、大 0.045 6、大 0.005 4。

新华分干渠口闸至一闸、一闸至二闸、二闸至三闸、三闸至四闸、全渠段各渠段的标准流量分别为 18 m³/s、10 m³/s、8 m³/s、4 m³/s、18 m³/s;改正渠道水利用系数分别为 0.913 0、0.940 4、0.890 9、负损失、0.830 8,比实测结果分别大 0.03、大 0.018 5、大 0.008 5、负损失、大 0.007 6。

经相容性检验,各测段利用水量平衡法与流量平衡法计算出的利用系数是相容的。

5）义长灌域

义长灌域测试渠道测试结果的变异性评价与置信区间的估计结果见表 6.9。

表 6.9 义长灌域渠道水利用系数的数理统计分析

灌域名称	渠道名称	渠段	流量平衡法算术平均 E_1	水量平衡法算术平均 E_2	变异系数 C_v	置信区间 E_d		加权平均
义长灌域	什巴分干渠	全渠	0.790 9	0.788 6	5.86/5.66	0.755 3	0.789 8	0.789 8
	通济干渠	全渠	0.756 9	0.726 8	8.08/7.82	0.673 0	0.757 0	0.741 9

灌域名称	渠道名称	渠段	标准流量/(m³/s)	改正效率	A	m	损失	确定值
义长灌域	什巴分干渠	全渠	21	0.780 4	6.060 0	0.560 0	0.153 0	0.789 8
	通济干渠	全渠	32	0.823 0	0.709 1	0.072 7	0.082 6	0.741 9

（1）误差分析

经分析，义长灌域各测段只有什巴分干渠的流量法数据有 1 组存在粗大误差，其余均无粗大误差。通济干渠全渠流量平衡法和水量平衡法结果的变异系数分别为 8.08、7.82，均属较弱变异；什巴分干全渠流量平衡法和水量平衡法结果的变异系数分别为 5.86、5.66，均属较弱变异。

（2）标准流量的改正计算

什巴分干渠全渠段的标准流量为 21 m³/s，改正渠道水利用系数为 0.780 4，比实测结果小 0.009 4，通济干渠全渠段的标准流量为 32 m³/s，改正渠道水利用系数为 0.823 0，比实测结果大 0.081 1。

经相容性检验，各测段利用水量平衡法与流量平衡法计算出的利用系数是相容的。

6）乌拉特灌域

乌拉特灌域测试渠道测试结果的变异性评价与置信区间的估计结果见表 6.10。

表 6.10　乌拉特灌域渠道水利用系数的数理统计分析

灌域名称	渠道名称	渠段名称	流量平衡法算术平均 E_1	水量平衡法算术平均 E_2	变异系数 C_v	置信区间 E_d		加权平均
乌拉特灌域	长济干渠	全渠	0.754 4	0.726 6	1.20/	0.747 4	0.761 3	0.740 5
		口闸至一闸		0.955 3	/2.13	0.922 9	0.987 7	
		一闸至二闸		0.920 9	/2.12	0.889 9	0.952 0	
		二闸至三闸		0.783 2	/11.46	0.640 4	0.926 0	
		三闸至四闸		0.720 1	/5.17	0.660 9	0.779 3	
	北稍分干渠	全渠	0.741 7	0.679 8	2.32/8.75	0.728 4	0.754 9	0.710 7

灌域名称	渠道名称	渠段名称	标准流量 /(m³/s)	改正效率	A	m	损失	确定值
乌拉特灌域	长济干渠	全渠	26	0.757 5	1.087	0.151 6	0.090 9	0.740 5
		口闸至一闸						0.955 3
		一闸至二闸						0.920 9
		二闸至三闸						0.783 2
		三闸至四闸						0.720 1
	北稍分干渠	全渠	5	0.741 7	5.788	−0.005 2	0.087 4	0.710 7

（1）误差分析

经分析，乌拉特灌域各测段中长济干渠流量平衡法数据有 3 组存在粗大误差，其余各测段均无粗大误差。长济干渠全渠段，流量平衡法结果的变异系数为 1.20，属弱变异；口闸至一闸、一闸至二闸、二闸至三闸、口闸至四闸渠段，水量平衡法结果的变异系数分别为2.13、2.12、11.46、5.17，分属弱变异、弱变异、较强变异与弱变异。北稍分干全渠段流量平衡法与水量平衡法结果的变异系数分别为 2.32、8.75，分属弱变异与较弱变异。

（2）标准流量的改正计算

长济干渠全渠段的标准流量是 26 m³/s，改正渠道水利用系数为 0.757 5，比实测结果大

0.017 0;北稍分干渠全渠段的标准流量是 5 m³/s,改正渠道水利用系数为 0.741 7,比实测结果大 0.031 0。

经相容性检验,所测渠道用水量平衡法与流量平衡法计算出的系数是相容的。

3. 不同影响因素对渠道水利用系数影响的综合分析

1）流量大小对渠道水利用系数的影响

将河套灌区总干渠和五个灌域测试的各渠段大流量、中流量、小流量下的渠道水利用系数计算成果进行汇总,结果见表 6.11 和图 6.1。

表 6.11　2012 年总干渠和各灌域测试干渠流量平衡法测试结果统计

渠道类型	测段	渠道水利用系数			流量范围/(m³/s)		
		大流量	中流量	小流量	小流量	中流量	大流量
总干渠	全渠	0.923 5	0.943 5	0.941 1	<200	200～400	>400
	渠首至四闸	0.933 0	0.944 6	0.943 6	<200	200～400	>400
	渠首至二闸	0.948 3	0.958 3	0.965 7	<200	200～400	>400
	二闸至三闸	1.010 8	0.975 0	1.001 1	<100	100～200	>200
	三闸至四闸	0.919 2	0.978 6	0.891 2	<40	40～100	>100
乌兰布和灌域一干渠	全渠	0.739 3	0.810 6	0.821 2	<35	35～40	>40
解放闸灌域杨家河干渠	二闸至三闸	0.906 6	0.908 9	0.866 7	<15	15～20	>20
	三闸至四闸	0.903 6	0.894 6	0.883 1	<10	10～20	>20
永济灌域永济干渠	口闸至一闸	0.972 9	0.970 1	0.958 9	<40	40～70	>70
	一闸至二闸	0.927 5	0.946 9	0.942 3	<35	35～50	>50
	二闸至三闸	0.887 9	0.903 2	0.833 9	<20	20～50	>50
	全渠	0.894 1	0.900 8	0.865 0	<40	40～70	>70
义长灌域通济干渠	全渠	0.765 6	无数据	0.752 5	<20	20～30	>30
乌拉特灌域长济干渠	全渠	0.759 7	0.749 5	0.752 6	<10	10～20	>20

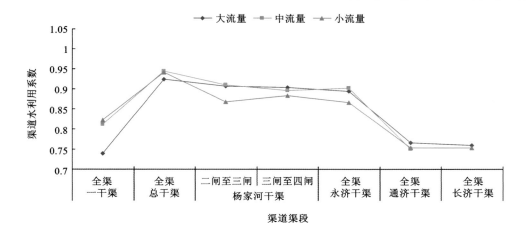

图 6.1　河套灌区典型测试渠段大流量、中流量、小流量下的渠道水利用系数对比

由表6.11和图6.1可以看出,河套灌区各典型测试渠段渠道水利用系数小流量下最低,中流量下最高,大流量下居中,除总干渠全渠段及其渠首至四闸渠段以外,其他12个测试渠段大流量、中流量、小流量下渠道水利用系数的平均值分别为0.886 3、0.908 8、0.877 9,但自渠道上游到下游,不同大小流量下所反映的规律不尽相同。平均来看,当流量为小流量时,最上游乌兰布和灌域一干渠的渠道水利用系数最小;当流量为中流量时,上中游的渠道水利用系数最大;当流量为大流量时,下游的渠道水利用系数最小。但是单位渠长损失率随流量变化的范围较小,主要是上游水量充足且渠道条件较好,使得渠系水在渠道中渗漏损失较小,这个具体的原因见下面主成分分析部分。

（1）总干渠

由图6.2可以看出,随着引水流量的增加,单位渠长渠道水利用系数呈先增加后减小、损失率呈先减小后增加的趋势,当渠首引水量为中流量(大约为350 m³/s)时,损失水量最小,渠道水利用系数最大,不符合一般渠道损失规律,这可能是因为总干渠为宽浅式渠道,流量增加导致湿周大幅度增加,从而造成大量侧向渗漏,使损失率随流量的增加而增大。具体原因有待进一步研究。

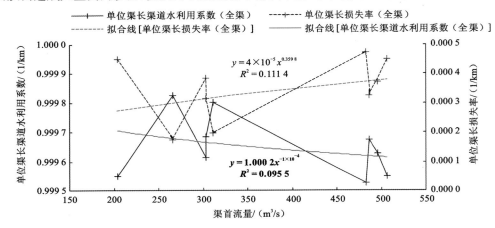

图6.2　河套灌区总干渠单位渠长渠道水利用系数变化

（2）乌兰布和灌域

由图6.3可以看出,随着流量的增加,一干渠的单位渠长渠道水利用系数呈现线性递减规律。原因可能是渠道为土渠,流量增加后使湿周增加,从而侧渗增加,致使单位渠道水利用系数呈现线性递减规律。

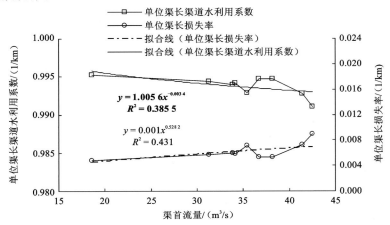

图6.3　一干渠单位渠长渠道水利用系数变化

由图 6.4 可以看出,由于二分干渠小流量、中流量、大流量下分别测试 4 次、3 次与 2 次,测次较少,规律不是很明显,总体看来小流量下效率最高,大流量次之,中流量最小。随着引水流量的增加,单位渠长渠道水利用系数呈现先减少后增加、损失率呈现先增加后减少的趋势。

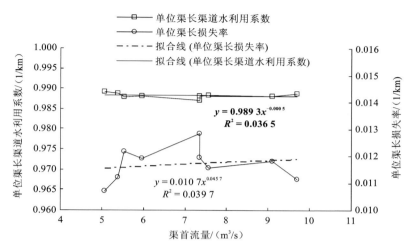

图 6.4　二分干渠单位渠长渠道水利用系数

（3）解放闸灌域

由图 6.5～图 6.7 可以看出,随着引水流量的增加,杨家河干渠二闸至三闸、三闸至四闸、机缘分干渠的单位渠长渠道水利用系数随引水流量的增加均呈增加趋势,说明渠道流量大小与渠道水利用系数有密切联系。

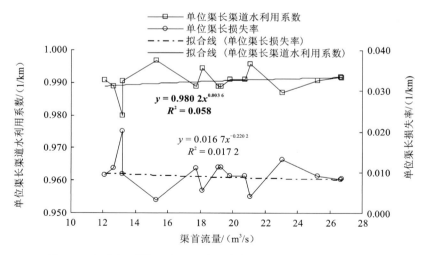

图 6.5　杨家河干渠（二闸至三闸）单位渠长渠道水利用系数变化

由图 6.8 可以看出,由于沙壕分干渠小流量、中流量、大流量下分别测试 4 次、3 次与 2 次,小流量下测试次数较多,大流量下测试数据较少,代表性不大。总体来看,随着引水流量的增加,沙壕分干渠单位渠长渠道水利用系数呈微弱下降趋势,但变化不是很大。

— 93 —

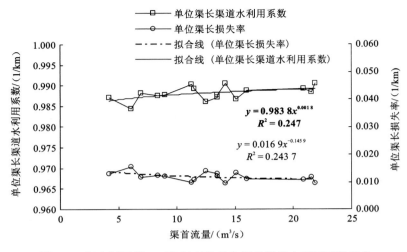

图 6.6　杨家河干渠（三闸至四闸）单位渠长渠道水利用系数变化

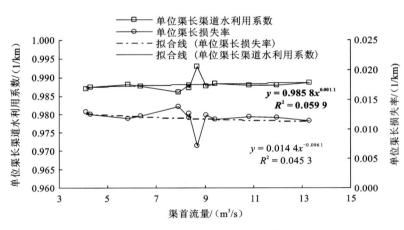

图 6.7　机缘分干渠单位渠长渠道水利用系数变化

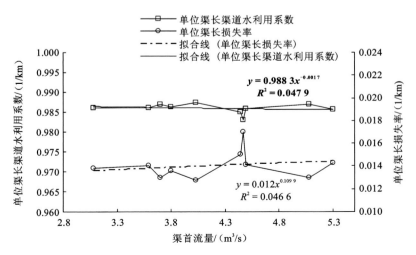

图 6.8　沙壕分干渠单位渠长渠道水利用系数变化

（4）永济灌域

永济干渠各闸段都有自己的流量范围,通过对流量大小进行分级可以定出每个闸段自己的大流量、中流量、小流量范围,结果如表 6.11 所示。通过对不同闸段不同流量级别的渠道水利用效率进行方差分析,可以得出这样的结论:对同一个闸段来说,其大流量、中流量、小流量下的渠道水利用效率无显著差异,可以认为差异是由测量误差引起的,渠道水利用效率来自于同一个样本。这样就得出三个样本空间:口闸至一闸、一闸至二闸和二闸至三闸。但是这三个样本空间经方差分析后可以得出它们之间存在显著性差异,是来自不同总体的样本。并且从图 6.9 中看出:上游至下游,流量和渠道水利用效率都呈减小的趋势;流量级别从大至小、渠段从上游到下游,渠道水利用效率呈减小的趋势。所以如果要提高全渠的渠道水利用效率,保持渠首引水量不变,提高各闸段自身流量的方法是不行的;提高渠首总引水量才能提高各闸段流量范围,从而使渠道水利用效率增大。如果要提高闸段的渠道水利用效率,也需要提高相应的流量范围。

表 6.12　渠道水利用效率显著性分析

检验方法	流量级别		显著性概率		
	(I)流量	(J)流量	口闸至一闸	一闸至二闸	二闸至三闸
Tukey HSD	小流量	中流量	0.495	0.953	0.294
		大流量	0.378	0.645	0.648
	中流量	小流量	0.495	0.953	0.294
		大流量	0.946	0.399	0.896
	大流量	小流量	0.378	0.645	0.648
		中流量	0.946	0.399	0.896

注:Tukey HSD 是方差分析中事后检验的方法之一

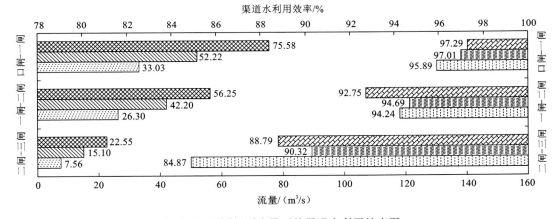

图 6.9　不同级别流量下的渠道水利用效率图

图 6.10 表示了各闸段渠道水利用效率和流量的变化规律。口闸至一闸的流量范围最广,达到 60 m³/s;其次是一闸至二闸,流量范围是 40 m³/s;最窄的是二闸至三闸,只有 20 m³/s;递减幅度大约是 20 m³/s。除一闸至二闸外,其余渠段均是递增的规律。原因是土渠和衬砌段之间的转换和渠道转弯处产生了涡流,从而导致了内耗。

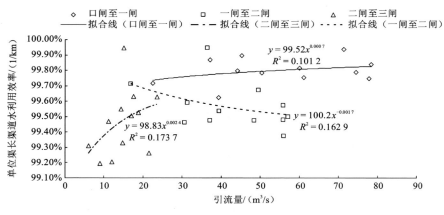

图 6.10　渠道水利用效率随流量的变化

通过对水位和流量的观测，可以得出水位-流量关系幂函数曲线和水位差、流速差随流量的变化曲线，见图 6.11 和图 6.12。从中可以看出各闸段水位和流量呈现递增幂函数关系，一闸至二闸比二闸至三闸的平均水位高 2.79 mm，流速平均大 0.14 m/s，并且随着流量的增加，两闸段水位差逐渐减小，流速差逐渐增大。永济干渠各闸段间水位和流速均呈现显著差异（P 分别是 0.01 和 0.02）并且不同流量级别下的水位和流速也呈现显著差异，如表 6.13 所示。

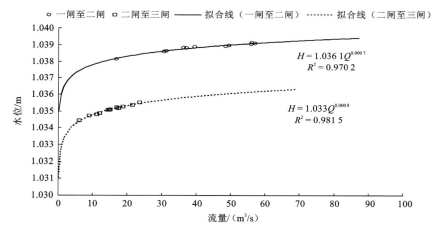

图 6.11　水位-流量特征曲线

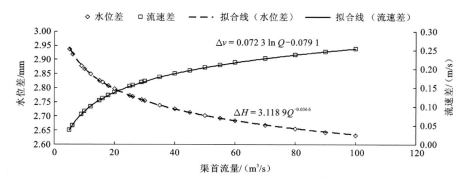

图 6.12　水位差和流速差随流量的变化

表 6.13　水位、流量显著性分析

检验项目	检验方法	流量级别		显著性概率	
		(I)流量	(J)流量	一闸至二闸	二闸至三闸
水位	Tukey HSD	小流量	中流量	0.01	0.01
			大流量	0.00	0.00
		中流量	小流量	0.01	0.01
			大流量	0.15	0.05
		大流量	小流量	0.00	0.00
			中流量	0.15	0.05
断面平均流速		小流量	中流量	0.04	0.14
			大流量	0.00	0.12
		中流量	小流量	0.04	0.14
			大流量	0.05	0.79
		大流量	小流量	0.00	0.12
			中流量	0.05	0.79

（5）义长灌域

由图 6.13 可以看出，随着引水流量的增加，通济干渠的单位渠长渠道水利用系数呈现线性递增趋势，而损失率呈递减趋势。

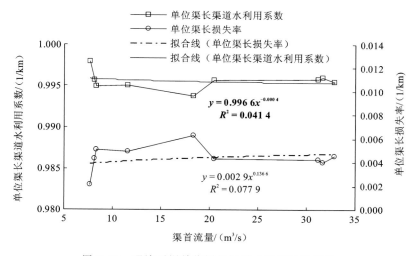

图 6.13　通济干渠单位渠长渠道水利用系数变化

由图 6.14 可以看出，随着引水流量的增加，什巴分干渠的单位渠长渠道水利用系数呈微弱线性增加趋势。

（6）乌拉特灌域

由图 6.15、图 6.16 可以看出，随着引水流量的增加，长济干渠、北稍分干渠的单位渠长渠道水利用系数呈线性增加趋势；而损失率呈减少趋势，但变化不大。

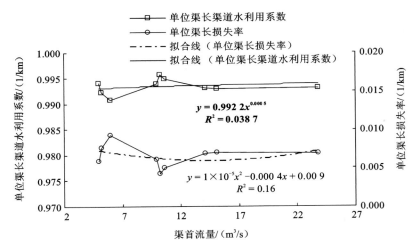

图 6.14 什巴分干渠单位渠长渠道水利用系数变化

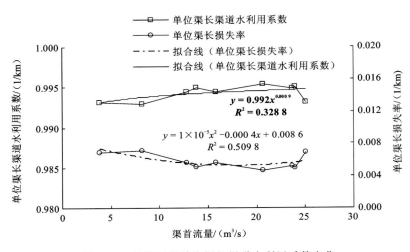

图 6.15 长济干渠单位渠长渠道水利用系数变化

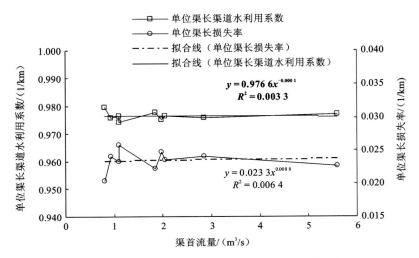

图 6.16 北稍分干渠单位渠长渠道水利用系数变化

由以上分析可知除乌兰布和灌域的一干渠、二分干渠与解放闸灌域的沙壕分干渠(三个渠道均未衬砌)以外,其他灌域各测试干渠和支渠的渠道水利用效率与流量之间均呈正相关关系,但是变化幅度均不大。对于断面形状变化较小的渠道,流量比近似等于流速比,所以影响效率的因素主要是流速,而流速又和渠壁黏滞力有关,所以衬砌人为地改变了渠道原本的边界条件,使得渠道侧壁黏滞力减小,由于相对静止而产生的渠壁挂水现象极大减弱,使侧渗明显降低,从而提高渠道水利用效率。

2)空间变异对渠道水利用系数的影响

(1)总干渠渠道水利用系数的变化

对数据进行统计后,总干渠及其各渠段渠道水利用系数见表 6.14 和图 6.17(a)。

表 6.14 　 2012 年总干渠及其各测试渠段渠道水利用系数计算成果

计算方法	总干渠渠首至二道壕(全渠)	渠首至四闸	渠首至二闸	二闸至三闸	三闸至四闸	四闸至三湖河
流量平衡法	0.934 1	0.939 2	0.955 5	0.996 7	0.932 8	0.652 9
水量平衡法	0.946 9	0.938 4	0.968 0	1.002	0.925 6	0.633 9

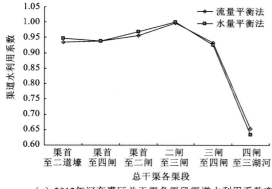
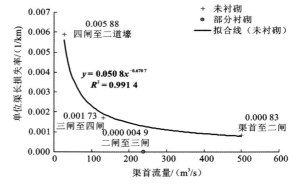

(a)2012年河套灌区总干渠各渠段渠道水利用系数变化 　 (b)2012年河套灌区总干渠各渠段损失率随流量的变化

图 6.17 　 2012 年河套灌区总干渠各渠段渠道水利用系数和单位渠长损失率的变化

根据内蒙古自治区河套灌区 98 规划,1998 年河套灌区总干渠渠道水利用系数为 0.930;2012 年的测定结果 0.940 5 比 1998 年高出 0.010 5,但是提高幅度不大。原因是总干渠二闸至三闸间为 20 km 的膜袋衬砌,渠道引水流量由大流量向中流量转变,导致渠道水利用系数提高,但幅度不大。

从渠首到三湖河之间各渠段渠道水利用系数的变化来看,渠首至二闸渠段趋势增加,二闸至三闸渠段的渠道水利用系数最大,其他渠段基本呈现出从上游向下游逐渐递减的趋势。总干渠四闸至三湖河渠段渠道水利用系数较低,可以采取渠道衬砌以提高输水效率。

从总干渠各渠段单位渠长损失率随流量的变化曲线图 6.17(b)可以看出,针对未衬砌渠段,随着流量的增加,损失率呈负幂函数衰减,二闸至三闸渠段有 20 km 衬砌渠段,损失率显著减少。

(2)干渠单位渠长渠道水利用系数与单位渠长损失率的对比

从各测试干渠单位渠长损失率随流量的变化曲线图 6.18(b)可以看出:针对衬砌渠段,随着

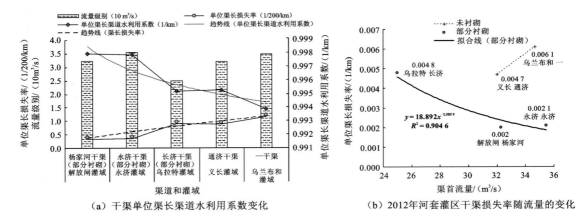

（a）干渠单位渠长渠道水利用系数变化　　（b）2012年河套灌区干渠损失率随流量的变化

图 6.18　2012 年河套灌区干渠渠道水利用系数和单位渠长损失率的变化

流量的增加，损失率总体上呈负幂函数衰减，杨家河干渠衬砌 29.7 km，损失率最低，为 0.002，永济干渠衬砌 9.3 km，损失率为 0.002 1，长济干渠衬砌 4.3 km，损失率最大，为 0.004 8。就未衬砌渠段，乌兰布和灌域一干渠与义长灌域通济干渠流量分别为 34.68 m³/s、32 m³/s，尽管乌兰布和一干渠流量略大，但由于渠床为砂土，单位渠长损失率明显偏大。由于河套灌区范围大，渠道条件与土壤、水文地质条件的差异明显，乌兰布和灌域和乌拉特灌域的渠道损失最大，建议今后可以优先进行节水工程改造。

（3）分干渠单位渠长渠道水利用系数与单位渠长损失率的对比

从各测试分干渠单位渠长损失率随流量的变化曲线图 6.19（b）可以看出：针对未衬砌渠段，随着流量的增加，损失率基本上呈负幂函数衰减，但相关程度不高，如乌拉特灌域北稍分干渠渠首流量略比解放闸灌域沙壕分干渠、乌兰布和灌域二分干渠大，但损失率高出近 1 倍；此外，对于已经衬砌的机缘分干渠，尽管渠首流量比乌兰布和二分干渠的还大，但单位渠长损失率却略微偏大，衬砌防渗效果不明显。

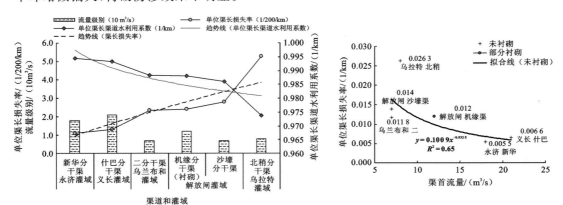

（a）河套灌区各灌域分干渠单位渠长渠道水利用系数的变化　　（b）河套灌区分干渠单位渠长损失率随流量的变化

图 6.19　2012 年河套灌区各灌域分干渠渠道水利用系数和单位渠长损失率的变化

基于上述成果，得出河套灌区干渠和分干渠单位渠长损失率与渠道水利用系数的对比，见表 6.15 和表 6.16。

表 6.15 干渠单位渠长渠道水利用系数对比

灌域名称	渠段名称	渠段长度/km	流量级别/(m³/s)	单位渠长渠道水利用系数/(1/km)	单位渠长损失率/(1/km)	2012 年渠道水利用系数
乌兰布和灌域	一干渠	32.00	34.68	0.993 9	0.006 1	0.804 8
解放闸灌域	杨家河干渠	58.00	32.27	0.998 0	0.002 0	0.885 1
永济灌域	永济干渠	49.80	35.47	0.997 9	0.002 1	0.896 5
义长灌域	通济干渠	54.91	32.00	0.995 3	0.004 7	0.741 9
乌拉特灌域	长济干渠	54.30	25.00	0.995 2	0.004 8	0.740 5

表 6.16 分干渠单位渠长损失率与单位渠长渠道水利用系数对比

灌域名称	渠段名称	渠段长度/km	流量级别/(m³/s)	单位渠长渠道水利用系数/(1/km)	单位渠长损失率/(1/km)	2012 年渠道水利用系数
乌兰布和灌域	二分干渠	33.00	7	0.988 2	0.011 8	0.610 4
解放闸灌域	机缘分干渠(衬砌)	7.07	12	0.988 0	0.012 0	0.915 2
	沙壕分干渠	14.50	7	0.986 0	0.014 0	0.796 8
永济灌域	新华分干渠	32.00	18	0.994 5	0.005 5	0.823 2
义长灌域	什巴分干渠	31.90	21	0.993 4	0.006 6	0.789 8
乌拉特灌域	北稍分干渠	11.00	8	0.973 7	0.026 3	0.710 7

由此得出以下结论。

对同一级别渠道而言,从上游至下游单位渠长渠道水利用系数呈递减趋势。

对不同级别渠道而言,不论渠道所处空间位置如何,当流量增加时,总体表现为单位渠长渠道水利用系数增加,而单位渠长损失率减小。

对干渠而言,乌兰布和灌域一干渠渠道水利用系数最低,这是因为该渠渠底土质为砂性土、地下水位埋深较大且渠道有较长的长度;除义长灌域以外,其他灌域干渠比分干渠渠道水利用系数大,这可能是因为干渠常年运行、引水流量大和衬砌长度大。总之,河套灌区各灌域干渠、分干渠的渠道水利用系数基本呈现出自上游向下游逐渐递减的趋势。

衬砌与否显著影响渠道水利用系数。经过衬砌的渠道,其单位渠长损失率比未经衬砌渠道的单位渠长损失率要小。由于解放闸灌域的杨家河干渠衬砌比例最高,所以它的渠道水利用系数远高于其他干渠渠道水利用系数,然后以杨家河干渠的渠道水利用系数为峰值,向下游逐渐减小。

(4)支渠单位渠长渠道水利用系数与单位渠长损失率的对比

根据基础数据,绘制出表 6.17 和图 6.20,从图可以看出,从上游至下游,支渠单位渠长渠道水利用系数下降,单位渠长损失率升高。尽管随着流量的增加,损失率总体上呈负幂函数衰减,但试验点数据分散,相关程度不高,尤其是义长灌域右六支渠渠首流量较大,但损失率却最高,其原因有待深入分析与测试。

表 6.17 支渠单位渠长损失率与单位渠长渠道水利用系数对比

灌域名称	渠段名称	渠段长度/km	流量级别/(m³/s)	单位渠长渠道水利用系数/(1/km)	单位渠长损失率/(1/km)
解放闸灌域	永八支渠	4.80	3.40	0.989 6	0.010 4
永济灌域	甜菜支渠	5.20	2.37	0.982 7	0.017 3
义长灌域	右六支渠	6.15	3.30	0.977 2	0.022 8
乌拉特灌域	德恒永支渠	6.17	2.00	0.976 7	0.023 3

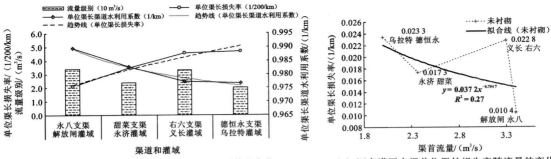

(a) 河套灌区支渠单位渠长渠道水利用系数的变化　　**(b)** 河套灌区支渠单位渠长损失率随流量的变化

图 6.20　2012 年河套灌区各灌域支渠渠道水利用系数和单位渠长损失率的变化

（5）斗渠单位渠长渠道水利用系数与单位渠长损失率的对比。

根据基础数据，绘制出表 6.18 和图 6.21，可以看出，从上游至下游，斗渠单位渠长渠道水利用系数下降，单位渠长损失率升高。和支渠不同的是，随着流量的增加，单位渠长损失率总体上呈幂函数增加，但试验点数据分散，相关程度不显著，其原因有待深入分析与测试。

表 6.18　斗渠单位渠长损失率与单位渠长渠道水利用系数对比

灌域名称	渠段名称	渠段长度/km	流量级别/(m³/s)	单位渠长渠道水利用系数/(1/km)	单位渠长损失率/(1/km)
解放闸灌域	一斗渠	4.7	0.50	0.986 0	0.014 0
永济灌域	公安斗渠	0.8	1.04	0.961 7	0.038 3
义长灌域	焦心牛腩斗渠	1.7	0.34	0.958 8	0.041 2
乌拉特灌域	树林子斗渠	2.1	1.00	0.945 4	0.054 6

注：义长灌域和乌拉特灌域采用 2002 年数据。

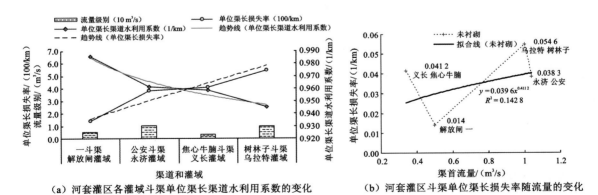

(a) 河套灌区各灌域斗渠单位渠长渠道水利用系数的变化　　**(b)** 河套灌区斗渠单位渠长损失率随流量的变化

图 6.21　2012 年河套灌区各灌域斗渠渠道水利用系数和单位渠长损失率的变化

（6）农渠单位渠长渠道水利用系数与单位渠长损失率的对比

由表 6.19 和图 6.22 可知，自上游至下游，农渠的单位渠长渠道水利用系数呈降低趋势，单位渠长损失率升高，并且当流量升高时，单位渠长渠道水利用系数显著提升，规律明显，相关显著，小流量 0.18 m³/s 下的损失率比大流量 0.5 m³/s 的高出两倍多。

表 6.19 农渠单位渠长损失率与单位渠长渠道水利用系数对比

灌域名称	渠段名称	渠段长度/km	流量级别/(m³/s)	单位渠长渠道水利用系数/(1/km)	单位渠长损失率/(1/km)
解放闸灌域	羊场农渠	0.50	0.18	0.888 6	0.111 4
永济灌域	右四农渠	0.75	0.20	0.916 9	0.083 1
义长灌域	新胜太农渠	1.40	0.50	0.958 6	0.041 4
乌拉特灌域	王春西二农渠	0.60	0.14	0.870 2	0.129 8

注：义长灌域和乌拉特灌域采用 2002 年数据。

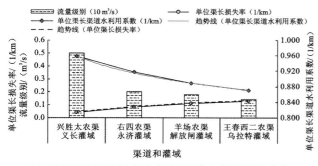

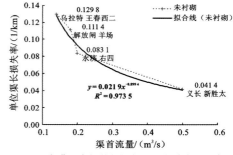

（a）河套灌区各灌域农渠单位渠长渠道水利用系数的变化　　（b）河套灌区农渠单位渠长损失率随流量的变化

图 6.22　2012 年河套灌区各灌域农渠渠道水利用系数和单位渠长损失率的变化

3）时间变化与衬砌工程对渠道水利用系数的影响

由于渠系输水阶段的水量损失较大，田间配水渠道的水量损失较小，所以只分析输水阶段的渠系。结合历史测试数据，制作出图 6.23 与表 6.20，可以看出，相比 2002 年，除永济灌域永济干渠以外，2012 年河套灌区各干渠、分干渠渠系水利用系数都呈降低趋势，可能与河套灌区地下水位下降有关；就杨家河干渠、机缘分干渠、永济干渠、长济干渠 4 个衬砌渠道而言，除永济干渠以外，其他三个渠道的渠系水利用系数都呈减少趋势，说明衬砌渠道老化、部分渠段冻坏、渠道衬砌率较低，尤其是地下水位下降，导致节水效果不明显。

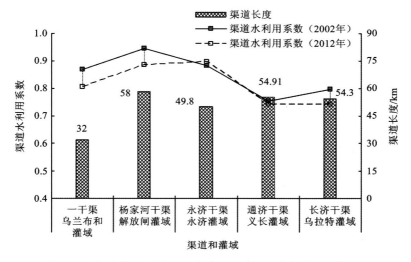

图 6.23　河套灌区干渠 2002 年与 2012 年渠道水利用系数对比

表 6.20　不同类型渠道单位渠长损失流量与渠道水利用系数的历史比对

灌域名称	渠段名称	渠段长度/km	2002年以后衬砌长度/km	衬砌率/%	单位渠长损失流量/[m³/(s·km)]		渠道水利用系数测试值	
					2002年	2012年	2002年	2012年
乌兰布和灌域	一干渠	32.00			无	0.216 9	0.868 0	0.804 8
	建设二分干渠	33.00			无	0.082 0	0.657 0	0.610 4
解放闸灌域	杨家河干渠	58.00	29.25	50.43	0.087 5	0.160 0	0.945 2	0.885 1
	机缘分干渠	7.07	7.07	100.00	0.090 0	0.093 9	0.926 0	0.915 2
	沙壕分干渠	14.50			0.133 4	0.120 0	0.851 0	0.796 8
永济灌域	永济干渠	49.80	24.00	48.19	0.095 8	0.116 0	0.882	0.896 5
	新华分干渠	32.00			无数据	0.084 9	无数据	0.823 2
义长灌域	通济干渠	54.91			0.132 5	0.082 6	0.752 0	0.741 9
	什巴分干渠	31.90			0.280 4	0.153 0	0.797 0	0.789 8
乌拉特灌域	长济干渠	54.30	4.30	7.92	0.092 8	0.090 9	0.796 5	0.740 5
	长济北稍分干渠	11.00			0.092 0	0.087 4	0.758 0	0.710 7

4）不同影响因素的主成分分析

灌溉渠道特征受流量、渠道长度、地质地形、节水工程等多种因素影响，具有区域性特点，这些不同因素综合作用着渠道水利用效率，分析出哪些因素起积极作用，哪些因素起消极作用很重要。运用主成分分析法可以解决上述难题，并能提炼出潜在综合因素，从而可以按影响因素对渠道水利用效率影响的大小对渠道进行排序。

在实际灌溉过程中，支渠、斗渠、农渠渠系由于渠道长度短，渠系水利用效率很高，所谓损失的水也就近被作物利用，所以主成分分析意义不大。因此对渠系输水过程中损失较大的输水渠系（总干渠、干渠、分干渠渠系）进行主成分分析。

对所测渠道的基本信息进行汇总，确定了七种因素。其中将渠道所处位置（上游、中游、下游）、渠道土质（砂壤土、壤土、亚黏土、混合土）、渠道级别（总干渠、干渠、分干渠）作为名义变量与定序变量，将渠首流量、控制面积、渠道长度和衬砌率作为度量变量进行主成分分析。经过模型显著性检验，得出模型的显著性概率为0，KMO值（用于比较变量间简单相关系数和偏相关系数的指标）为0.719，说明所选渠道很适合做主成分分析。

由表6.21可知，提取两个主成分即可使累计贡献率达到80%。从图6.24可知，渠首流量、控制面积、渠道长度、渠道级别、渠道位置和土壤质地这些因素相关性很高，说明这些由灌区自然条件决定的因素可以合并成一个主成分 Z_1，称为自然因素；渠道衬砌率因素距离 Z_1 较远，反映了渠道衬砌工程对渠道水利用效率的影响，称为节水工程因素 Z_2。我们发现，土壤质地因素距离衬砌率因素相对其他因素较近，因为衬砌工程在渠道坡面处理中，一定程度上也改变了土壤质地，说明主成分结果是合理的。根据主成分独立性可知，自然因素和节水工程因素也是互相独立的。

通过计算，得出这两个主成分的表达式如下：

$$\begin{cases} Z_1 = 0.304\ 7P_。 + 0.489\ 8Q_。 + 0.490\ 8L_。 - 0.063\ 9\phi_。 - 0.032\ 9T_。 + 0.425\ 6J_。 + 0.490\ 1S_。 \\ Z_2 = 0.452\ 8P_。 - 0.059\ 1Q_。 - 0.091\ 5L_。 + 0.594\ 1\phi_。 - 0.651\ 4T_。 - 0.058\ 6J_。 - 0.046\ 1S_。 \end{cases}$$

(6.1)

表 6.21　主成分总方差

成分个数	初始特征值			旋转平方和载入		
	特征值	方差贡献率/%	累计贡献率/%	特征值	方差贡献率/%	累计贡献率/%
1	3.95	56.42	56.42	3.94	56.28	56.28
2	1.61	22.98	79.40	1.62	23.11	79.40
3	0.67	9.61	89.01			
4	0.45	6.50	95.51			
5	0.29	4.10	99.61			
6	0.03	0.36	99.97			
7	0.00	0.03	100.00			

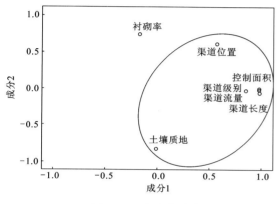

图 6.24　主成分分布

式中：P_0 为经过 Z 标准化的渠道所处位置；Q_0 为经过 Z 标准化的渠首流量；L_0 为经过 Z 标准化的渠道长度；ϕ_0 为经过 Z 标准化的渠道衬砌率；T_0 为经过 Z 标准化的渠道土壤质地；J_0 为经过 Z 标准化的渠道级别；S_0 为经过 Z 标准化的渠道控制面积。

在第一主成分 Z_1 中，衬砌率和土壤质地因素相应的系数较小，其他因素的系数很大，说明 Z_1 代表着自然因素对渠道水利用效率的影响；在第二主成分 Z_2 中，衬砌率和土壤质地因素相应的系数较大，其他因素的系数很小，说明 Z_2 代表着节水工程因素对渠道水利用效率的影响。在这两个主成分中，渠道位置因素的系数都较大，这是因为河套灌区渠系是从总干渠取水，而总干渠水流方向自西向东，导致位于灌区西部上游的渠道水流量大，渠道输水能力强，灌区东部下游的渠道水流量小，加之携带了上游产生的大量泥沙，使输水能力下降很多，所以渠道位置对上游、中游和下游的渠道水利用效率都起着明显作用。

将主成分 Z_1 和 Z_2 按方差贡献率进行加权得到综合主成分 Z，综合主成分 Z 反映了经过主成分 Z_1 和 Z_2 综合作用之后的渠道水利用效率的影响大小。主成分 Z_1 的数值越大，说明自然因素作用越强；主成分 Z_2 的数值越大，说明节水工程因素作用越强；主成分 Z 的数值越大，说明综合影响越大。将测试渠道按式（6.1）、式（6.2）计算得分，结果见表 6.22。

$$Z = 56.42\% Z_1 + 22.98\% Z_2 \tag{6.2}$$

表 6.22　主成分得分

渠道名称	Z_1 得分	渠道名称	Z_2 得分	渠道名称	综合得分 Z
总干渠	5.98	机缘分干渠	2.46	总干渠	3.29
杨家河干渠	0.37	杨家河干渠	1.34	杨家河干渠	0.51
建设一干渠	0.21	永济干渠	0.84	永济干渠	0.26
永济干渠	0.12	建设二分干渠	0.57	建设一干渠	0.22
通济干渠	0.08	建设一干渠渠	0.45	机缘分干渠	-0.06

渠道名称	Z_1 得分	渠道名称	Z_2 得分	渠道名称	综合得分 Z
长济干渠	−0.38	新华分干渠	0.10	通济干渠	−0.09
建设二分干渠	−0.66	什巴分干渠	−0.36	建设二分干渠	−0.24
新华分干渠	−0.89	总干渠	−0.37	新华分干渠	−0.48
沙壕分干渠	−0.92	沙壕分干渠	−0.49	沙壕分干渠	−0.63
机缘分干渠	−1.10	通济干渠	−0.59	长济干渠	−0.67
什巴分干渠	−1.20	长济北稍分干渠	−1.95	什巴分干渠	−0.76
长济北稍分干渠	−1.60	长济干渠	−1.99	长济北稍分干渠	−1.35

主成分 Z_1 的系数有负的,导致综合得分 Z 受主成分 Z_1 的模型误差影响大,所以综合得分 Z 只能作为参考,不起绝对作用,由图 6.24 中也能看出综合得分 Z 曲线受主成分 Z_1 的影响大,只分析 Z 曲线是不合理的。从下游至上游,三种得分均递增,自然因素和节水工程因素相互制约又相互影响:Z_1 数值越大,自然影响越突出,而改变自然条件很困难,这说明渠道对自然变化的抵抗力强;Z_2 数值越大,说明节水工程因素对渠道的作用越明显。故而分析测试渠道在主成分 Z_1 和 Z_2 单独作用下的因子得分更有意义。

总干渠自然因素得分最高,这反映了总干渠在河套灌区输水阶段中起着举足轻重的作用,是灌区的大动脉;而节水工程因素得分较低,这与总干渠规模大,不容易进行渠道衬砌的原因有关。干渠和分干渠的分析如下。

图 6.25 对比了自然因素、节水工程因素和综合因素对本次测试干渠和分干渠单位渠长损失率的影响。首先可以很明显地看出干渠的主成分与单位渠长损失率的曲线系整体位于分干渠的主成分与单位渠长损失率的曲线系之下,这说明在不同主要因素的影响下,渠道水在干渠阶段的损失明显小于渠道水在分干渠阶段的损失。

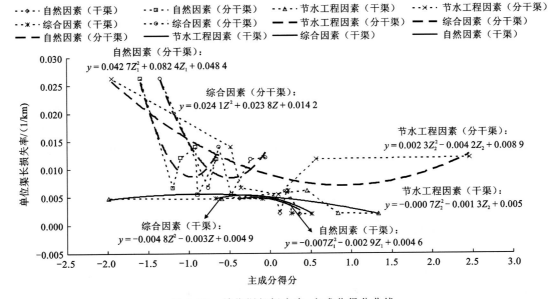

图 6.25 单位渠长损失率-主成分得分曲线

其次,当干渠的自然因素值为负时,单位渠长损失率与之正相关;当干渠的自然因素值为正时,单位渠长损失率与之负相关。这说明良好的自然因素,如足够的引水流量、优良的水质等,会使单位渠长损失率下降。但是自然因素曲线的变化范围很小,说明自然因素虽然是第一主成分,但是它对渠道渗漏的影响不是主要矛盾,这是因为目前干渠的节水改造工程规模较小,使得节水工程因素的方差贡献率不高。正由于自然因素对干渠系统的单位渠长损失率影响有限,所以干渠系统对自然变化的抵抗力强,具有自然稳定性的属性,如控制面积的改变对单位渠长损失率影响较小。将主成分得分取绝对值,再根据变异系数的统计解释可定义自然稳定率计算公式:

$$\xi = C_{v|z_2|} / C_{v|z_1|} \tag{6.3}$$

此值越大,稳定性越低,节水工程对自然的改造效果越明显,干渠和分干渠的稳定性值分别是 0.99 和 3.25,所以对分干渠进行衬砌节水效果会更明显。

干渠的节水工程因素曲线跨度很大,当得分大于 -0.93 时,节水工程因素得分与单位渠长损失率是负相关的关系,而且变化率越来越大,即节水工程因素对单位渠长损失率的减小影响越来越显著。

再次,分干渠的自然因素曲线变化幅度较大,这说明分干渠对自然变化很敏感,自然稳定性较低。当自然因素小于 -0.96 时,分干渠的单位渠长损失率与之呈负相关的关系;当自然因素大于 -0.96 时,分干渠的单位渠长损失率与之呈正相关的关系。这说明合理的灌溉面积或引水流量等自然因素对分干渠系统来说很重要,当自然因素得分为 -0.96 时,分干渠系统的单位渠长损失率最小值为 0.008 6/km。

分干渠比干渠的节水工程因素曲线跨度还大,这是因为分干渠系统的自然稳定性弱,这也解释了增加流量对渠道水利用效率的提升作用不显著的问题。当分干渠水工程因素得分是 0.91 时,单位渠长损失率有最小值 0.007/km。

综上所述,渠道衬砌工程可以显著减小干渠和分干渠系统的单位渠长损失率,应优先选择上中游分干渠系进行衬砌,但是由于分干渠的自然稳定性差,所以要对衬砌方法和材料进行评估,防止衬砌对周边自然生态系统的负作用。通过调节流量等改变自然因素的方法,可以在一定程度上减小分干渠的单位渠长损失率,是近期节水策略。

5)基于多个影响因素的渠道水利用效率多元线性拟合

灌区渠道水利用效率是渠道长度、灌溉面积、引水流量、衬砌率等多因素综合作用的反映。如果建立了灌区基本参数与渠道水利用效率的关系,则可以直接推求渠道水利用效率。

经过线性拟合,得出关系式如下:

$$\eta = 79.251 - 1.971C + 0.151Q - 0.221L + 0.164\varepsilon - 1.985I + 6.39U - 0.002O, \quad R^2 = 0.727 \tag{6.4}$$

式中:η 为渠道水利用效率(%);C 为渠道所处位置,上游=3,中游=2,下游=1,全部=4;Q 为渠首流量(m^3/s);L 为渠道长度(km);ε 为渠道衬砌率(%);I 为渠道土壤质地,亚黏土=4,壤土=3,混合土=2,砂壤土=1;U 为渠道级别,总干渠=3,干渠=2,分干渠=1;O 为渠道控制面积(万亩)。

由图 6.26 可见,拟合值和实测值相差较小。用这种方法可以快速地计算渠道水利用效率,缺点是误差有时候较高,适应于渠道规划时的估算。

6)渠道衬砌情况下的节水潜力分析

将各灌域所测同级别渠道按流量加权得出河套灌区某级别渠道的渠道水利用系数,见表 6.23;将河套灌区总干渠、干渠、分干渠、支渠、斗渠和农渠的渠道水利用系数相乘即可得到

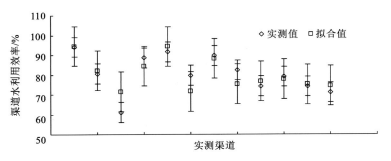

图 6.26　拟合值与实测值对比

河套灌区渠系水利用系数为 0.480 0。经计算,如果全部衬砌,各种级别渠道的渠道水利用系数均有提高。除总干渠的提高幅度较小外,其他级别渠道的提高幅度非常明显。经计算节水比例可达 28.06%,渠系水利用系数由 0.480 0 提高到 0.625 9。但这只是一个理论计算的数据,考虑到河套灌区渠系结构复杂,存在大量的越级渠道,直接连乘可能不够合理,应该根据不同级别渠道的控制面积进行加权计算。

表 6.23　河套灌区渠道衬砌情况下节水潜力分析

渠道类别	渠道水利用系数		未衬砌情况下/万 m^3			衬砌情况下/万 m^3			衬砌前后减少损失量/万 m^3
	衬砌前	衬砌后	渠首净进水量	渠尾出水量	损失水量	渠首进水量	渠尾出水量	损失水量	
总干渠	0.940 5	0.943 4	371 550.38	349 443.13	22 107.25	371 550.38	350 520.63	21 029.75	1 077.50
干渠	0.824 1	0.872 1	349 443.13	287 976.08	61 467.05	350 520.63	305 689.04	44 831.59	16 635.46
分干渠	0.789 2	0.833 8	287 976.08	227 270.72	60 705.36	305 689.04	254 883.52	50 805.52	9 899.84
支渠	0.897 6	0.947 3	227 270.72	203 998.20	23 272.52	254 883.52	241 451.16	13 432.36	9 840.16
斗渠	0.928 4	0.976 6	203 998.20	189 391.93	14 606.27	241 451.16	235 801.20	5 649.96	8 956.31
农渠	0.941 6	0.986 2	189 391.93	178 331.44	11 060.49	235 801.20	232 547.14	3 254.06	7 806.43
合计					193 218.94			139 003.24	54 215.70

由图 6.27 可知,河套灌区不同级别渠道的渠道水利用系数随着渠道级别的降低,呈现先减小后增加的趋势,其中分干渠的渠道水利用系数最小,农渠的渠道水利用系数最大。经衬砌后节水最多的是干渠,其次是分干渠和支渠;效率提高最多的是分干渠,其次是干渠和支渠。在今后节水工程改造中应优先考虑干渠和分干渠。河套灌区渠道全部衬砌后可以减少渗漏损失 54 215.7 万 m^3 水量。

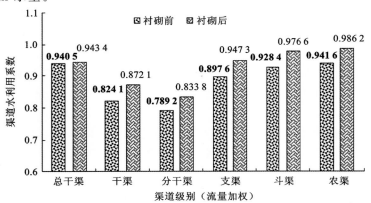

图 6.27　河套灌区不同级别渠道衬砌前后渠道水利用系数对比

6.1.2　田间水利用系数

1. 典型田块测试工作完成情况

1) 典型田块测试统计结果

河套灌区此次效率测试过程中,每个灌域选择具有代表性的典型地块和主要作物(种植面积＞10％的作物)对田间灌溉效率进行测算,地块大小在当地应具有代表性。每个田间测试点均以农渠为控制单元,对各灌域试验田所在农渠种植结构面积进行精确测量,使面积、种植结构做到准确无误。在各灌域对种植的主要作物均选择两块具有代表性的田块进行田间监测,在作物生育期各个阶段及灌水前后按每层厚度 20 cm 进行各试验田土壤参数的量测,测试范围为 0～100 cm,部分地区为 0～120 cm(0～20 cm、20～40 cm、40～60 cm、60～80 cm、80～100 cm、100～120 cm)。在试验田块取水口设置梯形堰量水设施,在实际灌水条件下量测试验田块的每轮毛灌水量,用于计算田间水利用系数。

此次河套灌区上游、中游、下游灌域田间测试典型田块基本情况见表 2.8。在进行渠道水利用系数测试的同时,对各灌域农作物的种植结构也进行了调查统计。河套灌区从上游至下游各灌域作物种植结构情况如图 6.28 所示。

由图 6.28 可以看出,河套灌区 2012 年主要种植葵花、玉米、小麦等作物,上游乌兰布和灌域、解放闸灌域、永济灌域三个灌域的玉米和葵花种植面积较大,两种作物都占了各灌域种植面积的 43％以上,小麦的种植面积相比较少。下游义长灌域、乌拉特灌域两个灌域的葵花种植面积比例要比上游灌域的大,均占两灌域种植面积的 40％以上。

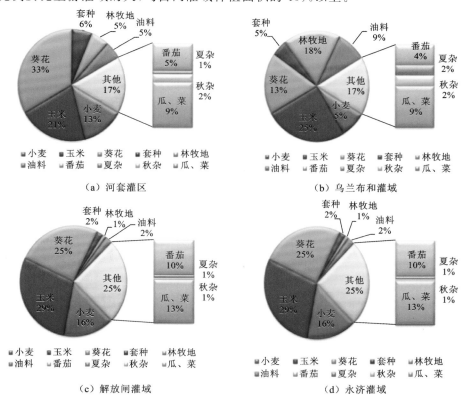

图 6.28　河套灌区及各灌域种植结构统计比例

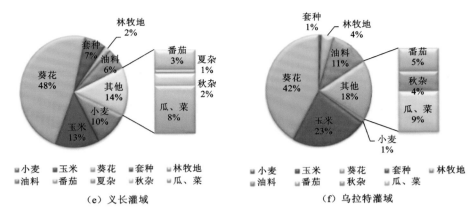

（e）义长灌域   （f）乌拉特灌域

图 6.28 河套灌区及各灌域种植结构统计比例（续）

在各灌域中选取典型斗渠、农渠控制区作为种植结构典型统计区，在作物出苗后使用 RTK 对每个典型区测量和统计不同作物所占面积，并绘制作物种植结构图，各灌域斗渠、农渠种植结构比例见图 6.29。

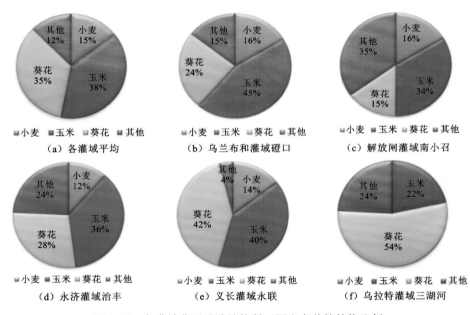

（a）各灌域平均   （b）乌兰布和灌域磴口   （c）解放闸灌域南小召

（d）永济灌域治丰   （e）义长灌域永联   （f）乌拉特灌域三湖河

图 6.29 各灌域典型试验站控制区调查点种植结构比例

通过图 6.28 中河套灌区种植结构统计结果和图 6.29 中各灌域调查点的种植结构测量平均结果可以看出：从灌区平均意义上来看，小麦的种植比例为 15%，比统计比例 13% 低 2%；玉米的种植比例为 38%，比统计比例 21% 低 17%；葵花的种植比例为 35%，比统计比例 33% 低 2%。通过调查统计与分析对比河套灌区的种植结构，最终确定在各灌域选择小麦、玉米、葵花和套种进行田间监测。

2）田间土壤含水率、容重及土壤质地的测试分析

每块试验田在灌水前、后均要采集土样。灌前含水率的测定：灌水前一天在每个田块中按灌水走向的上、中、下均匀选取采样点，对每个采样点按每层厚度 20 cm 进行取样，共取 5～7

层,即取样深度控制在 $100\sim140$ cm。采样工具为土钻,经土样处理,用烘干法测土壤的重量含水率。灌后含水率的测定:灌水后 $1\sim2$ d 在试验田采集土样,方法同灌前含水率的测定。

利用灌水前、后土壤含水率差值及土壤容重计算田间净灌水定额,进而计算净灌溉定额,最终分析计算净灌溉用水量。

土壤剖面的实测是为了获取不同地块不同层次的土壤质地、土壤容重等资料,但由于土壤的空间变异性,不同地块不同位置所测得的土壤物理指标不同,只能选择具有代表性的剖面,从而能够代表同类土质的情况,且剖面所在位置土层没有被破坏。具体试验方法按如下步骤进行。

(1)开掘宽 1 m、长 2 m、深 1.5 m 的土壤剖面试坑,并注意观察面要向阳、垂直。

(2)根据土体的构造和试验要求,确定土样采集的层次。本次试验结合土壤含水率的采样深度,对应 $5\sim7$ 个层次进行采样。

(3)采样工具为环刀,每层取 3 个土样,取到的土样采用环刀法测定土壤容重和田间持水量,试验结果取平均值。对试验区 $0\sim100$ cm 剖面土样用激光衍射法中的干法测定各试验田土壤质地。测试所用的激光粒度仪为 BbcKm-COUL-treLS-230,采用 Fraunhofer 理论模型计算土壤颗粒组成。将经 1 mm 筛处理的样品放入进样池中,仪器将自动测定样品。并应用相应的软件得出大于 0.05 mm、$0.05\sim0.002$ mm 和小于 0.002 mm 的粒级含量,再在 TAL 软件中按美国土壤质地分类标准实现其质地的划分。按上述方法测试各灌域结果见表 6.24。

表 6.24　各灌域部分土壤干容重及土壤质地

项目	取土位置 /cm	乌兰布和灌域		解放闸灌域		永济灌域		
		兵团	坝楞	沙壕渠	小召	双河	治丰	隆胜
土壤干容重 γ(g/cm³)	0~20	1.647	1.378	1.305	1.407	1.371	1.37	1.42
	20~40	1.639	1.51	1.525	1.472	1.47	1.57	1.42
	40~60	1.672	1.631	1.557	1.46	1.474	1.47	1.40
	60~80	1.568	1.619	1.513	1.465	1.455	1.45	1.44
	80~100	1.607	1.442	1.472	1.435	1.455	1.46	1.43
土壤质地	0~20	砂壤土	砂壤土	砂壤土	砂壤土	砂壤土	砂壤土	粉砂壤土
	20~40	壤砂土	砂壤土	粉砂壤土	砂壤土	砂壤土	粉砂壤土	粉砂壤土
	40~60	砂壤土	粉砂壤土	粉砂壤土	粉砂壤土	粉砂壤土	粉砂壤土	粉砂壤土
	60~80	壤土	砂壤土	粉砂壤土	粉砂壤土	砂壤土	粉砂壤土	黏土
	80~100	壤土	粉砂壤土	粉砂壤土	砂壤土	粉砂壤土	粉砂壤土	粉砂壤土

项目	取土位置 /cm	义长灌域			乌拉特灌域		
		五原浩丰	五原旧城	五原永联	人民渠	塔布	三湖河
土壤干容重 γ(g/cm³)	0~20	1.437	1.368	1.578	2.661	2.492	2.606
	20~40	1.414	1.404	1.552	2.610	2.445	2.574
	40~60	1.461	1.465	1.488	2.453	2.447	2.480
	60~80	1.536	1.443	1.490	2.485	2.499	2.426
	80~100	1.614	1.442	1.545	2.543	2.563	2.481
土壤质地	0~20	粉砂壤土	壤土	粉砂壤土	粉砂壤土	粉砂壤土	粉砂壤土
	20~40	粉砂壤土	粉砂壤土	粉砂壤土	粉砂壤土	粉砂壤土	黏土
	40~60	粉砂壤土	砂壤土	砂壤土	黏土	粉砂壤土	
	60~80	砂壤土	黏土	粉砂壤土	粉砂壤土	粉砂壤土	
	80~100	粉砂壤土	黏土	壤砂土	粉砂壤土	黏土	

2. 田间水利用系数计算与分析

1）各灌域主要作物的毛、净灌水定额的计算

采用第3章作物毛、净灌水定额的计算公式,计算出各灌域主要作物的毛灌水定额和80 cm、100 cm 两个土壤深度层下的净灌水定额,进而计算出各田块每次灌水的田间水利用系数,田间水利用系数计算没有考虑秋浇的田间水利用系数问题,只计算作物生育期的系数,其结果见表6.25。

表 6.25　各灌域主要作物的毛灌水定额和 80 cm、100 cm 深净灌水定额及各田块田间水利用系数

灌域名称	地名	作物	测定轮次	80 cm深净灌水定额/(m³/亩)	100 cm深净灌水定额/(m³/亩)	毛灌水定额/(m³/亩)	100 cm利用系数	田间水利用系数确定值(算术平均)
乌兰布和灌域	坝楞	小麦	第1水	72.92	79.89	97.62	0.818 4	0.825 3
			第2水	55.57	60.83	70.97	0.857 1	
			第3水	55.52	57.40	71.41	0.803 8	
	兵团	玉米	第1水	63.36	64.02	77.79	0.823 0	
		葵花	第1水	61.66	63.09	78.62	0.802 5	
		玉米	第2水	69.35	71.78	84.76	0.846 9	
解放闸灌域	杭后四六渠	小麦	第1水	63.89	73.18	84.51	0.865 9	0.866 5
		葵花	第1水	58.85	64.66	77.65	0.832 7	
		玉米	第1水	69.34	73.61	83.03	0.886 5	
	小召	小麦	第1水	73.37	77.81	91.66	0.848 9	
			第2水	40.11	42.32	50.72	0.834 4	
			第3水	39.30	45.01	49.01	0.918 4	
		葵花	第1水	74.32	80.14	93.42	0.857 8	
		玉米	第1水	78.51	85.55	96.41	0.887 4	
永济灌域	治丰	小麦	第1水	61.08	63.17	80.05	0.789 1	0.833 6
			第2水	58.69	64.29	74.39	0.864 2	
			第3水	72.31	75.66	100.39	0.753 7	
		套种	第1水	49.73	54.72	68.55	0.798 2	
			第2水	60.12	68.72	79.95	0.859 5	
			第3水	82.45	93.34	100.40	0.929 7	
			第4水	48.23	56.60	65.23	0.867 7	
		玉米	第1水	43.26	45.88	60.10	0.763 4	
			第2水	50.04	56.74	65.35	0.868 2	
			第3水	51.99	61.31	66.38	0.923 6	
		葵花	第1水	44.56	51.59	70.30	0.733 9	
			第2水	54.52	61.15	68.85	0.888 2	
	双河镇	番茄	第1水	43.26	65.00	80.00	0.812 5	
			第2水	50.04	45.00	55.00	0.818 2	

灌域名称	地名	作物	测定轮次	80 cm 深净灌水定额/(m³/亩)	100 cm 深净灌水定额/(m³/亩)	毛灌水定额/(m³/亩)	100 cm 利用系数	田间水利用系数确定值(算术平均)
义长灌域	浩丰三队	小麦1	第1水	85.43	95.67	114.86	0.832 9	0.825 5
			第2水	34.91	38.51	46.42	0.829 6	
			第3水	22.97	24.67	30.91	0.798 1	
		小麦2	第1水	74.45	80.79	100.23	0.806 0	
			第2水	36.78	40.24	48.62	0.827 6	
			第3水	20.91	23.72	30.11	0.787 8	
	旧城三队	小麦1	第1水	56.99	61.60	74.39	0.828 1	
			第2水	72.41	82.78	98.20	0.843 0	
			第3水	77.86	87.66	103.83	0.844 3	
		小麦2	第1水	89.70	99.28	117.88	0.842 2	
			第2水	44.68	49.32	58.11	0.848 7	
			第3水	57.94	64.74	77.15	0.839 1	
	浩丰三队	葵花1	第1水	63.08	69.51	86.25	0.805 9	
	旧城三队	葵花1	第1水	21.59	23.83	30.63	0.778 0	
		葵花2	第1水	49.27	54.20	63.50	0.853 5	
		玉米1	第1水	58.29	65.37	78.70	0.830 6	
		玉米1	第2水	61.16	67.24	80.23	0.838 1	
乌拉特灌域	长胜乡	葵花	热水	68.00	74.65	91.79	0.813 3	0.813 3

　　首先通过典型田块田间水利用系数,推求出各灌域田间水利用系数,其方法为典型田块田间水利用系数乘以末级渠道(毛渠)渠道水利用系数;然后标准化后按各灌域面积和水量加权计算出河套灌区的田间水利用系数,计算结果见表 6.26。

表 6.26　河套灌区田间水利用系数计算结果

灌域名称	毛渠渠道水利用系数	净引水水量/万 m³	灌域种植面积/万亩	80 cm 深田间水利用系数	100 cm 深田间水利用系数
乌兰布和灌域	0.945 0	51 782.6	94.87	0.744 1	0.818 9
解放闸灌域	0.986 3	97 376.8	186.5	0.783 2	0.834 7
永济灌域	0.977 3	69 007.4	163.58	0.736 8	0.823 6
义长灌域	0.984 8	91 179.5	274.73	0.734 7	0.813 0
乌拉特灌域	0.978 6	30 331.8	117.81	0.725 0	0.795 9
河套灌区 面积加权				0.745 6	0.818 2
水量加权				0.749 6	0.826 5

　　由表 6.25 和表 6.26 可知,田间水利用系数与田块面积呈现规律性变化,从图 6.30 可以看出,河套灌区五个灌域田块面积自上游至下游呈现递增趋势,而田间水利用系数除乌兰布和外自上游至下游呈递减趋势,田间水利用系数的高低不仅与田间工程配套和管理水平有关,而

且与田块面积密切相关,田间水利用系数随着田块面积的增加而减小,即田块面积在一定范围内,面积越小,田间灌水利用效率越高,这充分说明缩地(减少田块面积)可以有效提高田间水利用系数,从而可以节约田间用水量,达到节水的目的。有研究表明除缩地以外,地面的平整度也会影响田间水利用系数,因此提高田间管理水平,能有效提高田间水利用效率。上游乌兰布和灌域的田间水利用系数较解放闸灌域和永济灌域的田间水利用系数低,可能与其土壤质地有关,因为乌兰布和土壤砂粒含量较大。

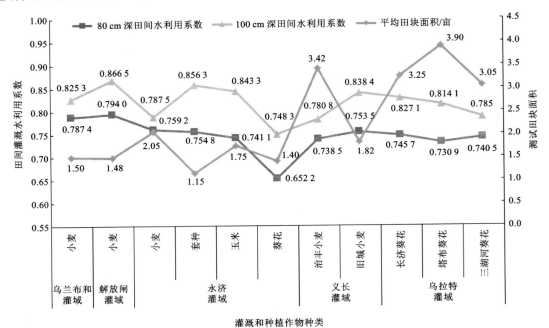

图 6.30　河套灌区田间水利用系数与面积变化

2) 测试田块测试结果的变异性评价与置信区间的估计结果

由表 6.27 可以看出:当计划湿润层深度取 80 cm 时,永济灌域小麦和套种的典型试验田块面积均相差 0.1 亩,田间水利用系数也很接近,差值为 0.02,变化率为−20%/亩;玉米的两个试验田块面积差值为 0.9 亩,田间水利用系数差值为 0.054,变化率为 6%/亩;葵花的两个试验田块面积相差很大,为 1.2 亩,田间水利用系数相应差值很大,为 0.224,变化率为18.67%/亩。可以看出,随着田块面积的减小,田间水利用系数增大。小麦、套种、玉米和葵花四种作物类型,按面积加权值的田间水利用系数分别为 0.759 2、0.754 8、0.741 1、0.652 2;田间水利用系数确定值为 0.753 9。义长灌域,浩丰三队小麦的两块试验田面积相差为 1.04 亩,田间水利用系数差值为 0.009 7,变化率为 0.93%/亩;旧城三队小麦的两块试验田面积相差为 0.18 亩,田间水利用系数差值为 0.005,变化率为 2.78%/亩,所以,当面积越小时,田间水利用系数越大。浩丰三队、旧城三队的面积加权值分别为 0.738 5、0.753 5;田间水利用系数确定值为 0.746 0。乌拉特灌域长济两处试验田的面积相差 2.3 亩,田间水利用系数相差0.010 6,变化率为 0.46%/亩;塔布两处试验田的面积相差 0.4 亩,田间水利用系数相差0.008 8,变化率为 2.2%/亩;三湖河两处试验田的面积相差 2.1 亩,田间水利用系数相差0.024 4,变化率为−1.16%/亩;长济、塔布、三湖河按面积加权值的田间水利用系数分别为0.745 7、0.730 9、0.740 5;田间水利用系数确定值为 0.740 8。

表 6.27　各灌域 80 cm 田间水利用系数变异性评价与置信区间的估算结果

灌域名称	种植作物	面积/亩	利用系数算数均值	标准差 S	区间下限/%	区间上限/%	C_v变异系数/%	变异程度	调和均数 $E_调$/%	面积加权平均数	田块水利用系数确定值
乌兰布和灌域	小麦2	1.50	0.7874	0.0207	0.7817	0.8104	2.47	弱变异	0.7874	0.7874	0.7874
		1.50									
		1.50									
解放闸灌域	小麦2	0.80	0.7940	0.0061	0.7827	0.8127	0.76	弱变异	0.7940	0.7940	0.7940
		1.84									
		1.80									
永济灌域	小麦1	2.00	0.7490	0.0191	0.7020	0.7970	2.56	弱变异	0.7506	0.7592	0.7539
	小麦2	2.10	0.7690	0.0890	0.5480	0.9900	11.58	较强变异	0.7540		
	套种1	1.10	0.7440	0.0169	0.7170	0.7710	2.26	弱变异	0.7423	0.7548	
	套种2	1.20	0.7640	0.0645	0.6620	0.8670	8.44	较弱变异	0.7650		
	玉米1	1.30	0.7750	0.0587	0.6290	0.9210	7.58	较弱变异	0.7787	0.7411	
	玉米2	2.20	0.7210	0.0489	0.6000	0.8430	6.79	较弱变异	0.7229		
	葵花1	0.80	0.8120	0.1172	0.2410	1.8650	14.43	较强变异	0.8078	0.6522	
	葵花2	2.00	0.5880	0.1060	0.3640	1.5400	18.02	强变异	0.5710		
义长灌域	浩丰小麦1	2.90	0.7356	0.0160	0.6866	0.7646	2.16	弱变异	0.7393	0.7385	0.7460
	浩丰小麦2	3.94	0.7259	0.0027	0.6893	0.7352	0.38	弱变异	0.7356		
	旧城小麦1	1.91	0.7511	0.0140	0.7150	0.7869	1.92	弱变异	0.7496	0.7535	
	旧城小麦2	1.73	0.7561	0.0110	0.7281	0.7840	1.49	弱变异	0.7537		
乌拉特灌域	长济葵花1	2.10	0.7318	0.0716	0.6681	0.7556	2.48	弱变异	0.7115	0.7457	0.7408
	长济葵花2	4.40	0.7424	0.0097	0.7084	0.7564	1.32	弱变异	0.7323		
	塔布葵花1	3.70	0.7408	0.0024	0.7248	0.7369	0.33	弱变异	0.7308	0.7309	
	塔布葵花2	4.10	0.7320	0.0314	0.6339	0.7900	4.41	弱变异	0.7111		
	三湖河葵花1	2.00	0.7455	0.0092	0.7226	0.7684	1.24	弱变异	0.7454	0.7405	
	三湖河葵花2	4.10	0.7699	0.0217	0.7159	0.8239	2.82	弱变异	0.7695		

由表 6.28 可以看出:当取计划湿润层深度取 100 cm 时,永济灌域小麦的两块试验田田间水利用系数差值为 0.036,变化率为 -36%;套种的田间水利用系数差值为 0.019,变化率为 19%;玉米的田间水利用系数差值为 0.053,变化率为 5.9%;葵花的田间水利用系数差值很大,为 0.219,变化率为 18.25%;小麦、套种、玉米、葵花的按面积加权的田间水利用系数分别是 0.7875、0.8563、0.8433、0.7483;田间水利用系数确定值为 0.8427。同 80 cm 结果相似,当面积越小时,利用系数越大。义长灌域浩丰三队的小麦的田间水利用系数差值为 0.0285,变化率为 2.74%;旧城三队的小麦的两个试验田田间水利用系数差值为 0.0004,变化率为 0.22%。所以,当面积越小时,田间水利用系数越大。浩丰三队、旧城三队的面积加权值分别为 0.7808、0.8384;田间水利用系数确定值为 0.8255。乌拉特灌域长济两处试验田的田间水利用系数相差 0.0427,变化率为 1.94%/亩;塔布两处试验田的田间水利用系数相差 0.0743,变化率为 18.58%;三湖河两处试验田的田间水利用系数相差 0.0461,变化率为 2.20%;长济、塔布、三湖河的按面积加权值分别为 0.8271、0.8141、0.7850;田间水确定值为 0.8133。所以面积越小,田间水利用系数越大。

表 6.28　各灌域 100 cm 田间水利用系数变异性评价与置信区间的估算结果

灌域名称	种植作物	面积/亩	利用系数算数均值	标准差S	区间下限/%	区间上限/%	C_v变异系数/%	变异程度	调和均数$E_调$/%	面积加权平均数	田块水利用系数确定值
乌兰布和灌域	小麦2	1.50 1.50 1.50	0.825 3	0.046 8	0.725 0	0.957 0	5.56	较弱变异	0.825 3	0.825 3	0.825 3
解放闸灌域	小麦2	0.80 1.84 1.80	0.866 5	0.007 5	0.844 2	0.891 4	0.89	弱变异	0.866 5	0.866 5	0.866 5
永济灌域	小麦1	2.00	0.769 0	0.030 7	0.693 0	0.846 0	4.00	弱变异	0.768 6	0.787 5	0.842 7
	小麦2	2.10	0.805 0	0.109 1	0.534 0	1.076 0	13.56	较强变异	0.787 6		
	套种1	1.10	0.866 0	0.050 0	0.787 0	0.946 0	5.77	弱变异	0.866 5	0.856 3	
	套种2	1.20	0.847 0	0.063 7	0.746 0	0.948 0	7.52	较弱变异	0.847 0		
	玉米1	1.30	0.877 0	0.139 2	0.532 0	1.223 0	15.86	强变异	0.875 1	0.843 3	
	玉米2	2.20	0.824 0	0.078 2	0.629 0	1.018 0	9.49	较弱变异	0.827 6		
	葵花1	0.80	0.905 0	0.148 1	0.426 0	2.235 0	16.37	强变异	0.897 8	0.748 3	
	葵花2	2.00	0.686 0	0.072 1	0.038 0	1.334 0	10.52	较强变异	0.676 7		
义长灌域	浩丰小麦1	2.90	0.797 2	0.001 7	0.793 1	0.804 1	0.21	弱变异	0.797 5	0.780 8	0.825 5
	浩丰小麦2	3.94	0.768 7	0.017 8	0.724 9	0.812 6	2.30	弱变异	0.761 8		
	旧城小麦1	1.91	0.838 2	0.008 9	0.818 6	0.860 0	1.06	弱变异	0.839 2	0.838 4	
	旧城小麦2	1.73	0.838 6	0.010 2	0.813 1	0.864 2	1.23	弱变异	0.836 0		
乌拉特灌域	长济葵花1	2.10	0.796 0	0.040 8	0.694 7	0.897 3	5.12	较弱变异	0.794 6	0.827 1	0.813 3
	长济葵花2	4.40	0.753 3	0.030 9	0.676 4	0.830 1	4.11	弱变异	0.752 4		
	塔布葵花1	3.70	0.823 2	0.011 2	0.795 5	0.850 9	1.36	弱变异	0.823 1	0.814 1	
	塔布葵花2	4.10	0.748 9	0.038 1	0.654 4	0.843 5	5.08	较弱变异	0.747 6		
	三湖河葵花1	2.00	0.816 0	0.020 2	0.765 8	0.866 2	2.47	弱变异	0.815 7	0.785 0	
	三湖河葵花2	4.10	0.769 9	0.021 7	0.715 9	0.823 9	2.82	弱变异	0.769 5		

　　从表 6.29 可以看出,100 cm 的田间水利用系数大于 80 cm 的田间水利用系数,说明河套灌区灌水深度可达到 1 m,如果建立合理的灌溉制度,能为河套灌区提供巨大节水潜力。本次河套灌区田间水利用系数拟采用计划湿润层深度取 100 cm 时计算结果,即 0.826 5。

表 6.29　河套灌区各灌域田间水利用系数统计

灌域名称	2012 年田间水利用系数		100 cm 和 80 cm 系数差值	历史田间水利用系数
	80 cm	100 cm		
乌兰布和灌域	0.744 1	0.818 9	0.074 8	0.810 0(2009 年)
解放闸灌域	0.783 2	0.834 7	0.051 5	0.826 8(2009 年)
永济灌域	0.736 8	0.823 6	0.086 8	0.746 0(2009 年)
义长灌域	0.734 7	0.813 0	0.078 3	0.810 0(2002 年)
乌拉特灌域	0.725 0	0.795 9	0.070 9	0.739 2(2002 年)

　　从图 6.31 可以看出,河套灌区田间水利用效率自上游至下游总体呈下降趋势,随着田间节水改造和管理制度的完善,永济灌域和乌拉特灌域田间水利用效率较 2002(2009)年有大幅

度提高。乌兰布和灌域、解放闸灌域、义长灌域的田间水利用系数提高幅度小。

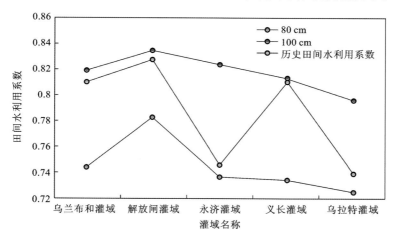

图 6.31 河套灌区各灌域田间水利用系数对比

6.1.3 不同尺度灌溉水利用系数

灌溉尺度效应是指不同尺度上灌溉活动的差异及这种差异之间的联系或影响,导致差异的原因是尺度不同,但不同尺度之间的效果并不是孤立的,而是在某种规律的作用下相互影响的,因此依据五个灌域对整个河套灌区进行不同尺度的灌溉水利用系数分析。典型灌区的灌溉水利用系数确定后,从典型样点灌区推求各层及区域的灌溉水效率,这就需要考虑灌溉水利用效率的点面转化关系。区域尺度灌溉水利用效率的点面转化方法主要有加权法、统计特征值法、空间插值法和相关关系拓展法,而其中最常用的是加权法。区域尺度典型灌区抽样主要依据分层抽样法,典型灌区及各层权重是确定每层及区域灌溉水效率的基础参数。水量、面积和流量均可以作为权重,因此,进行区域尺度灌溉水利用效率点面转化的加权法主要有水量加权法、流量加权法和面积加权法。本书参考有关研究成果,主要采用水量加权法和面积加权法。

1. 净灌水量的确定

1)净灌溉定额的计算

(1)田间实测土壤含水率的作物净灌溉定额计算

田间实测含水率的作物净灌溉定额等于作物净灌水定额之和,各灌域田间实测含水率的净灌溉定额计算结果见表 6.30。

表 6.30 五个灌域主要作物的净灌溉定额(田间实测土壤含水率计算的净灌溉定额)

灌域名称	净灌溉定额/(m³/亩)			
	小麦	玉米	葵花	小麦套种玉米
乌兰布和灌域	198.12	135.80	63.09	
解放闸灌域	165.14	79.58	72.40	
永济灌域	203.12	163.93	112.74	240
义长灌域	187.25	132.61	61.67	
乌拉特灌域			74.00	

从图 6.32 中可以看出,各灌域小麦的净灌溉定额均较大,且相差不大,这是由于河套灌区小麦生育期一般为 3 月中旬～7 月中下旬,并且各灌域前后相差不大,在这期间河套灌区降雨量较少,各灌域气候差异较小。而玉米和葵花生育期在 4 月中下旬～10 月中下旬,河套灌区降雨量集中在 7～9 月且各灌域分布不均匀、差异较大,致使净灌溉定额有较大差别。由于秋浇后无法进行含水率的测定,本次计算中秋浇定额是根据历年河套灌区秋浇定额结合今年土壤墒情确定的,秋浇定额为 110～120 m^3/亩,具体面积以灌区统计面积为准。

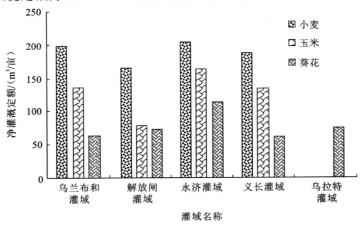

图 6.32　各灌域实测田间水净灌溉定额

（2）水量平衡法的作物灌溉定额计算

根据第 3 章介绍的水量平衡公式: $M_i = ET_{ci} - P_{ei} - G_{ei} - \Delta W_i$,计算各灌域不同作物的灌溉时,需要确定参考作物蒸发蒸腾量 ET_0、不同作物系数 K_c、有效降水量 P_{ei}、作物生育期内地下水利用量 G_{ei}。

参照作物蒸发蒸腾量 ET_0 采用 FAO 的彭曼-蒙特斯公式中计算 ET_0 的方法,各灌域试验区采用周边 2～4 个气象站日气象数据插值计算出试验区每天参考作物蒸发蒸腾量 ET_0,再对各作物生育期内不同生育阶段 ET_0 进行累加,根据所查文献按不同作物 K_c 值及生育阶段计算相应作物的实际需水量 ET_c 值,各灌域 4～9 月逐月的参照作物蒸发蒸腾量 ET_0 情况如图 6.33 所示。

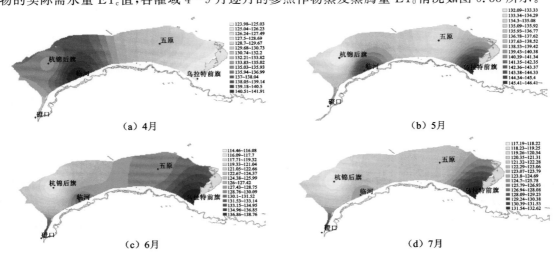

图 6.33　河套灌区 4～9 月逐月参照作物蒸发蒸腾量 ET_0 分布(单位:mm)

（e）8月　　　　　　　　　　　（f）9月

图 6.33　河套灌区 4～9 月逐月参照作物蒸发蒸腾量 ET_0 分布（单位:mm）（续）

采用公式 $P_e = 0.39 \times P^{0.124} \exp(-0.006P)$ 利用周边各气象站数据对试验区有效降雨进行计算，然后将相应作物生育期内有效降雨进行累加，各灌域 4～9 月逐月降雨量累计情况如图 6.34 所示。如在作物生育期末收割前几日有较大降雨，将其视为土壤储水量 ΔW_i。

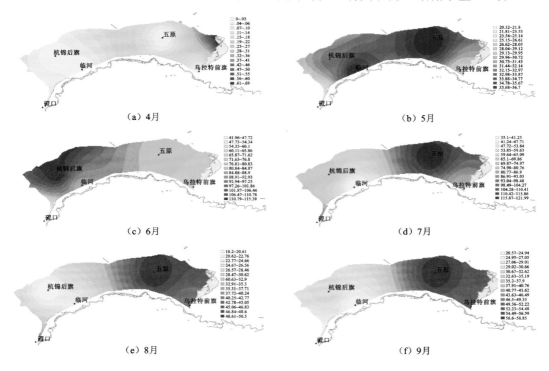

（a）4月　　　　　　　　　　　（b）5月

（c）6月　　　　　　　　　　　（d）7月

（e）8月　　　　　　　　　　　（f）9月

图 6.34　河套灌区 4～9 月逐月降雨累计情况分布（单位:mm）

地下水补给量按 $G_g = f(H)E$ 计算，$f(H)$ 为地下水利用量与埋深的关系系数，E 为潜水蒸发量，单位为毫米。依据《内蒙古河套灌区灌溉排水与盐碱化防治》（第 53 页，王伦平和陈亚新编著）给出的经验公式计算地下水利用系数，即

$$壤土: f(H) = C = 0.335\,6 - 0.292\,9\ln H \tag{6.5}$$

$$黏土: f(H) = C = 0.054\,8 H^{-1.526\,6} \tag{6.6}$$

式中：H 为地下水埋深（m）。本次计算地下水埋深采用各测试点实测每 5 天的数值，各灌域 4～9 月逐月平均地下水埋深情况如图 6.35 所示。

潜水蒸发量采用《内蒙古河套灌区灌溉排水与盐碱化防治》（第 50～53 页，王伦平和陈亚新编著）提供的计算方法，由水面蒸发量乘以相应土质及地下水埋深对应的系数进行计算，水面蒸发按与测试地下水埋深相应日期内数值累加。潜水蒸发与水面蒸发相关系数见表 6.31。

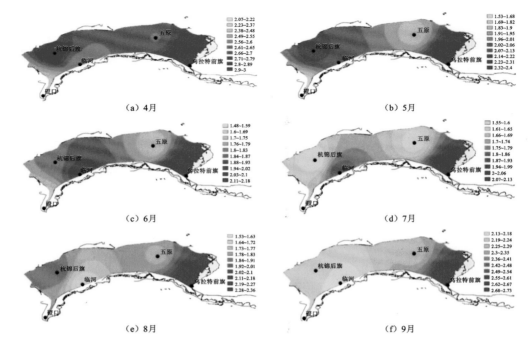

图 6.35 河套灌区 4～9 月逐月平均地下水埋深情况分布(单位:m)

表 6.31 潜水蒸发与水面蒸发相关系数

土壤类型	不同地下水埋深下的相关系数				
	0.5 m	1 m	1.5 m	1.8 m	2.5 m
砂壤土	0.874	0.840	0.660	0.578	0.367
黏土	0.617	0.492	0.479	0.403	−0.542

通过对水量平衡计算的各试验区结果统计平均计算出各灌域主要作物的净灌溉定额如图 6.36 所示,从图中可以看出,利用水量平衡计算的各灌域不同作物净灌溉定额,小麦相差不

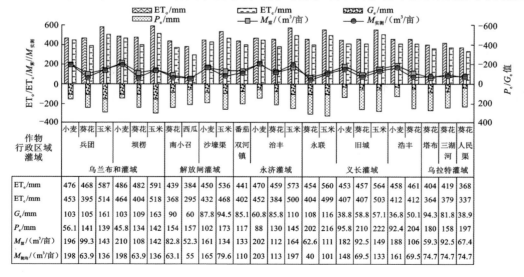

图 6.36 各灌域水量平衡与田间实测法计算田间水净灌溉定额

大,这与前面实测法计算结果规律一致。总体来看,两种方法计算出的各灌域作物的净灌溉定额个别相差较大,相差较大的主要因素是 2012 年受降雨的影响没有适时灌溉,永济灌域年降雨量为 208 mm,而解放闸灌域为 275 mm,义长灌域为 371 mm。

2) 河套灌区各灌域的净灌溉用水量计算

河套灌区各灌域净灌溉用水量根据第 3 章介绍的计算方法知,利用作物灌溉面积与其田间测试点数据使用水量加权法推求各个灌域的灌溉定额,从而求得各灌域净灌溉用水量,秋浇的净灌溉定额按照 100 m³/亩～110 m³/亩计算,计算结果见表 6.32。河套灌区各灌域不同作物种植面积及灌溉面积见表 6.33。

表 6.32　河套灌区各灌域净灌溉用水量计算成果的对比

灌域名称	净灌溉用水总量/万 m³	
	田间实测土壤含水率法	水量平衡方程计算法
乌兰布和灌域	22 034.86	21 590.37
解放闸灌域	45 032.05	44 051.91
永济灌域	33 013.86	31 868.27
义长灌域	43 197.92	41 566.84
乌拉特灌域	13 309.21	13 613.20
河套灌区	156 587.90	152 690.59

表 6.33　河套灌区各灌域作物面积　　　　　　　（单位:万亩）

灌域名称	作物名称及种植面积						秋浇面积
	小麦	玉米	葵花	套种	其他	种植合计	
乌兰布和灌域	7.50	24.71	17.70	4.69	40.27	94.87	72.27
解放闸灌域	48.80	44.37	46.22	25.33	21.78	186.50	185.38
永济灌域	22.63	48.34	42.25	3.32	47.04	163.58	142.07
义长灌域	13.12	43.14	150.37	17.96	50.14	274.73	212.15
乌拉特灌域	0.33	27.41	49.94	0.96	39.17	117.81	61.06
河套灌区	92.38	187.97	306.48	52.26	198.40	837.49	672.93

2. 灌溉引水量的统计分析

五个灌域的总毛灌溉用水量见表 6.34。灌区引水量根据黄河水利委员会提供的河套灌区总引水量、退水量和泄水量数据,结合灌区降雨形成的洪水及总排干的排污退水量数据计算出灌区灌溉净引水量。

表 6.34　五个灌域的总毛灌溉用水量　　　　　　　（单位:万 m³）

名称	乌兰布和灌域	解放闸灌域	永济灌域	义长灌域	乌拉特灌域	河套灌区
年引水量	51 782.6	103 971.10	73 680.50	97 354.10	32 385.80	558 236.30
泄水量						179 983.47
分洪排污退水量		2 626.29	1 513.26	1 853.04	709.84	6 702.43
净引水量	51 782.6	101 344.81	72 167.24	95 501.06	31 675.96	371 550.40

3. 基于首尾测算分析法的不同尺度灌溉水利用系数的计算与分析

传统灌溉水利用系数的测算,一是通过实测获得不同级别典型渠道的渠道水有效利用系数,加权平均得到灌区干渠、支渠、斗渠、农渠各级渠道的渠系水利用系数;二是通过测量典型田块的田间水利用系数得到田间灌溉水利用系数,然后用系数连乘的方法得出灌溉水利用系数。传统测算方法主要存在以下困难和问题:一是测定工作量大;二是测试条件要求严格,实际测量中难以满足;三是对测试手段和技术人员需求高;四是典型测量获得的灌溉水利用系数的代表性差。

为了避免传统测算方法存在的上述困难与问题,为便于分析汇总,点面结合,提高测算分析的规范性和可操作性,同时又为满足提高灌溉水利用系数测算精度的要求,在总结以往研究成果与经验的基础上,本次测算灌溉水利用系数统一采用首尾测算分析法。

根据第 3 章给出的首尾测算分析法相关公式,计算出河套灌区灌域尺度上的灌溉水利用系数,其结果见表 6.35。

表 6.35　河套灌区灌域和灌区不同尺度灌溉水利用系数计算成果

尺度	计算方法	净灌溉用水总量/万 m³		毛灌溉用水总量/万 m³	灌域种植面积/万亩	首尾法计算灌溉水利用系数		
		田间实测计算法	水量平衡计算法			田间实测法	水量平衡法	相对误差/%
乌兰布和灌域		22 034.86	21 590.37	51 782.60	94.87	0.425 5	0.416 9	2.02
解放闸灌域		45 032.05	44 051.91	101 344.81	186.50	0.444 3	0.434 7	2.16
永济灌域		33 013.86	31 868.27	72 167.24	163.58	0.457 5	0.441 6	3.48
义长灌域		43 197.92	41 566.84	95 501.06	274.73	0.452 3	0.435 3	3.75
乌拉特灌域		13 309.21	13 613.20	31 675.96	117.81	0.420 2	0.429 8	−2.28
总干渠合计		134 553.05	131 100.22	300 689.07	742.62	0.447 5	0.436 0	2.57
总干渠	面积加权					0.422 5	0.411 7	2.56
	水量加权					0.426 3	0.415 0	2.65
河套灌区	面积加权					0.422 8	0.412 7	2.39
	水量加权					0.426 2	0.415 2	2.58
河套灌区直接首尾法		156 587.90	152 690.59	371 494.53	837.49	0.421 5	0.411 0	2.49

注:总干渠渠道水利用系数为 0.940 5。

在计算河套灌区灌溉水利用系数时,利用了各灌域灌溉水利用系数加权和河套灌区直接首尾法两种方法,灌域加权时,考虑到乌兰布和灌域是在沈乌干渠上引水,而不在总干渠口上引水,故在加权计算河套灌区灌溉水利用系数时,先将解放闸灌域、永济灌域、义长灌域、乌拉特灌域四个灌域灌溉水有效利用系数分别进行面积和水量加权,然后乘以总干渠渠道水利用系数 0.940 5,再与乌兰布和灌域进行加权,加权后的最终值即为全灌区灌溉水利用系数,结果见表 6.35。

由前述分析可知,田块面积严重影响灌水效率,自上游至下游田块面积递增,由图 6.37 可以看出,河套灌区灌溉水利用系数总体自上游至下游呈现下降趋势,乌兰布和灌域虽然在上游,但由于其土质砂性较大,因此灌溉水利用系数相对较低。由水量与面积的权重可以看出,上游水量权重大而下游面积权重大,究其原因:一是种植结构不同,上游主要以小麦、玉米、葵花为主,其中小麦、玉米耗水较葵花多,而下游灌域主要以葵花为主;二是降雨不同,上游乌兰布和灌域降雨量为219.5mm、解放闸灌域为275mm、永济灌域为208mm,而下游义长灌域降雨量为371.1mm、乌拉特灌域为317.9mm。

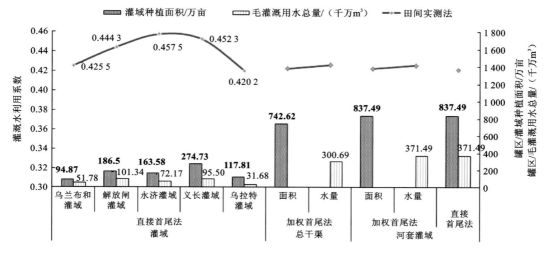

图6.37 不同尺度灌溉水利用系数对比

由表6.35可知,实测法和水量平衡法的水量加权的河套灌区灌溉水利用系数平均值分别为0.4262和0.4152,而直接首尾法的计算结果为0.4215,两种计算结果相差不大,但对于河套灌区来说,灌区面积大,灌域多,利用水量加权平均的办法可能更符合实际。本次测试计算结果较原有的灌溉水利用系数0.364(2002年测试结果,2005年水资源规划结果)0.364有了明显提高。提高的主要原因是近年来灌区节水工程投资大幅度增加。投资对灌溉水效率的具体影响见第7章的分析。虽然河套灌区本次测算结果比《节水灌溉技术规范》(SL207-98)(水利部农村水利司,1998)规定的大型灌区灌溉水利用系数0.50要低,但是灌区作为一个特大型灌区,在节水改造没有完成之际,目前的测试结果基本符合灌区实际。

6.1.4 渠系水利用系数

渠系水利用系数是刻画各级渠道工作状况和灌溉管理水平的重要指标,反映了从渠首到农渠之间各级输配水渠道输水的综合利用率,其大小取决于各级渠道水利用系数的数值。关于灌溉渠系水利用系数的计算方法,目前常用的有两种:一种方法是传统的用各级渠道水利用系数相乘来表示;另一种方法是用灌区或灌域灌溉水有效利用系数与田间水利用系数的比值反算求得,即为首尾测算反算法。

各灌域渠系水利用系数及连乘法计算的河套灌区渠系水利用系数结果见表6.36。

表6.36 连乘法渠系水利用系数汇总

渠道类别	总干渠	干渠	分干渠	支渠	斗渠	农渠
渠道水利用系数	0.9405	0.8241	0.7892	0.8976	0.9284	0.9416
渠系水利用系数(连乘法)			0.4800(渠系加权连乘)/0.4777(灌域面积加权)			

注:干渠、分干渠、支渠、斗渠、农渠的渠道水利用系数是通过五灌域典型渠道的流量加权计算而得

大量的研究结果表明,对于大型灌区来说,采用传统的各级渠道连乘的方法计算渠系水利用系数是偏于保守的。原因是灌区存在大量的越级渠道,但是,开展不同灌域、不同级别渠道数量、控制灌溉面积的调查统计是一个十分庞大的任务,希望在今后开展专门的研究。为回避灌区渠系级别复杂、工程条件差异性等问题,本书提出了渠系水利用系数的反算法,可以回避渠系复杂组成的影响,如果首尾法测试的灌溉水利用系数、田间水利用系数测试较为准确,这种方法还是具有较高的可信度。全灌区的灌溉水利用系数($\eta_{灌溉水}$)为田间所需的净水量与渠首引入水量之比,或等于渠系水利用系数与田间水利用系数的乘积。公式表示如下:

$$\eta_{灌溉水} = Q_{田} / Q_{渠首引} = \eta_{渠系} \times \eta_{田} \tag{6.7}$$

在计算河套灌区渠系水利用系数时,采用对各灌域反算的渠系水利用系数进行加权和利用河套灌区加权出的灌溉水利用系数及田间水利用系数直接反算两种方法。灌域加权时,同灌溉水利用系数一样,先将解放闸灌域、永济灌域、义长灌域、乌拉特灌域四个灌域的渠系水利用系数进行面积和水量加权,然后乘以总干渠渠道水利用系数0.940 5,再与乌兰布和灌域进行加权,加权后的最终值即为全灌区渠系水利用系数。从水量和面积加权结果可以看出,两者计算结果较为接近,但是参考国外相关研究成果,在各典型灌区或者各类灌区之间,只有亩均毛灌溉水量或亩均引水流量相同时,才能用面积加权。这就要求各典型灌域、灌区之间的种植结构、渠系分布及用水管理水平接近,只有这样才可以采用面积加权方法。引黄灌区范围大,引水条件、工程条件、种植结构、管理水平等均有较大差异,因此,面积加权法与水量加权法和流量加权法相比,其结果一般有偏差。综上分析,引黄灌区灌溉水效率测试结果以水量加权法为准。

利用首尾测算反算法计算的河套灌区及各灌域渠系水利用系数结果见表6.37与图6.38。

表 6.37 反算法渠系水利用系数汇总

尺度	计算方法	田间水利用系数	灌溉水利用系数		各灌域引水量/万 m³	灌域种植面积/万亩	反算渠系水利用系数	
			田间实测法	水量平衡法			田间实测法	水量平衡法
乌兰布和灌域		0.818 9	0.425 5	0.416 9	51 782.60	94.87	0.519 6	0.509 1
解放闸灌域		0.834 7	0.444 3	0.434 7	101 344.81	186.50	0.532 3	0.520 8
永济灌域		0.823 6	0.457 5	0.441 6	72 167.24	163.58	0.555 4	0.536 2
义长灌域		0.813 0	0.452 3	0.435 3	95 501.06	274.73	0.556 4	0.535 4
乌拉特灌域		0.795 9	0.420 2	0.429 8	31 675.96	117.81	0.527 9	0.540 0
总干渠（加权）	面积加权	0.818 1	0.422 5	0.411 7	300 689.07	837.49	0.545 6	0.532 6
	水量加权	0.821 1	0.426 3	0.415 0			0.545 1	0.531 1
河套灌区（加权）	面积加权	0.818 2	0.422 8	0.412 7			0.516 8	0.503 3
	水量加权	0.826 5	0.426 2	0.415 2			0.519 3	0.505 4
	建议采用值		0.424 5	面积水量平均			0.518 1	0.504 3

由上述分析可知,通过连乘法算的渠系水利用系数0.48要明显低于反算法推求的渠系水利用系数。本次推算出的渠系水利用系数0.518 1比1999年《内蒙古河套灌区续建配套与节水工程改造》中的渠系水利用系数0.42有了大幅度提高,但距离规划目标的0.644还有较大差距。田间水利用系数也由0.71提高到了0.82,说明河套灌区自2000年以来,节水工程的

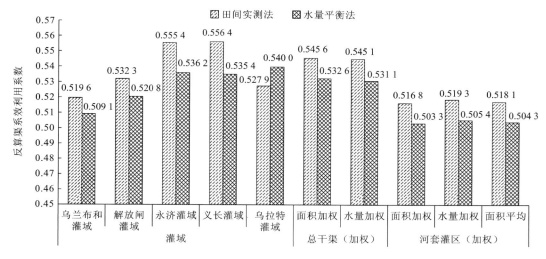

图 6.38　河套灌区渠系水利用系数对比

投资对于灌区效率的提高起到了决定性作用。经统计，河套灌区自大型灌区节水改造以来，截至 2013 年先后投入节水建设资金 66.28 亿元，其中渠道衬砌总长度达 5 622.96 km，其中骨干渠道衬砌达 586.94 km，骨干渠道衬砌率达到了 29.4%，田间渠道的衬砌率也有了明显提高。具体灌区节水投资及工程建设规模见表 6.38。具体节水工程改造对渠系水利用效率、灌溉水利用效率、渠道水利用效率的影响见第 7 章。

表 6.38　河套灌区渠道衬砌与节水改造统计表（2013）

渠道级别	渠道长度/km	衬砌长度/km	衬砌率/%	建筑物配套/座	畦田改造/万亩
总干渠	186	20.5	10.75		
干渠、分干渠	1 877	586.9	31.27		
支渠	2 571	321.7	12.51		
斗渠	5 266	2 100.4	39.89		
农渠	15 508	2 613.4	16.85		
河套灌区	25 408	5 642.46	22.21	41 376.13	303.31

6.2　黄河南岸灌区灌溉水利用系数计算分析与评估

6.2.1　典型测试渠道水利用系数

1. 典型渠道测试工作完成情况

鄂尔多斯黄河南岸灌区受山洪沟和沙丘阻隔，灌区不连续。从 2005 年起，黄河南岸灌区开展水权转换暨现代农业高效节水工程，截至 2012 年，灌区上游以黄河自流灌溉为主，下游以扬水灌溉为主，大部分渠道都已衬砌，本次测试分别在灌区上游、下游各选择典型渠道进行渠道水利用系数测试。其中灌区上游选择南干渠、林场支渠、左一斗渠作为典型测试渠道，下游选择昭君坟东干渠、南五支渠、六斗渠作为典型测试渠道，测验具体情况如下，由设计部门提供的衬砌渠道的水力要素见表 6.39。

表 6.39 各渠道基本水力要素

渠道名称	设计流量 $Q/(m^3/s)$	底宽 b/m	水深 h/m	比降 i	边坡 m	断面形式
南干渠	40.0	16.10	2.00	1/4 000	1.75	
林场支渠	5.0	2.97	0.92	1/4 000	1.50	
左一斗渠	0.8	0.85	0.64	1/2 000	1.50	梯形断面
东干渠	3.4	2.10	1.24	1/5 000	1.50	
南五支渠	2.2	1.25	1.30	1/4 500	1.50	
六斗渠	0.3	0.40	0.45	1/3 000	1.50	

1）南干渠

上游南干渠贯穿昌汉白灌域、牧业灌域、巴拉亥灌域、建设灌域、独贵塔拉灌域,衬砌 190 km,断面为梯形,衬砌为 C20 与 F200 预制混凝土板衬砌。

南干渠一水上游测流断面水面宽 17.06 m,平均水深 1.4 m,下游断面水面宽 21.7 m,平均水深 1.45 m;秋浇上游测流断面水面宽 22 m,平均水深 1.73 m,下游断面水面宽 21.4 m,平均水深 1.5 m,故均采用两点法进行测流。一水、秋浇两个测次上下游断面平均每 20 min 测试一次,分别测试 7 次,一水及秋浇有效测次均为 3 次。

2）林场支渠

林场支渠位于巴拉亥灌域,全长 8.084 km,渠道全部衬砌,控制面积 22 443 亩,从南干渠 40 闸处引水,断面为梯形,衬砌为 C20 与 F200 预制混凝土板衬砌。

林场渠一水时上游测流断面水面宽 4.9 m,平均水深 0.55 m,下游断面水面宽 4.7 m,平均水深 0.36 m;二水时上游测流断面水面宽 5.5 m,平均水深 0.84 m,下游测流断面水面宽 5.82 m,平均水深 0.97 m;秋浇时上游测流断面水面宽 5 m,平均水深 0.78 m,下游断面水面宽 5.64 m,平均水深 0.91 m,故三个测次上下游断面均采用一点法进行测流。三个测次上下游断面平均每 10 min 测流 1 次,分别测试 10 次,一水及二水有效测次均为 3 次,秋浇有效测次 5 次。

3）左一斗渠

左一斗渠是林场支渠的下级渠道,全长 2.695 km,控制面积 2 707 亩,渠道全部衬砌,断面为梯形,衬砌为全断面混凝土面板加聚乙烯膜料防渗。

左一斗渠一水时上游测流断面水面宽 3.3 m,平均水深 0.89 m,下游断面水面宽 3.16 m,平均水深 0.56 m;秋浇时上游测流断面水面宽 3.1 m,平均水深 0.77 m,下游断面水面宽 3.1 m,平均水深 0.68 m,故两个测次上游、下游断面均采用一点法进行测流,平均每 20 min 测流 1 次,分别测试 10 次,有效测次均为 6 次。根据上游、下游的测流数据绘制上游、下游断面流量过程线。

4）东干渠

东干渠位于下游昭君坟灌域,昭君坟扬水站扬水后经后池分别进入总干西渠和总干东渠,两条渠平行布置,全长均为 0.961 km。东干渠以总干东渠终点为起始点,由西向东全长 6.08 km,全部衬砌,灌溉面积 53 839 亩。

东干渠秋浇上游测流断面水面宽 6.84 m,平均水深 0.8 m,下游断面水面宽 6.4 m,平均水深 0.71 m,故均采用一点法进行测流。上游、下游分别测试 12 次,有效测次为 5 次。

5）南五支渠

南五支渠为东干渠下级渠道,在东干渠 2.31 km 处开口引水,全长 4.8 km,控制面积为

20 342亩。

南五支渠一水上游测流断面水面宽 3.8 m,平均水深 0.52 m,下游断面水面宽 3.45 m,平均水深 0.54 m;秋浇上游测流断面水面宽 4.2 m,平均水深 0.62 m,下游断面水面宽 4.4 m,平均水深 0.67 m,故均采用一点法进行测流。两个测次上游、下游断面分别测试 10 次,一水及秋浇有效测次均为 4 次。

    6)六斗渠

六斗渠位于树林召灌域,全长 3 km,渠道未衬砌。六斗渠一水时上游测流断面水面宽 5.26 m,平均水深 0.63 m,下游断面水面宽 3.6 m,平均水深 0.51 m;二水时上游测流断面水面宽 5.5 m,平均水深 0.7 m,下游断面水面宽 3.9 m,平均水深 0.6 m,故两个测次上游、下游断面均采用一点法进行测流。两个测次均测试 10 次,有效测次均为 4 次。

各渠道测流断面垂线布设见表 6.40。

表 6.40　各渠道测速垂线布设情况

渠道名称	测次	测流断面	垂线数	处理	长度/m
南干渠	一水	1	8	衬砌	21 000
		2	10		
	秋浇	1	12	衬砌	41 000
		2	12		
林场支渠	一水	1	5	衬砌	1 461
		2	3		
	二水	1	5	衬砌	1 461
		2	5		
	秋浇	1	5	衬砌	1 461
		2	5		
左一斗渠	一水	1	5	衬砌	950
		2	5		
	秋浇	1	3	衬砌	500
		2	3		
东干渠	秋浇	1	5	衬砌	3 000
		2	5		
南五支渠	一水	1	3	衬砌	1 680
		2	3		
	秋浇	1	5	衬砌	721
		2	5		
六斗渠	一水	1	5	未衬砌	912
		2	3		
	二水	1	5	未衬砌	912
		2	3		

上游、下游断面测流数据见表 6.41。

表 6.41　各渠道测流数据

渠道名称	测次	测流断面	测次	流速/(m/s)	流量/(m³/s)
南干渠	一水	上游断面	1	0.710 9	19.174 1
			2	0.725 0	19.552 8
			3	0.715 1	19.286 2
		下游断面	1	0.641 4	17.922 9
			2	0.631 7	18.210 0
			3	0.670 5	18.771 1
	秋浇	上游断面	1	1.605 0	43.066 6
			2	1.555 0	41.723 6
			3	1.571 4	42.163 4
		下游断面	1	1.196 9	39.047 2
			2	1.150 2	37.522 3
			3	1.161 0	37.876 2
林场支渠	一水	上游断面	1	0.365 3	0.534 4
			2	0.526 0	0.953 7
			3	0.511 4	0.962 9
		下游断面	1	0.220 1	0.506 6
			2	0.302 5	0.874 8
			3	0.320 9	0.952 8
	二水	上游断面	1	0.827 5	2.830 2
			2	0.852 2	2.914 6
			3	0.824 9	2.821 2
		下游断面	1	0.671 1	2.758 2
			2	0.697 1	2.865 0
			3	0.671 6	2.760 1
	秋浇	上游断面	1	0.884 0	2.747 7
			2	0.872 8	2.712 8
			3	0.848 5	2.637 3
			4	0.835 8	2.597 8
			5	0.830 3	2.580 8
		下游断面	1	0.735 1	2.681 9
			2	0.728 8	2.685 9
			3	0.712 1	2.597 9
			4	0.695 3	2.536 6
			5	0.693 5	2.528 9

渠道名称	测次	测流断面	测次	流速/(m/s)	流量/(m³/s)
左一斗渠	一水	上游断面	1	0.466 6	0.924 5
			2	0.455 6	0.902 7
			3	0.465 5	0.934 7
			4	0.458 2	0.932 2
			5	0.445 5	0.906 4
			6	0.463 4	0.942 7
		下游断面	1	0.744 6	0.885 2
			2	0.730 8	0.868 8
			3	0.765 3	0.909 8
			4	0.753 4	0.895 7
			5	0.739 7	0.879 3
			6	0.762 3	0.906 3
	秋浇	上游断面	1	0.212 2	0.306 7
			2	0.222 6	0.321 8
			3	0.227 8	0.329 3
			4	0.225 8	0.326 5
			5	0.224 8	0.325 0
			6	0.223 9	0.323 6
		下游断面	1	0.216 1	0.301 1
			2	0.227 2	0.316 6
			3	0.232 5	0.324 0
			4	0.231 3	0.322 3
			5	0.229 7	0.320 1
			6	0.226 5	0.315 6
东干渠	秋浇	上游断面	1	1.290 5	5.549 0
			2	1.270 1	5.461 5
			3	1.236 9	5.318 6
			4	1.210 0	5.203 0
		下游断面	1	1.280 1	4.736 4
			2	1.277 0	4.724 9
			3	1.279 7	4.735 0
			4	1.290 5	4.774 8

渠道名称	测次	测流断面	测次	流速/(m/s)	流量/(m³/s)
南五支渠	一水	上游断面	1	0.542 4	0.793 5
			2	0.583 8	0.854 1
			3	0.579 9	0.848 5
			4	0.562 6	0.823 1
		下游断面	1	0.571 4	0.787 1
			2	0.562 8	0.775 2
			3	0.543 8	0.749 0
			4	0.545 5	0.751 5
	秋浇	上游断面	1	1.079 4	2.531 2
			2	1.094 9	2.567 4
			3	1.080 5	2.533 7
			4	1.071 7	2.513 1
		下游断面	1	0.972 8	2.503 7
			2	0.973 6	2.505 9
			3	0.966 1	2.486 6
			4	0.970 4	2.497 5
六斗渠	一水	上游断面	1	0.391 2	0.488 2
			2	0.398 2	0.497 0
			3	0.374 2	0.467 0
			4	0.411 2	0.513 2
		下游断面	1	0.362 9	0.452 9
			2	0.372 4	0.464 8
			3	0.361 0	0.450 5
			4	0.351 2	0.438 4
	二水	上游断面	1	0.267 8	0.716 3
			2	0.277 3	0.741 8
			3	0.284 7	0.792 8
			4	0.296 9	0.826 7
		下游断面	1	0.412 6	0.698 7
			2	0.410 0	0.694 2
			3	0.418 7	0.709 0
			4	0.428 7	0.725 9

2. 测试渠道测试结果的变异性评价与置信区间的估计结果

根据数理统计的评价方法,利用计算机软件对测试数据进行评价,结果如表 6.42 所示。

表 6.42 渠道水利用系数的数理统计分析

渠道名称	测流时间	测次	毛流量 $Q_毛$ /(m³/s)	净流量 $Q_净$ /(m³/s)	效率 μ_i/%	样本均值 $\mu_均$	标准差 S	区间下限/%	区间上限/%	调和均数 $E_调$/%	C_v变异系数/%	变异程度
南干渠	一水	1	19.17	17.92	93.50	94.65	2.33	88.86	99.99	94.60	2.46	弱变异
		2	19.55	18.21	93.10							
		3	19.29	18.77	97.30							
	秋浇	1	43.07	39.05	90.70	90.14	0.46	89.01	91.28	90.15	0.51	弱变异
		2	41.72	37.52	89.90							
		3	42.16	37.88	89.80							
林场支渠	二水	1	2.83	2.76	97.50	97.86	0.42	96.81	98.91	97.87	0.43	弱变异
		2	2.91	2.87	98.30							
		3	2.82	2.76	97.80							
	秋浇	1	2.75	2.68	97.60	97.95	0.36	97.50	98.40	97.95	0.37	弱变异
		2	2.71	2.66	98.00							
		3	2.64	2.60	98.50							
		4	2.60	2.54	97.60							
		5	2.58	2.53	98.00							
左一斗渠	一水	1	0.92	0.89	95.70	96.43	0.62	95.78	97.07	96.42	0.64	弱变异
		2	0.90	0.87	96.20							
		3	0.93	0.91	97.30							
		4	0.93	0.90	96.10							
		5	0.91	0.88	97.00							
		6	0.94	0.91	96.10							
	秋浇	1	0.31	0.30	98.20	98.29	0.41	97.85	98.72	98.29	0.42	弱变异
		2	0.32	0.32	98.40							
		3	0.33	0.32	98.40							
		4	0.33	0.32	98.70							
		5	0.32	0.32	98.50							
		6	0.32	0.32	97.50							
东干渠	秋浇	1	5.55	4.74	85.36	88.17	2.85	83.63	92.70	88.04	3.23	弱变异
		2	5.46	4.72	86.51							
		3	5.32	4.74	89.03							
		4	5.20	4.77	91.77							
南五支渠	一水	1	0.82	0.79	96.07	91.60	3.25	86.43	96.78	91.48	3.55	弱变异
		2	0.85	0.78	90.76							
		3	0.85	0.75	88.28							
		4	0.82	0.75	91.30							
	秋浇	1	2.53	2.50	98.92	98.51	0.79	97.25	99.77	98.50	0.80	弱变异
		2	2.57	2.51	97.60							
		3	2.53	2.49	98.14							
		4	2.51	2.50	99.38							

渠道名称	测流时间	测次	毛流量 $Q_{毛}$ /(m³/s)	净流量 $Q_{净}$ /(m³/s)	效率 μ_i/%	样本均值 $\mu_{均}$	标准差 S	区间下限/%	区间上限/%	调和均数 $E_{调}$/%	C_v变异系数/%	变异程度
六斗渠	一水	1	0.49	0.45	92.76	92.7	3.50	87.13	98.27	92.54	3.78	弱变异
		2	0.50	0.46	93.52							
		3	0.47	0.45	96.48							
		4	0.50	0.44	88.03							
	二水	1	0.72	0.70	97.54	92.09	4.38	85.13	99.05	91.73	4.75	弱变异
		2	0.74	0.69	93.58							
		3	0.79	0.71	89.44							
		4	0.83	0.73	87.80							

1）南干渠

通过对南干渠两次测流资料的合理性检查、分析整理,变异系数分别为2.46%、0.51%,变异程度为弱变异,置信区间分别为[88.86%,99.99%]和[89.01%,91.28%],所测数据均满足要求。

2）林场支渠

通过对林场支渠两次测流资料的合理性检查、分析整理,变异系数分别为0.43%、0.37%,变异程度为弱变异,置信区间分别为[96.81%,98.91%]和[97.50%,98.40%],秋浇的第三次测流数据不满足要求,在计算渠道水利用系数时应删除。

3）左一斗渠

通过对左一斗渠两次测流资料的合理性检查、分析整理,变异系数分别为0.64%、0.42%,变异程度为弱变异,置信区间分别为[95.78%,97.07%],[97.85%,98.72%],测试数据均满足要求。

4）东干渠

通过对东干渠秋浇测流资料的合理性检查、分析整理,所测数据变异系数为3.23%,为弱变异,置信区间为[83.63%,92.70%],测试数据均满足要求。

5）南五支渠

通过对南五支渠测流资料的合理性检查、分析整理,两次测流数据变异系数分别为3.55%、0.8%,为弱变异,置信区间为[86.43%,96.78%]和[97.25%,98.50%],所测数据均满足要求。

6）六斗渠

通过对六斗渠测流资料的合理性检查、分析整理,两次测流数据变异系数分别为3.78%、4.75%,为弱变异,置信区间为[87.13%,98.27%]和[85.13%,99.05%],所有数据均为有效数据。

3. 南干渠渠道水利用系数计算

将南干渠测流资料进行汇总,计算单位长度损失流量,结果见表6.43和表6.44。

表6.43 南干渠一水测流数据

测次	水深 H/m	上断面流量 Q_1/(m³/s)	下断面流量 Q_2/(m³/s)	损失量 $Q_{损}$/(m³/s)	渠道水利用系数	1 km损失量 /(m³/s)	1 km利用系数	渠长损失率 σ
1	1.425	19.174 1	17.922 9	1.251 2	0.934 7	0.059 6	0.996 9	0.003 3
2	1.425	19.552 8	18.210 0	1.342 8	0.931 3	0.063 9	0.996 7	0.003 5
3	1.425	19.286 2	18.771 1	0.515 1	0.973 3	0.024 5	0.998 7	0.001 3
平均	1.425	19.337 7	18.301 3	1.036 4	0.946 5	0.049 3	0.997 4	0.002 7

表 6.44　南干渠秋浇测流数据

测次	水深 H/m	上断面流量 $Q_1/(m^3/s)$	下断面流量 $Q_2/(m^3/s)$	损失量 $Q_损/(m^3/s)$	渠道水利用系数	1 km 损失量 $/(m^3/s)$	1 km 利用系数	单位渠长损失率 σ
1	1.615 0	43.066 6	39.047 2	4.019 4	0.906 7	0.098 0	0.997 7	0.002 5
2	1.615 0	41.723 6	37.522 3	4.201 3	0.899 3	0.102 5	0.997 5	0.002 7
3	1.615 0	42.163 4	37.876 2	4.287 2	0.898 3	0.104 6	0.997 5	0.002 8
平均	1.615 0	42.317 9	38.148 6	4.169 3	0.901 4	0.101 7	0.997 6	0.002 7

由表 6.43、表 6.44 可知，一水时南干渠 1 km 损失量为 0.049 3 m^3/s，1 km 利用系数为 0.997 4，单位渠长损失率 σ 为 0.002 7；秋浇时 1 km 损失量为 0.101 7 m^3/s，1 km 渠道水利用系数为 0.997 6，单位渠长损失率 σ 为 0.002 7。根据以上结果可知，南干渠两次测流单位渠长损失率 σ 平均值为 0.002 7。根据积分法，利用已编制的 VB 程序计算南干渠渠道水利用系数，南干渠渠道的基本资料见表 6.45。

表 6.45　南干渠渠道控制面积

渠名	灌溉面积/亩	渠名	灌溉面积/亩
公委支渠	300	南一支渠	3 530
牧业干渠	20 000	北三支渠	350
巴拉亥一支渠	12 000	南三支渠	130
巴拉亥二支渠	7 000	北二支渠	260
林场支渠	6 000	南二支渠	270
公委南支渠	500	红旗南二支	8 237
渔场支渠	300	草原渠	340
新林场支渠	300	红旗南一支	6 755
马头湾支渠	960	红五渠	345
六十四闸南支渠	1 100	杨树二社渠	240
乌兰宿亥南一斗	1 400	河头渠	300
乌兰宿亥南二斗	1 600	杨虎城直拔渠	500
乌兰宿亥南三斗	1 800	朝三毛直拔渠	200
巴拉亥南支渠	1 000	永胜南支渠	325
巴拉亥北支渠	1 000	六分渠	268
羊场直斗渠	1 601	九闸南一直斗渠	30
八十三闸北直斗渠	500	九闸南二直斗渠	100
右一斗渠	363	九闸北三直斗渠	45
农场渠	8 220	九闸北四直斗渠	3 040
建设分干	54 320	九闸北五直斗渠	500
牧场渠	2 550	南一支渠	3 040
六八渠	3 320	南二支渠	2 900
北直拔口	410	南四支渠	1 300
北直斗	1 605	南一直拔	310
南一直拔口	1 500	北一直拔	70
光茂支渠	4 017	北二直拔	150
鱼池直拔渠	34	北三直拔	260
北一支渠	5 240	独贵塔拉灌域	100 000

南干渠为输水渠道,灌溉方式采用轮灌,将南干渠所有开口渠道根据面积分成四组进行灌溉,采用自下游至上游依次灌溉的方式。计算时渠首流量采用标准流量,标准流量的计算是采用 2012 年的日平均流量资料,进行概率分析,选取累计概率为 85% 的流量数据即为标准流量。由表 6.46 可知,南干渠渠首标准流量为 10 m³/s 时,累计概率为 84%,接近 85%,所以南干渠渠首标准流量选择 10 m³/s。渠道水利用系数计算结果见表 6.47。

表 6.46　南干渠渠首流量概率分析

流量组段/(m³/s)	出现次数/d	频率/%	累计次数/d	累计频率/%
35	16	12	16	12
30	4	3	20	15
25	22	16	42	31
20	17	12	59	43
15	22	16	81	59
10	34	25	115	84
5	21	15	136	99
合计	136			

表 6.47　南干渠渠道水利用系数计算结果

组名	渠段水利用系数	渠道水利用系数
I	0.939 7	
II	0.865 8	
III	0.794 5	0.792
IV	0.751 9	
V	0.608 0	

根据计算出的各个渠段水利用系数,采用面积加权得到整条渠的渠道水利用系数,由表 6.47 可知,南干渠渠道水利用系数为 0.792 0。

4. 林场支渠渠道水利用系数计算

将测流资料进行汇总,汇总结果见表 6.48 和表 6.49。

表 6.48　林场支渠二水测流数据

测次	水深 H/m	上断面流量 Q_1/(m³/s)	下断面流量 Q_2/(m³/s)	损失量 $Q_损$/(m³/s)	渠道水利用系数	1 km 损失量 /(m³/s)	1 km 利用系数	单位渠长损失率 σ
1	0.905	2.830 2	2.758 2	0.072 0	0.974 5	0.049 3	0.982 6	0.017 9
2	0.905	2.914 6	2.865 0	0.049 6	0.983 0	0.034 0	0.988 3	0.011 9
3	0.905	2.821 2	2.760 1	0.061 1	0.978 3	0.041 8	0.985 2	0.015 2
平均	0.905	2.855 3	2.794 4	0.060 9	0.978 6	0.041 7	0.985 4	0.015 0

表 6.49　林场支渠秋浇测流数据

测次	水深 H/m	上断面流量 Q_1/(m³/s)	下断面流量 Q_2/(m³/s)	损失量 $Q_损$/(m³/s)	渠道水利用系数	1 km 损失量 /(m³/s)	1 km 利用系数	单位渠长损失率 σ
1	0.845	2.747 7	2.681 9	0.065 8	0.976 1	0.045 0	0.983 6	0.016 8
2	0.845	2.712 8	2.658 9	0.053 9	0.980 1	0.036 9	0.986 4	0.013 9
3	0.845	2.597 8	2.536 6	0.061 2	0.976 4	0.041 9	0.983 9	0.016 5
4	0.845	2.580 8	2.528 9	0.051 9	0.979 9	0.035 5	0.986 2	0.014 0
平均	0.845	2.659 8	2.601 6	0.058 2	0.978 1	0.039 8	0.985 0	0.015 3

由表 6.48 和表 6.49 可知,二水时林场支渠 1 km 利用系数为 0.985 4,秋浇时 1 km 渠道水利用系数为 0.985 0。根据表 6.48 和表 6.49 的计算结果可知,林场支渠二水时单位渠长损失率 σ 为 0.015 0,秋浇时单位渠长损失率 σ 为 0.015 3,则林场支渠单位渠长损失率平均值为 0.015 2。

利用已编制的 VB 程序计算林场支渠渠道水利用系数,林场支渠基本资料见表 6.50,林场支渠为输水渠道,灌溉方式为轮灌,将林场支渠上的开口渠道分成四组,自下游至上游依次灌溉。由于两次测流流量都比较稳定,且测流断面距渠首距离较近,故渠首流量按平均流量 3 m³/s 计,计算结果见表 6.51。

表 6.50　林场支渠渠道控制面积

渠名	灌溉面积/亩	渠名	灌溉面积/亩
右一斗	1 000	左二斗	240
左一斗	1 200	左三斗	600
右二斗	800	右五斗	100
右三斗	250	右六斗	600
右四斗	700		

表 6.51　林场支渠渠道水利用系数计算结果

组名	渠段水利用系数	渠道水利用系数
I	0.979 6	
II	0.932 4	
III	0.919 3	0.941 8
IV	0.886 3	

根据计算出的各个渠段水利用系数,采用面积加权得到整条渠的渠道水利用系数,由表 6.51 可知,林场支渠的渠道水利用系数为 0.941 8。

5. 左一斗渠渠道水利用系数计算

将测流资料进行汇总,计算左一斗渠渠道水利用系数,汇总结果见表 6.52、表 6.53。

表 6.52　左一斗渠一水测流数据

测次	水深 H/m	上断面流量 Q_1/(m³/s)	下断面流量 Q_2/(m³/s)	损失量 $Q_损$/(m³/s)	渠道水利用系数	1 km 损失量 /(m³/s)	1 km 利用系数	单位渠长损失率 σ
1	0.715	0.924 5	0.885 2	0.039 3	0.957 5	0.043 4	0.953 0	0.049 0
2	0.715	0.902 7	0.868 8	0.033 9	0.962 4	0.037 5	0.958 5	0.043 1
3	0.72	0.934 7	0.909 8	0.024 9	0.973 4	0.027 4	0.970 7	0.030 1
4	0.725	0.932 2	0.895 7	0.036 5	0.960 9	0.040 3	0.956 8	0.044 9
5	0.725	0.906 4	0.879 3	0.027 1	0.970 2	0.029 8	0.967 1	0.033 9
6	0.725	0.942 7	0.906 3	0.036 4	0.961 4	0.040 2	0.957 4	0.044 4
平均	0.720 8	0.923 9	0.890 8	0.033	0.964 3	0.036 4	0.960 6	0.040 9

由表 6.52 和表 6.53 可知,左一斗渠两个重复 1 km 利用系数分别为 0.960 6、0.961 1。根据表 6.52 和表 6.53 的计算结果可知,左一斗渠一水时单位渠长损失率 σ 为 0.040 9,秋浇时

表 6.53 左一斗渠秋浇测流数据

测次	水深 H/m	上断面流量 $Q_1/(m^3/s)$	下断面流量 $Q_2/(m^3/s)$	损失量 $Q_损/(m^3/s)$	渠道水利用系数	1 km损失量 $/(m^3/s)$	1 km利用系数	单位渠长损失率 σ
1	0.725 0	0.306 7	0.301 1	0.005 6	0.981 7	0.012 7	0.958 5	0.042 3
2	0.725 0	0.321 8	0.316 6	0.005 2	0.984 0	0.011 7	0.963 7	0.036 9
3	0.725 0	0.329 3	0.324 0	0.005 3	0.983 9	0.012 0	0.963 5	0.037 1
4	0.725 0	0.326 5	0.322 3	0.004 2	0.987 3	0.009 4	0.971 1	0.029 2
5	0.725 0	0.325 0	0.320 1	0.004 9	0.985 0	0.011 0	0.966 1	0.034 5
6	0.725 0	0.323 6	0.315 6	0.008 0	0.975 3	0.018 1	0.944 0	0.057 4
平均	0.725 0	0.322 1	0.316 6	0.005 5	0.982 9	0.012 5	0.961 1	0.039 6

单位渠长损失率 σ 为 0.039 6,则左一斗渠单位渠长损失率平均值为 0.040 3。

利用已编制的 VB 程序计算左一斗渠渠道水利用系数,左一斗渠基本资料见表 6.54,灌溉方式为轮灌,将左一斗渠上的渠道分成四组,自下游至上游依次灌溉。由于测流断面距渠首距离较近,故渠首流量按平均流量 0.6 m^3/s 计,计算结果见表 6.55。

表 6.54 左一斗渠渠道控制面积

渠名	渠口间距/km	控制面积/亩	渠名	渠口间距/km	控制面积/亩
右一农渠	0.210	200	左一分斗渠	0.070	400
右二农渠	0.190	200	右七农渠	0.045	100
左一农渠	0.360	250	左五农渠	0.150	100
右三农渠			右八农渠	0.040	100
左二农渠	0.400	100	左六农渠	0.170	250
左三农渠	0.180	100	右九农渠		
左四农渠	0.170	250	右十农渠	0.200	157
右四农渠			左七农渠	0.110	100
右五农渠	0.200	100	右十一农渠	0.090	200
右六农渠	0.110	100	右十二农渠		

表 6.55 左一斗渠渠道水利用系数计算结果

组名	渠段水利用系数	渠道水利用系数
I	0.977 3	0.937 0
II	0.939 0	
III	0.925 7	
IV	0.906 6	

根据计算出的各个渠段水利用系数,采用面积加权得到整条渠的渠道水利用系数,由表 6.55可知,左一斗渠的渠道水利用系数为 0.937 0。

6. 东干渠渠道水利用系数计算

将测流资料进行汇总,汇总结果见表 6.56。

表 6.56　东干渠测流数据

测次	水深 H/m	上断面流量 Q_1/(m³/s)	下断面流量 Q_2/(m³/s)	损失量 $Q_损$/(m³/s)	渠道水利用系数	1 km 损失量/(m³/s)	1 km 利用系数	单位渠长损失率 σ
1	0.755	5.549 0	4.736 4	0.812 6	0.853 6	0.270 9	0.951 2	0.057 2
2	0.755	5.461 5	4.724 9	0.736 6	0.865 1	0.245 5	0.955 0	0.052 0
3	0.755	5.318 6	4.735 0	0.583 6	0.890 3	0.194 5	0.963 4	0.041 1
4	0.760	5.203 0	4.774 8	0.428 2	0.917 7	0.142 7	0.972 6	0.029 9
平均	0.756 3	5.383 0	4.742 8	0.640 3	0.881 7	0.213 4	0.960 6	0.045 1

由表 6.56 可知,东干渠 1 km 利用系数为 0.960 6。根据表 6.56 的计算结果可知,东干渠单位渠长损失率 σ 为 0.045 1。利用已编制的 VB 程序计算东干渠渠道水利用系数,东干渠基本资料见表 6.57,东干渠为输水渠道,灌溉方式为轮灌,采用两组轮灌。由于测流时所选择的上游测流断面距离东干渠渠首非常近,所以渠首流量按照上游测流断面流量计算,计算结果见表 6.58。

表 6.57　东干渠渠道控制面积

渠名	渠口间距/km	控制面积/亩
南五支渠	2.31	20 342
北二支渠	2.18	14 104
南六支渠		
北三支渠	1.08	5 566
南七支渠	0.51	7 695
南八支渠		6 132

表 6.58　东干渠渠道水利用系数计算结果

组名	渠段水利用系数	渠道水利用系数
I	0.864 7	0.833 9
II	0.765 7	

由表 6.58 可知,东干渠渠道水利用系数为 0.833 9。

7. 南五支渠渠道水利用系数计算

将测流资料进行汇总,汇总结果见表 6.59、表 6.60。

表 6.59　南五支渠一水测流数据

测次	水深 H/m	上断面流量 Q_1/(m³/s)	下断面流量 Q_2/(m³/s)	损失量 $Q_损$/(m³/s)	渠道水利用系数	1 km 损失量/(m³/s)	1 km 利用系数	单位渠长损失率 σ
1	0.530 0	0.819 3	0.787 1	0.032 2	0.960 7	0.019 2	0.976 6	0.024 4
2	0.530 0	0.854 1	0.775 2	0.078 9	0.907 6	0.047 0	0.945 0	0.060 6
3	0.530 0	0.831 0	0.749 0	0.082 0	0.901 4	0.048 8	0.941 3	0.065 1
4	0.530 0	0.823 1	0.751 5	0.071 6	0.913 0	0.042 6	0.948 2	0.056 7
平均	0.530 0	0.831 9	0.765 7	0.066 2	0.920 7	0.039 4	0.952 8	0.051 7

表 6.60　南五支渠秋浇测流数据

测次	水深 H/m	上断面流量 Q_1/(m³/s)	下断面流量 Q_2/(m³/s)	损失量 $Q_损$/(m³/s)	渠道水 利用系数	1 km 损失量 /(m³/s)	1 km 利用 系数	单位渠长 损失率 σ
1	0.645 0	2.531 2	2.503 7	0.027 5	0.989 2	0.038 0	0.985 0	0.015 2
2	0.645 0	2.567 4	2.505 9	0.061 5	0.976 0	0.085 3	0.966 8	0.034 0
3	0.645 0	2.533 7	2.486 6	0.047 1	0.981 4	0.065 3	0.974 2	0.026 3
4	0.645 0	2.513 1	2.497 5	0.015 6	0.993 8	0.021 7	0.991 4	0.008 7
平均	0.645 0	2.536 4	2.498 4	0.037 9	0.985 1	0.052 6	0.979 4	0.021 1

由表 6.59 和表 6.60 可知,一水时南五支渠 1 km 损失量为 0.039 4 m³/s,1 km 利用系数为 0.952 8;秋浇时 1 km 损失量为 0.052 6 m³/s,1 km 利用系数为 0.979 4。由表计算得出南五支渠单位渠长损失率 σ 为 0.036 4。南五支渠渠道情况见表 6.61,南五支渠为输水渠道,灌溉方式为轮灌,将南五支渠上的渠道分成四组,自下游至上游依次灌溉。由于测流时所选择的上游测流断面距离渠首非常近,所以渠首流量按照上游测流断面流量计算,计算结果见表 6.62。

表 6.61　南五支渠渠道控制面积

渠名	渠口间距/km	控制面积/亩	渠名	渠口间距/km	控制面积/亩
左一斗渠	0.04	3 424	左四斗渠	0.7	2 020
右一斗渠			左五斗渠	0.47	799
左二斗渠	0.73	2 919	左六斗渠	0.58	207 2
右二斗渠			左七斗渠	1.11	195 3
左三斗渠	0.61	2 021	喷灌斗渠	0.56	4 557

表 6.62　南五支渠渠道水利用系数计算结果

组名	渠段水利用系数	渠道水利用系数
I	0.989 6	0.917 9
II	0.941 1	
III	0.901 3	
IV	0.850 3	

由表 6.62 可知,对各渠段水利用系数进行面积加权得到南五支渠渠道水利用系数为 0.917 9。

8. 六斗渠渠道水利用系数计算

将测流资料进行汇总,汇总结果见表 6.63、表 6.64。

表 6.63　六斗渠一水测流数据

测次	水深 H/m	上断面流量 Q_1/(m³/s)	下断面流量 Q_2/(m³/s)	损失量 $Q_损$/(m³/s)	渠道水 利用系数	1 km 损失量 /(m³/s)	1 km 利用 系数	单位渠长 损失率 σ
1	0.570 0	0.488 2	0.452 9	0.035 3	0.927 6	0.038 8	0.920 6	0.085 6
2	0.570 0	0.497 0	0.464 8	0.032 2	0.935 2	0.035 3	0.929 0	0.075 9
3	0.570 0	0.467 0	0.450 5	0.016 5	0.964 8	0.018 0	0.961 4	0.040 0
4	0.570 0	0.498 0	0.438 4	0.059 6	0.880 3	0.065 3	0.868 8	0.149 1
平均	0.570 0	0.487 6	0.451 7	0.035 9	0.927 0	0.039 4	0.920 0	0.087 7

表 6.64 六斗渠二水测流数据

测次	水深 H/m	上断面流量 Q_1/(m³/s)	下断面流量 Q_2/(m³/s)	损失量 $Q_损$/(m³/s)	渠道水利用系数	1 km 损失量 /(m³/s)	1 km 利用系数	单位渠长损失率 σ
1	0.650 0	0.716 3	0.698 7	0.017 6	0.975 4	0.018 9	0.973 6	0.027 0
2	0.650 0	0.741 8	0.694 2	0.047 6	0.935 8	0.051 1	0.931 1	0.073 6
3	0.650 0	0.792 8	0.709 0	0.083 8	0.894 4	0.089 9	0.886 5	0.126 9
4	0.650 0	0.826 7	0.725 9	0.100 8	0.878 0	0.108 3	0.868 9	0.149 3
平均	0.650 0	0.769 4	0.707 0	0.062 5	0.920 9	0.067 1	0.915 0	0.094 2

由表 6.63、表 6.64 可知,六斗渠两个重复 1 km 利用系数分别为 0.920 0 和 0.915 0,由表计算得到六斗渠单位渠长损失率 σ 为 0.091 0。六斗渠为未衬砌渠道,由于资料不全,选择与六斗渠渠道情况相似的渠道作为参考,并与设计部门提供的未衬砌渠道的渠道水利用系数作比较,得出六斗渠渠道水利用系数为 0.86。

9. 渠道衬砌对渠道水利用系数的影响评价

根据设计部门提供的《黄河南岸灌区伊盟南岸大型灌区续建配套与节水改造计划》的调查可知,各级渠道衬砌前的渠道水利用系数见表 6.65。典型渠道测试六斗渠为非衬砌渠道。

表 6.65 各级渠道衬砌前、后渠道水利用系数对比

渠道名称	自流灌区		扬水灌区	
	衬砌前	衬砌后	衬砌前	衬砌后
总干渠	0.65	0.792 0		
干渠			0.78	0.833 9
支渠	0.83	0.941 8	0.83	0.917 9
斗渠	0.85	0.937 0	未衬砌	
			0.85	0.860 0

由于农渠没有进行典型渠道测量,所以通过《鄂尔多斯市黄河南岸灌区续建配套与节水改造可行性研究报告》和河套灌区农渠渠道水利用系数,我们取黄河南岸灌区农渠的渠道水利用系数为 0.95。典型测试渠道六斗渠为非衬砌渠道,但预计下游衬砌工程将于近期完工。若我们参考已经衬砌过的上游斗渠的渠道水利用系数,运用干渠、支渠、斗渠、农渠四级渠道连乘的方法计算出自流灌区渠系水利用系数为 0.664 0,下游扬水灌区渠系水利用系数为 0.681 4。整个黄河南岸灌区的渠系水利用系数水量加权和面积加权后为 0.670 8 和 0.672 2。

由表 6.65 可知,渠道衬砌后,渠道水利用系数明显提高。上游自流灌区干渠渠道水利用系数由 0.65 提高至 0.792 0,提高了 0.142;支渠渠道水利用系数由 0.83 提高至 0.941 8,提高了 0.111 8;斗渠渠道水利用系数由 0.85 提高至 0.937 0,提高了 0.078。下游扬水灌区干渠渠道水利用系数由 0.78 提高至 0.833 9,提高了 0.053 9;支渠渠道水利用系数由 0.83 提高至 0.917 9,提高了 0.087 9,效果明显。典型渠道测试六斗渠为非衬砌渠道,通过测试发现斗渠渠道水利用系数也有所提高。

6.2.2　田间水利用系数

1. 典型田块测试工作完成情况

此次试验共选择典型样点灌域五处,由西至东分别为巴拉亥灌域、建设灌域、独贵塔拉灌域、昭君坟灌域、树林召灌域。然后进行田间典型测试点的选取,每个典型样点灌域田间典型测试点至少分别选取玉米试验田块、葵花试验田块各一处进行田间数据采集。每次灌水前后定点测量 1.2 m 土层六个深度处的土壤含水量,对每个试验田块按上游、中游、下游均匀选取采样点,使用土钻对每个采样点按每层厚度 20 cm 采取土样,共取六层,即 120 cm。在试验田块取水口设置梯形堰量水设施,在实际灌水条件下量测试验田块的各次灌水量。

2. 典型田块选择概况

通过调查得出黄河南岸灌区主要种植作物为玉米及葵花,所以在每个典型测试点均分别选取一处玉米及一处葵花田块作为试验田块。

巴拉亥灌域选择的玉米试验田块坐标为 40°36.36′N、107°17.893′E,面积 3.70 亩;葵花试验田块坐标为 40°36.36′N、107°17.893′E,面积 1.70 亩。

建设灌域选择的玉米试验田块坐标为 40°48.693′N、107°59.504′E,面积 3.05 亩;葵花试验田块坐标为 40°48.693′N、107°59.504′E,面积 1.57 亩。

独贵塔拉灌域选择的玉米试验田块坐标为 40°34.546′N、108°42.576′E,面积 5.32 亩;葵花试验田块坐标为 40°36.648′N、108°42.700′E,面积 16.16 亩。

昭君坟灌域选择的玉米试验田块坐标为 40°29.374′N、109°35.272′E,面积 3.71 亩;葵花试验田块坐标为 40°29.374′N、109°35.272′E,面积 3.53 亩。

树林召灌域选择的玉米试验田块坐标为 40°25.449′N、110°08.659′E,面积 2.144 亩;葵花试验田块坐标为 40°25.447′N、110°08.654′E,面积 1.56 亩。

3. 作物种植结构

在典型灌域中选取典型斗渠控制区作为作物种植结构典型统计区,作物出苗后使用 RTK 对每个典型统计区不同作物所占面积进行测量和统计,并绘制作物种植结构分布图,各典型灌域作物种植结构分布见图 6.39。

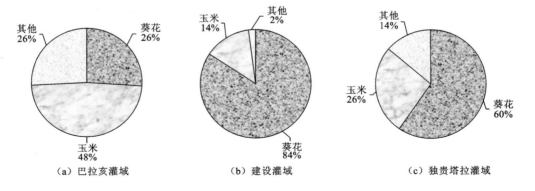

图 6.39　各灌域典型统计区作物种植结构分布

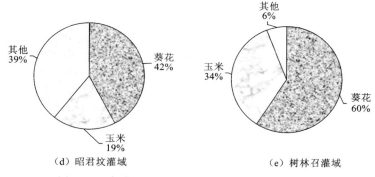

（d）昭君坟灌域　　　　　　　　（e）树林召灌域

图6.39　各灌域典型统计区作物种植结构分布（续）

4. 土壤含水率

（1）灌前含水率的测定：灌水前一天采集土样，每次灌水定点测量灌溉前后1.2m土层六个深度处的土壤含水量，每个试验田块按上游、中游、下游均匀选取采样点，对每个采样点按每层厚度20cm采取土样，共取六层，即120cm。采样工具为土钻，对采取的各层土样用烘干法测定其土壤重量含水率。

（2）灌后含水率的测定：灌水后2～3d在灌前取样处采集土样，方法同灌前水率的测定。

5. 土壤质地和容重测定

土壤剖面的实测是为了获取不同试验田块不同层次的土壤容重和田间持水量，但由于土壤的空间变异性，不同试验田块不同位置所测得的土壤容重和田间持水量各不相同，只能选择具有代表性的剖面，使之能够代表同类土质的情况，且剖面所在位置土层没有被破坏。具体实验方法如下。

（1）开挖宽1m、长2m、深1.5m的土坑，注意观察面要向阳、垂直。

（2）根据土体的构造和试验要求，确定土样采集的层次。本次试验结合土壤含水率的采样深度，确定为六个层次的采样。

（3）采样工具为环刀，每层取四个土样，取到的土样采用环刀法测定土壤容重和田间持水量，实验结果取平均值。

对试验田块0～120cm剖面土样用筛分法和比重计法进行颗粒分析，按美国农业部土壤质地分类标准确定土壤质地。用环刀取原状土，通过烘干法测定土壤容重。测定成果见表6.66。

表6.66　典型灌域土壤质地和干容重

灌域名称	分层及深度		土壤质地	土壤容重 /(g/cm³)
巴拉亥灌域	一层	0～55 cm	砂土	1.54
	二层	55～120 cm	粉砂壤土	1.45
建设灌域	一层	0～120 cm	粉砂壤土	1.41
独贵塔拉灌域	一层	0～37 cm	砂土	1.54
	二层	37～120 cm	粉砂壤土	1.50
昭君坟灌域	一层	0～25 cm	砂土	1.52
	二层	25～120 cm	粉砂壤土	1.45
树林召灌域	一层	0～30 cm	砂土	1.50
	二层	30～120 cm	粉砂壤土	1.47

6. 土壤田间持水量

根据《农田水利工程规划设计手册》选取两种土壤质地的田间持水量,砂土与粉砂壤土分别为16%~22%、22%~30%。

7. 作物测产

项目区主要种植作物为玉米和葵花,部分地区兼种小麦、瓜类、胡麻和番茄等作物,但不属于当地主要作物,本次调研只对当地玉米、葵花进行产量统计。在作物收割时测产,在各典型田块中分别选取10~15株作物进行玉米、葵花产量的估测。

各玉米、葵花试验田块的测产成果分别见表6.67、表6.68。

表 6.67　各灌域玉米试验田块的测产结果

灌域名称	田块面积/亩	估测产量/kg	亩产/(kg/亩)
巴拉亥灌域	3.70	2 316.90	626.19
建设灌域	3.05	2 012.42	659.81
独贵塔拉灌域	5.30	3 032.08	572.09
昭君坟灌域	3.70	2 255.52	609.60
树林召灌域	2.10	1 336.01	636.20

表 6.68　各灌域葵花试验田块的测产结果

灌域名称	田块面积/亩	估测产量/kg	亩产/(kg/亩)
巴拉亥灌域	1.70	350.01	205.89
建设灌域	1.57	330.20	210.32
独贵塔拉灌域	16.16	2 998.33	185.54
昭君坟灌域	3.53	677.05	191.80
树林召灌域	1.56	295.73	189.57

8. 灌溉引水量和灌溉面积的统计分析

黄河南岸灌区分为上游杭锦旗自流灌区及下游达拉特旗扬水灌区两个控制管理段。其中,杭锦旗黄河南岸子灌区引水工程类型为黄河自流灌溉,达拉特旗黄河南岸子灌区引水工程类型为扬水引水灌溉。由于今年降雨量非常大,本应该浇灌的次数较往年有所减少,致使作物生育期内引退水量较往年减少很多。鄂尔多斯市水务局及杭锦旗水务局和达拉特旗水务局深入样点农户调查灌区作物灌溉面积,具体情况见表6.69和表6.70。

表 6.69　黄河南岸灌区灌溉引水量

灌区种类	引水总量/万 m³	退水量/万 m³
自流灌区	18 184.7	2 815
扬水灌区	9 582.2	无退水

表 6.70　黄河南岸灌区灌溉面积

灌区种类	生育阶段	作物种类	灌溉面积/万亩
自流灌区	播前灌溉		7.50
	作物生育期	玉米	5.10
		葵花	20.90
	秋浇＋洗盐		30.00
扬水灌区	播前灌溉		6.00
	作物生育期	玉米	20.12
		葵花	25.13
	秋浇＋洗盐		5.00

9. 各灌域田间水利用系数计算与分析

1）净灌水定额计算

作物净灌水定额可根据灌溉前后土壤含水率的变化来确定,其计算公式如下:

$$M = 667\gamma H(\theta_2 - \theta_1) \tag{6.8}$$

式中:M 为净灌水定额(m³/亩);γ 为土壤容重(t/m³);H 为作物计划湿润层深度(m),这里取 $H=1$ m;θ_1 为灌水前测定的土壤重量含水率(%);θ_2 为灌水后测定的土壤重量含水率(%)。

2）毛灌溉定额推算

毛灌溉定额根据量水堰测得,五个灌域裸地播前灌溉下的田间水利用系数成果见表 6.71。通过试验分析计算出不同灌域的田间水利用系数见表 6.72。

表 6.71　播前灌溉的田间水利用系数测试成果(田间实测法)

灌域名称	测定对象	毛灌溉定额/(m³/亩)	净灌溉定额/(m³/亩)	田间水利用系数
巴拉亥灌域	裸地	103.37	79.95	0.773 4
建设灌域	播前灌溉	104.83	82.85	0.790 3
独贵塔拉灌域		100.08	76.88	0.768 2
昭君坟灌域		93.47	73.67	0.788 2
树林召灌域		84.53	65.23	0.771 7

表 6.72　生育期内田间水利用系数测试成果(田间实测法)

灌域名称	测定对象	灌水次数	毛灌溉定额/(m³/亩)	净灌溉定额/(m³/亩)	田间水利用系数	灌域田间水利用系数
巴拉亥灌域	玉米	2	216.69	167.72	0.774	0.771 1
	葵花	2	156.91	120.35	0.767	
建设灌域	玉米	2	228.03	174.26	0.764 2	0.787 9
	葵花	2	159.62	131.17	0.821 8	
独贵塔拉灌域	玉米	2	210.52	166.53	0.791	0.768 3
	葵花	2	171.52	126.99	0.740 4	
昭君坟灌域	玉米	2	172.61	136.47	0.790 6	0.779 9
	葵花	1	95.27	72.44	0.760 4	
树林召灌域	玉米	2	162.18	133.1	0.820 7	0.803 6
	葵花	1	83.15	64.05	0.770 3	

田间灌溉水利用系数测定结果的误差分析结果,见表 6.73 和表 6.74。

表 6.73　播前灌溉下田间水利用系数测定结果的误差分析

灌域名称	系数 μ_i	样本均值 $\mu_{均}$	标准差 S	区间下限	区间上限	变异系数 $C_v/\%$	变异程度	调和均数 $E_{调}$
巴拉亥灌域	0.773 4							
建设灌域	0.790 3							
独贵塔拉灌域	0.768 2	0.778 4	0.010 2	0.765 8	0.791	1.3	弱变异	0.778 4
昭君坟灌域	0.788 2							
树林召灌域	0.771 7							

表 6.74　生育期内田间水利用系数测定结果的误差分析

灌域名称	测试对象	系数 μ_i	样本均值 $\mu_{均}$	标准差 S	区间下限	区间上限	变异系数 $C_v/\%$	变异程度	调和均数 $E_{调}$
巴拉亥灌域	玉米	0.774 0							
	葵花	0.767 0							
建设灌域	玉米	0.764 2							
	葵花	0.821 8							
独贵塔拉灌域	玉米	0.791 0	0.78	0.026	0.740 4	0.828 7	3.35	弱变异	0.78
	葵花	0.740 4							
昭君坟灌域	玉米	0.790 6							
	葵花	0.760 4							
树林召灌域	玉米	0.820 7							
	葵花	0.770 3							

通过测定结果的误差分析,其变异程度均为弱变异,说明试验数据准确合理。

先根据五个灌域中所选取的典型田块进行试验,由点推面,加权得出生育期内各灌域田间水利用系数,再根据自流灌区和扬水灌区的引水量不同进行水量加权,得到杭锦旗自流灌区和达拉特旗扬水灌区田间水利用系数,计算结果见表 6.75。

表 6.75　黄河南岸灌区田间水利用系数成果(田间实测法)

灌区种类	田间水有效利用系数
自流灌区	0.775 9
扬水灌区	0.791 2

6.2.3　灌溉水利用系数

1. 水量平衡法的灌溉水利用系数计算与分析

自流灌区面积横向跨度长,虽然地处杭锦旗境内,但因为距离较远,杭锦旗气象站的数据不能反映当年的实际情况,所以上游选用镫口、临河、伊克乌素、杭锦后旗、五原、达拉特旗、包头、乌拉特前旗气象站。

对于扬水灌区,选用达拉特旗、包头、乌拉特前旗、伊克乌素、土默特右旗气象站,这样就符合灌区实际情况,其计算结果也就较准确可靠。各灌域所用气象站情况见表 6.76。

表 6.76　各灌域所用气象站情况

灌域名称	所用气象站			
巴拉亥灌域	磴口	临河	伊克乌素	杭锦后旗
建设灌域	五原	临河	伊克乌素	乌拉特前旗
独贵塔拉灌域	包头	达拉特旗	伊克乌素	乌拉特前旗
昭君坟灌域	包头	达拉特旗	伊克乌素	乌拉特前旗
树林召灌域	达拉特旗		土默特右旗	

各气象站测得的参考作物蒸发蒸腾量上游要大于下游,但对于上游自流灌区来说,参考作物蒸发蒸腾量自西至东逐渐增大,而下游正好相反,同时降雨量自西向东逐渐增大,且各灌域结果相差很大。所以综合考虑各种地理因素和各气象站的实测情况,将测得的各气象站的参考作物蒸发蒸腾量和有效降雨量运用反距离插值法和线性插值法,得出黄河南岸灌区的参考作物蒸发蒸腾量和有效降雨量。这样测试结果就更加符合当年的实地情况,较准确可信。各灌域所用气象站情况如表 6.76 所示。

1) 作物需水量的计算

FAO 推荐采用分段单值平均法确定作物系数,即把全生育期的作物系数变化过程概化为四个阶段,并分别采用三个作物系数值予以表示。各时段平均作物系数变化过程见表 6.77。

表 6.77　黄河南岸灌区主要作物各生育期时段平均作物系数

作物类型	生育期	灌域名称			
		巴拉亥灌域	建设灌域	独贵塔拉灌域	昭君坟和树林召灌域
葵花	生长初期	0.700	0.700	0.700	0.700
	快速生长期	0.925	0.955	0.950	0.970
	生长中期	1.150	1.210	1.200	1.240
	生长后期	0.600	0.700	0.650	0.750
玉米	生长初期	0.740	0.720	0.730	0.650
	快速生长期	0.920	0.935	0.930	0.945
	生长中期	1.100	1.150	1.130	1.240
	生长后期	0.650	0.670	0.660	0.680

各灌域参考作物蒸发蒸腾量 ET_0 与各阶段的作物系数的乘积即为作物相应阶段的需水量 ET_c,根据收集的气象数据和各灌域作物系数,即可求出黄河南岸灌区玉米和葵花作物需水量。

2) 作物对地下水直接利用量的计算

利用公式 $f(H) = C = 0.3356 - 0.2929 \ln H$ 和 $G_g = f(H)E$ 进行计算,其中 $f(H)$ 为地下水利用系数,E 为潜水蒸发量,H 为地下水埋深。

潜水蒸发量采用《内蒙古河套灌区灌溉排水与盐碱化防治》(50～53 页,王伦平和陈亚新编著)提供的计算方法,由水面蒸发量乘以相应土质及地下水埋深对应的系数进行计算。潜水蒸发与水面蒸发的相关系数见表 6.78。

表 6.78　潜水蒸发与水面蒸发的相关系数

埋深/m	系数	埋深/m	系数
0.5	0.874	1.8	0.578
1.0	0.840	2.5	0.367
1.5	0.660		

自流灌区和扬水灌区典型试验点各生育期地下水埋深情况见表6.79。

表 6.79　各典型试验点各生育期地下水埋深情况　　　　　　　（单位:m）

作物类型	灌域名称	巴拉亥灌域	建设灌域	独贵塔拉灌域	昭君坟灌域	树林召灌域
葵花	生长初期	1.63	1.66	1.67	2.60	2.60
	快速生长期	1.83	1.83	1.79	2.68	2.68
	生长中期	1.58	1.58	1.58	2.46	2.46
	生长后期	1.62	1.64	1.67	2.61	2.61
玉米	生长初期	1.50	1.50	1.52	2.56	2.57
	快速生长期	1.68	1.68	1.71	2.63	2.64
	生长中期	1.67	1.65	1.64	2.53	2.53
	生长后期	1.61	1.55	1.63	2.61	2.63

3）有效降雨量的计算

有效降雨量指总降雨量中能够保存在作物根系层中用于满足作物蒸腾蒸发需要的那部分水量,不包括地表径流和渗漏至作物根系吸水层以下的水量,计算公式为

$$P_e = 0.39 \times P^{0.124} \exp(-0.006P) \tag{6.9}$$

4）作物净灌溉定额的计算

利用水量平衡原理分别求得黄河南岸灌区杭锦旗自流灌区、达拉特旗扬水灌区净灌溉定额,结果见表6.80。

表 6.80　各灌域各生育阶段净灌溉定额计算成果

项目	作物	生育期	黄河南岸灌区				
			呼和木都镇	吉日嘎朗图镇	独贵塔拉镇	昭君坟镇	小淖新村
生育期划分	玉米	生长初期	4.20～5.15	4.22～5.17	4.25～5.20	4.25～5.20	4.28～5.23
		快速生长期	5.16～6.21	5.18～6.23	5.21～6.26	5.21～6.26	5.24～6.29
		生长中期	6.22～8.7	6.24～8.9	6.27～8.12	6.27～8.12	6.30～8.15
		生长后期	8.8～9.3	8.10～9.2	8.13～9.7	8.13～9.10	8.16～9.16
	葵花	生长初期	5.21～6.10	5.22～6.11	5.24～6.13	5.25～6.14	5.25～6.14
		快速生长期	6.11～7.6	6.12～7.7	6.14～7.9	6.15～7.10	6.15～7.10
		生长中期	7.7～8.7	7.8～8.8	7.10～8.10	7.11～8.11	7.11～8.11
		生长后期	8.8～9.10	8.9～9.12	8.11～9.13	8.12～9.6	8.12～9.7
参考作物蒸发蒸腾量/mm	玉米	生长初期	124.8	123.9	123.9	103.9	94.2
		快速生长期	173.5	180.1	180.4	142.8	132.4
		生长中期	188.4	192.8	199.1	160.4	160.9
		生长后期	106.8	99.0	114.4	97.1	97.9
		全生育期	593.5	595.8	617.8	504.2	485.4

项目	作物	生育期	黄河南岸灌区				
			呼和木都镇	吉日嘎朗图镇	独贵塔拉镇	昭君坟镇	小淖新村
参考作物蒸发蒸腾量/mm	葵花	生长初期	91.6	94.2	102.4	83.6	81.4
		快速生长期	115.2	118.4	121.3	95.9	88.6
		生长中期	128.9	132.3	138.8	107.3	105.7
		生长后期	133.2	138.1	140.9	87.9	87.7
		全生育期	468.9	483.0	503.4	374.7	363.4
作物蒸发蒸腾量/mm	玉米	生长初期	92.4	89.2	90.5	67.6	61.2
		快速生长期	159.6	168.4	167.8	134.9	125.1
		生长中期	207.3	221.7	225.0	199.0	199.5
		生长后期	69.4	66.3	75.5	66.0	66.6
		全生育期	528.7	545.6	558.8	467.5	452.4
	葵花	生长初期	64.1	65.9	71.7	58.5	57.0
		快速生长期	106.5	113.1	115.3	93.0	86.0
		生长中期	148.3	160.1	166.5	133.1	131.1
		生长后期	79.9	96.6	91.6	66.0	65.8
		全生育期	398.8	435.7	445.1	350.6	339.9
有效降水量/mm	玉米	生长初期	7.8	6.6	6.2	8.6	9.7
		快速生长期	16.4	20.0	45.3	21.9	39.7
		生长中期	98.3	106.3	96.6	160.7	128.7
		生长后期	15.1	29.0	9.2	32.7	49.2
		全生育期	137.6	161.9	157.3	223.9	227.3
	葵花	生长初期	16.4	14.4	17.6	9.5	8.2
		快速生长期	50.7	46.8	39.2	42.6	32.0
		生长中期	47.6	60.6	63.7	126.5	128.2
		生长后期	7.4	20.3	20.2	31.8	43.2
		全生育期	122.1	142.1	140.8	210.5	211.6
地下水利用量/mm	玉米	生长初期	19.3	26.5	30.8	8.9	9.4
		快速生长期	38.6	32.5	36.5	12.6	11.1
		生长中期	49.3	50.7	49.4	17.0	15.7
		生长后期	19.0	19.6	25.9	7.3	5.4
		全生育期	126.3	129.3	142.7	45.7	41.6
	葵花	生长初期	21.3	21.3	24.0	6.3	6.3
		快速生长期	21.8	28.4	26.0	7.2	6.7
		生长中期	32.8	33.4	36.4	12.8	11.5
		生长后期	24.2	24.4	25.9	6.5	6.1
		全生育期	100.1	107.5	112.4	32.9	30.6
净灌溉定额 M/(m³/亩)	玉米	生育期内	176.64	169.77	172.59	131.95	122.38
	葵花		117.88	124.2	128.05	71.53	65.14
		播前灌溉	79.95	82.85	76.88	73.67	65.23
		秋浇+洗盐	135				

5）净灌溉用水总量的计算

计算出五个典型灌域玉米和葵花作物生育期内的净灌溉定额,然后按各灌域的毛灌溉水量加权平均到各个子灌区,由点推面,求出各子灌区的净灌溉定额,进而得到灌区内作物的年净灌溉用水量。

通过作物的实灌面积与其净灌溉定额的乘积计算灌区净灌溉用水总量,黄河南岸灌区杭锦旗自流灌区及达拉特旗扬水灌区净灌溉用水总量计算成果见表6.81。

表6.81　净灌溉用水总量计算成果

灌区种类	生育阶段	作物种类	灌溉面积/万亩	净灌溉定额/(m³/亩)	净灌溉用水总量/万 m³
自流灌区	播前灌溉		7.50	79.94	599.50
	作物生育期	玉米	5.10	172.96	882.10
		葵花	20.90	123.51	2 581.40
	秋浇＋洗盐		30.00	135.00	4 050.00
扬水灌区	播前灌溉		6.00	69.66	418.00
	作物生育期	玉米	20.12	127.27	2 560.70
		葵花	25.13	68.45	1 720.10
	秋浇＋洗盐		5.00	135.00	675.00

通过统计灌区年灌溉用水总量和各种作物的实灌面积,根据计算分析、典型调查与观测确定作物实际净灌溉定额,即可计算出黄河南岸灌区杭锦旗自流灌区及达拉特旗扬水灌区作物生育期的灌溉水利用系数,其成果见表6.82。

表6.82　灌溉水利用系数(水量平衡法)

灌区种类	年净灌溉用水总量/万 m³	年毛灌溉用水总量/万 m³	灌溉水利用系数
自流灌区	8 113.1	15 369.7	0.527 9
扬水灌区	5 374.0	9 852.2	0.545 5

利用水量和面积加权得到整个黄河南岸灌区灌溉水利用系数见表6.83。

表6.83　黄河南岸灌区灌溉水利用系数(水量平衡法)

项目	黄河南岸灌区各分灌区		黄河南岸灌区灌溉水利用系数	
	自流灌区	扬水灌区	面积加权	水量加权
利用系数	0.527 9	0.545 5	0.536 1	0.534 7

同样,根据水量平衡方程求净灌溉定额的方法计算出的净灌溉定额与量水堰测出的毛灌溉定额的比值为田间水利用系数。

利用水量平衡原理分别求得黄河南岸灌区各灌域的净灌溉定额,结果见表6.84,求得各灌域田间水利用系数见表6.84。

表 6.84 各灌域水量平衡法田间水利用系数计算成果

灌域名称	测定对象	毛灌溉定额/(m³/亩)	净灌溉定额/(m³/亩)	田间水利用系数	灌域田间水利用系数
巴拉亥灌域	玉米	216.69	176.64	0.815 2	0.788 3
	葵花	156.91	117.88	0.751 3	
建设灌域	玉米	228.03	169.77	0.744 5	0.758 3
	葵花	159.62	124.20	0.778 1	
独贵塔拉灌域	玉米	210.52	172.59	0.819 8	0.786 9
	葵花	171.52	128.05	0.746 6	
昭君坟灌域	玉米	172.61	131.95	0.764 5	0.759 6
	葵花	95.27	71.53	0.750 8	
树林召灌域	玉米	162.18	122.38	0.754 6	0.764 4
	葵花	83.15	65.14	0.783 4	

由各灌域田间水利用系数,进行水量加权,得到杭锦旗自流灌区、达拉特旗扬水灌区田间水利用系数,计算结果见表 6.85。

表 6.85 黄河南岸灌区田间水利用系数成果

灌区种类	田间水有效利用系数
自流灌区	0.777 7
扬水灌区	0.761 9

2. 实测含水率法的灌溉水利用系数计算与分析

如前所述,表 6.86 给出了各灌域玉米和葵花作物生育期内净灌溉定额的计算成果,据此,计算出实测含水率法黄河南岸灌区杭锦旗自流灌区及达拉特旗扬水灌区净灌溉用水总量,其结果见表 6.86。

表 6.86 净灌溉用水总量计算成果(实测含水率法)

灌区种类	生育阶段	作物种类	灌溉面积/万亩	净灌溉定额/(m³/亩)	净灌溉用水总量/万 m³
自流灌区	播前灌溉		7.50	79.94	599.60
	作物生育期	玉米	5.10	169.50	864.50
		葵花	20.90	126.17	2 637.00
	秋浇＋洗盐		30.00	135.00	4 050.00
扬水灌区	播前灌溉		6.00	69.66	418.00
	作物生育期	玉米	20.12	134.78	2 711.80
		葵花	25.13	68.25	1 715.10
	秋浇＋洗盐		5.00	135.00	675.00

黄河南岸灌区杭锦旗自流灌区及达拉特旗扬水灌区作物生育期的灌溉水利用系数见表 6.87。

表 6.87 灌区灌溉水利用系数(实测含水率法)

灌区种类	年净灌溉用水总量/万 m³	年毛灌溉用水总量/万 m³	灌溉水利用系数
自流灌区	8 151.0	15 369.7	0.530 3
扬水灌区	5 519.9	9 852.2	0.560 3

利用水量和面积加权得到整个黄河南岸灌区灌溉水利用系数，见表 6.88。

表 6.88　黄河南岸灌区灌溉水利用系数（实测含水率法）

项目	黄河南岸灌区各分灌区灌溉水利用系数		黄河南岸灌区灌溉水利用系数	
	自流灌区	扬水灌区	面积加权	水量加权
利用系数	0.530 3	0.560 3	0.544 4	0.542 0

这与根据水量平衡方程求出的灌溉水利用系数的结果相近，其结果均在误差范围内，说明此结果准确、可信。

6.2.4　渠系水利用系数

1. 渠系水利用系数计算方法概述

由于灌区灌溉水利用系数等于渠系水利用系数与田间水利用系数的乘积。公式表示如下：

$$\eta_{灌溉水} = \eta_{渠系水} \times \eta_{田间水} \tag{6.10}$$

由此可知，渠系水利用系数等于灌溉水利用系数除以田间水利用系数，该法称首尾测算反算法。

2. 灌区渠系水利用系数计算与分析

利用田间实测法计算出来的田间水利用系数反算求出杭锦旗自流灌区渠系水利用系数，其计算结果见表 6.89。

表 6.89　自流灌区渠系水利用系数计算结果（首尾测算反算法）

项目	自流灌区田间水利用系数	灌溉水利用系数		不同方法渠系水利用系数		自流灌区渠系水利用系数
		水量平衡法	实测含水率法	水量平衡法	实测含水率法	
水利用系数	0.775 9	0.527 9	0.530 3	0.680 4	0.683 5	0.682 0

同样可计算出达拉特旗扬水灌区渠系水利用系数，其结果见表 6.90。

表 6.90　扬水灌区渠系水利用系数计算成果（首尾测算反算法）

项目	扬水灌区田间水利用系数	灌溉水利用系数		不同方法渠系水利用系数		扬水灌区渠系水利用系数
		水量平衡法	实测含水率法	水量平衡法	实测含水率法	
水利用系数	0.791 2	0.545 5	0.560 3	0.689 4	0.708 1	0.698 8

根据黄河南岸灌区自流灌区、扬水灌区渠系水利用系数计算成果，按面积加权、水量加权法可以计算出黄河南岸灌区综合渠系水利用系数，其结果见表 6.91。

表 6.91　黄河南岸灌区综合渠系水利用系数计算成果（首尾测算反算法）

项目	黄河南岸灌区各分灌区渠系		黄河南岸灌区渠系	
	自流灌区	扬水灌区	面积加权	水量加权
水利用系数	0.682	0.698 8	0.689 9	0.688 5

由表 6.91 可以看出,利用首尾测算反算法计算出的渠系水利用系数,自流灌区、扬水灌区分别为 0.682 0、0.698 8,这与前述的典型渠道流量测算法结果 0.664 0、0.681 4 很接近,因此,反算法结果是可靠的。

根据设计部门提供的数据,衬砌前上游自流灌区渠系水利用系数为 0.32,下游扬水灌区渠系水利用系数为 0.51。渠道衬砌是减少渠道水渗漏、提高渠道水利用系数的重要措施。

6.2.5 黄河南岸灌区用水效率分析与评估

1. 典型测试渠道水利用系数分析与评估

根据典型渠道测试的结果,运用积分法所编制的 VB 软件,进行六条渠道的渠道水利用系数分析与评估,测试结果见表 6.92。

表 6.92 不同类型渠道衬砌前后渠道水利用系数对比

灌区种类	渠段名称	测次	渠段长度/m	测试期间上游平均流量/(m³/s)		单位渠长损失流量/[m³/(s·km)]	典型渠段水利用系数测试值	典型渠道水利用系数测试值	
				渠段上游	渠段下游	2012 年	2012 年	水权转换前	2012 年值
自流灌区	南干渠	一水	21 000	19.337 7	18.301 3	0.049 4	0.997 5	0.65	0.792 0
		秋浇	41 000	42.317 9	38.148 6	0.101 7	0.997 6		
	林场支渠	二水	1 461	2.855 4	2.794 4	0.041 7	0.985 4	0.83	0.941 8
		秋浇	1 461	2.659 8	2.601 6	0.039 8	0.985 0		
	左一斗渠	一水	950	0.923 9	0.890 8	0.036 4	0.960 6	0.85	0.937 0
		秋浇	500	0.322 1	0.316 6	0.012 5	0.961 1		
扬水灌区	东风干渠	秋浇	3 000	5.383 0	4.742 8	0.213 4	0.960 6	0.78	0.833 9
	南五支渠	一水	1 680	0.831 9	0.765 7	0.039 4	0.952 8	0.83	0.917 9
		秋浇	721	2.536 3	2.498 4	0.052 6	0.979 3		
	六斗渠	一水	912	0.487 5	0.451 6	0.039 4	0.919 9	0.85	0.860 0
		二水	912	0.769 4	0.707	0.067 1	0.912 8		

南干渠两次测试渠段长度分别为 21 km、41 km,东干渠测试长度为 3 km,测得各渠道水利用系数分别为 0.792 0、0.833 9,两条干渠折合单位渠长渠道水利用系数分别为 0.997 6/km、0.960 6/km,损失率分别为 0.002 7/km、0.045/km,见图 6.40(a)。总体来看,南干渠单位渠长渠道水利用系数较大,而损失率较小。

南五支渠两次测试渠段长度分别为 1.68 km、0.72 km,林场支渠测试长度为 1.46 km,测得各渠道水利用系数分别为 0.917 9、0.941 8,两条支渠折合单位渠长渠道水利用系数分别为 0.966 1/km、0.985 2/km,损失率分别为 0.036 2/km、0.015 2/km,见图 6.40(a)。总体来看,林场支渠单位渠长渠道水利用系数较大,而损失率较小。

左一斗渠两次测试渠段长度分别为 0.95 km、0.5 km,六斗渠测试长度为 0.9 km,测得各渠道水利用系数分别为 0.937 0、0.860,两条斗渠折合单位渠长渠道水利用系数分别为 0.960 9/km、0.916 4/km,损失率分别为 0.040 3/km、0.091 3/km。因为六斗渠并没有全部衬砌,所以左一斗渠单位渠长渠道水利用系数较大、损失率较小,见图 6.40(a)。另外由于渠首流量变化不是很大,所以渠道水利用系数变化不是很明显,但也有升高的趋势。

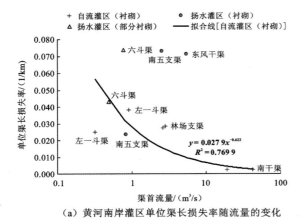
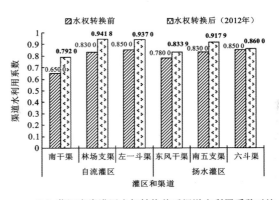

（a）黄河南岸灌区单位渠长损失率随流量的变化　　（b）黄河南岸灌区水权转换前后渠道水利用系数对比

图 6.40　黄河南岸灌区单位渠长损失率和渠道水利用系数的变化

　　总体来看，无论是同一类别的不同渠道，还是同一渠道的不同测次，随着引水流量的增加，单位渠长渠道水利用系数呈现先减少后增加的趋势，而损失率则呈现先增加后减少的趋势。但是同一渠道相同测次的不同组重复试验，由于首部流量相差不多，单位渠长渠系水利用系数没有呈现一定的规律性。也就是说，灌区渠道水利用系数是随引水量的变化而变化的，并非定值。从上述分析可知，流量越大，渠道水利用系数越大，所以灌区尽可能采用大流量短时间的供水方式，但必须考虑渠道的设计流量和下级渠道的输水情况，以免造成下级弃水和渠道漏水。随着渠道干渠—支渠—斗渠的推移，引水流量减少，单位渠长渠道水利用系数减少，而损失率增大。两个斗渠渠首流量相差不大，单位渠长渠道水利用系数、单位渠长损失率变化也不是很明显。但是，我们仍然可以看出，衬砌渠道的单位渠长渠道水利用系数大，而单位渠长损失率小，这充分说明渠道衬砌对提高渠道水利用效率、防渗节水起到至关重要的作用。

　　渠道衬砌前后渠道水利用系数对比如图 6.40（b）所示。

　　由图 6.40（b）可以看出，渠道水利用效率明显提高（六斗渠为非衬砌渠道）。水权转换前，渠道水的损失数量很大，渠道水利用系数很低，进行渠道衬砌能防止渠道渗漏，渠道衬砌是减少渠道水渗漏和提高渠道水利用系数的重要措施。

　　另外，水权转换后土地利用率也有所提高。黄河南岸灌区总种植面积由 1987 年的 153.29 万亩增长到了 2011 年 160.08 万亩；土地利用率从 1987 年的 21.37％增长到了 2011 年的 22.32％。且自流灌区总干渠冲毁后，黄河南岸灌区的种植面积及土地利用率有明显的增加，在 2010 年以后总干渠修复后种植面积虽然比冲毁时有所减少，但亦有增加的趋势。这可能是由于总干渠被冲毁后黄河自流水源被高效利用，扬水灌区亦能利用浮船式泵站对农田进行浇灌，可以方便地对没有分布渠道的耕地进行灌溉，故土地利用率有所增加。2010 年干渠修复以后，土地利用率较 1993 年之前有所增加。

　　我们用综合渠系法来评估渠道衬砌情况下的节水潜力分析。综合渠系法是根据渠道衬砌前后渠系水利用效率的变化及渠首引水量，分析计算渠道节水量的方法。

　　根据现状进入田间的水量和衬砌后渠系水利用系数，折算衬砌后渠首引水量，以现状渠首引水量与衬砌后渠首引水量之差作为节水量。计算公式为

$$W_s = W_{sb} - W_{sa} = W_{sb}(1 - \eta_b / \eta_a) \tag{6.11}$$

式中：W_{sb} 为衬砌前渠首引水量（m^3）；W_{sa} 为衬砌后渠首引水量（m^3）；η_b 为衬砌前渠系水利用

系数;η_a 为衬砌后渠系水利用系数。

综合渠系法避免了资料不足和其他因素的影响,将其归结为渠系水利用系数。逐级渠道法需要知道每级渠道的水利用系数和相应渠道的引水量,限制了该法的使用。渠系综合法将整个灌溉渠系视为一个系统,以现状进入田间的水量为基础,利用渠系水利用系数推求渠首引水量,直接与灌溉引水量相衔接,方法简练。

从表 6.93 结果可以看出,黄河南岸自流灌区 2012 年渠系水利用系数为 0.664 0,衬砌前为 0.32,根据衬砌前渠首引水量,计算出自流灌区节水量 1.197 亿 m^3,节水比例为 51.81%;黄河南岸扬水灌区 2012 年渠系水利用系数为 0.681 4,衬砌前为 0.51,根据衬砌前渠首引水量,计算出扬水灌区节水量为 0.654 亿 m^3,节水比例为 25.15%;整个黄河南岸灌区节水量为 1.851 亿 m^3,节水效果非常明显。

表 6.93 渠道衬砌前后节水量

灌区名称	渠系水利用系数		η_b/η_a	衬砌前渠首引水量/万 m^3	节水量 W_s/万 m^3
	衬砌前数值	典型渠道测试法(连乘)			
自流灌区	0.32	0.664 0	0.481 9	23 100	11 967.47
扬水灌区	0.51	0.681 4	0.748 5	26 000	6 540.06
黄河南岸灌区					18 507.53

随着该灌区不断加大节水改造投资力度,其灌区灌溉水效率和综合效益呈上升的趋势,同时也反映出灌区管理水平的提高和灌区农田水利基础条件进一步完善,社会效益、经济效益和生态效益显著,使得灌区正逐步向效益高、浪费少和灌溉质量优的良好方向发展。

2. 田间水利用系数分析与评估

两种方法测得的田间水利用系数见表 6.94。

表 6.94 各灌域玉米、葵花田间水利用系数分析与评估

灌域名称	玉米测试田块			葵花测试田块			各灌域田间水利用系数	
	田块面积/亩	田间水利用系数		田块面积/亩	田间水利用系数		水量平衡法	田间实测法
		水量平衡法	田间实测法		水量平衡法	田间实测法		
巴拉亥灌域	3.70	0.815 2	0.774 0	1.70	0.751 3	0.767 0	0.788 3	0.771 1
建设灌域	3.05	0.744 5	0.764 2	1.57	0.778 1	0.821 8	0.758 3	0.787 9
独贵塔拉灌域	5.30	0.819 8	0.791 0	16.16	0.746 6	0.740 4	0.786 9	0.768 3
昭君坟灌域	3.70	0.764 5	0.790 6	3.53	0.750 8	0.760 4	0.759 6	0.779 9
树林召灌域	2.10	0.754 6	0.820 7	1.56	0.783 4	0.770 3	0.764 4	0.803 6

根据表 6.94 和图 6.41 可以看出,除独贵塔拉灌域葵花作物选取田块面积较大外,其余灌域典型田块面积相差不大,总体上来看,随着田块面积增大,田间水利用系数有所降低,说明田块较小有利于提高水的利用率,另外田间水利用效率也与土壤质地有关,随着土壤质地的黏性化,田间水利用系数增加。就水量平衡法而言,与田间实测土壤含水率求出的田间水利用系数相比,树林召灌域所测得的结果误差较大,而巴拉亥灌域、建设灌域、独贵塔拉灌域、昭君坟灌

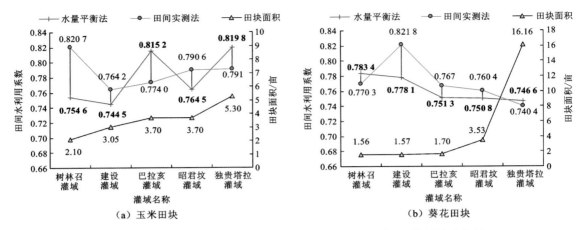

图 6.41 黄河南岸灌区田块面积、作物类型对田间水利用系数的影响分析

域所测得的结果误差较小，这可能是因为水量平衡方法计算田间水利用系数影响因素较多，误差较大，而田间实测土壤含水率的结果相对可信、准确。

3. 灌区灌溉水利用系数分析与评估

黄河南岸灌区各水利用系数结果见表 6.95。

表 6.95　黄河南岸灌区水利用系数的分析与评估

灌区名称	方法	渠系水利用系数			田间水利用系数			灌溉水利用系数		
		衬砌前	首尾测算反算法（衬砌后）	典型渠道测算法（衬砌后）	衬砌前	田间实测法（衬砌后）	水量平衡法（衬砌后）	衬砌前	首尾测算分析法	
									田间实测法（衬砌后）	水量平衡法（衬砌后）
自流灌区		0.32	0.682 0	0.664 0	0.72	0.775 9	0.777 7	0.24	0.530 3	0.527 9
扬水灌区		0.51	0.698 8	0.681 4	0.67	0.791 2	0.761 9	0.36	0.560 3	0.545 5
黄河南岸灌区	面积加权	0.42	0.689 9	0.672 2	0.69	0.783 1	0.770 3	0.30	0.544 4	0.536 1
	水量加权	0.42	0.688 5	0.670 8	0.69	0.781 9	0.771 5	0.30	0.542 0	0.534 7

由表 6.95 可以看出，在实施水权转换后，随着渠道的衬砌，渠道水利用系数、田间水利用系数和灌溉水利用系数都有了较大幅度的提高。水权转换前，渠道水的损失数量很大，进行渠道衬砌能防止渠道渗漏，渠道衬砌是减少渠道水渗漏、提高各水利用系数的重要措施。田块的大小与平整程度也有利于提高田间水利用效率，所以总体来说，灌区的灌溉水利用效率已有很大的提高，但是田间工程依然有很大的节水潜力，如缩小田块、平整土地、加强管理、实施先进的节水技术，因此，下一步应开展田间节水技术及其效果研究。

从表 6.95 与图 6.42 进一步总结出：衬砌前后渠系水利用系数，自流灌区由 0.32 提高到 0.664，扬水灌区由 0.51 提到 0.681 4，黄河南岸灌区整体上由 0.42 提高到 0.672 2；衬砌前后田间水利用系数，自流灌区由 0.72 提高到 0.777 7，扬水灌区由 0.67 提到 0.761 9，黄河南岸灌区整体上由 0.69 提高到 0.770 3；衬砌前后灌溉水利用系数，自流灌区由 0.24 提高到 0.527 9，扬水灌区由 0.36 提高到 0.545 5，黄河南岸灌区整体上由 0.30 提高到 0.536 1。

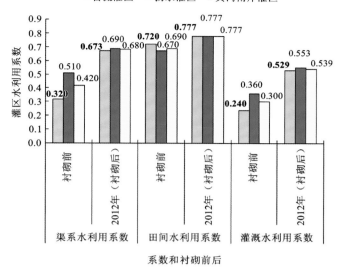

图 6.42　黄河南岸灌区衬砌前后灌区水利用系数变化对比

6.3　镫口扬水灌区灌溉水利用系数计算分析与评估

6.3.1　测试渠道水利用系数

1. 典型测试渠道测试工作完成情况

本次研究选定测验渠段包括：干渠 3 条，其中总干渠 1 条，分干渠 2 条；支渠 6 条，其中民生渠灌域、跃进渠灌域各 3 条；斗渠 8 条，其中民生渠灌域、跃进渠灌域各 4 条。设置测流断面 35 个，完成测试数 64 测次。具体测试情况见表 6.96。

表 6.96　镫口扬水灌区渠道水利用系数测试情况

灌域名称	渠道级别	测试渠段名称	测试渠段所在地	衬砌情况	测次	有效测次	测试流量范围 /(m³/s)
总干渠段	干渠	干渠全段	取水口至关帝桥	衬砌	7（大 3 次，中 3 次，小 1 次）	7	12.47～38.30
			关帝桥至大城西		7（大 3 次，中 3 次，小 1 次）	7	12.47～38.30
民生渠灌域	干渠	全区段，部分渠段			7（大 3 次，中 3 次，小 1 次）	6	6.15～3－15.38
	支渠	北四支	赵家圪梁		4 次	3	0.56～1.68
		北七支	侯家营		3 次	3	0.88～2.01
		南十二支	庞家营南		4 次	3	0.8～2.04
	斗渠	北四支一斗	赵家圪梁		2 次	2	0.34～0.78
		南八支二斗	侯家营	衬砌	2 次	0	0.36～0.97
		六斗渠	庞家营南		3 次	3	0.25～0.45
		南十二支四斗			1 次	0	0.44

155

灌域名称	渠道级别	测试渠段名称	测试渠段所在地	衬砌情况	测次	有效测次	测试流量范围/(m³/s)
跃进渠灌域	干渠	全区段,部分渠段			7(大3次,中3次,小1次)	6	7.05~16.33
	支渠	南二支	五合圪旦		4次	2	0.65~1.10
		北三支	磴口		6次	3	0.45~0.98
		南六支	小韩营		3次	2	0.72~1.15
	斗渠	南一支一斗			2次	0	0.18~0.65
		南二支一斗	五合圪旦		3次	1	0.33~0.52
		北三支三斗	磴口	衬砌	3次	2	0.20~0.68
		南六支二斗	小韩营		2次	0	0.45~0.62

2. 典型测试渠道代表性分析

典型渠段的选取位于灌区上游、中游、下游,均匀分布贯穿整个灌区,每级典型渠段都具备良好的测流条件,距离测流站较近,便于测量,渠道平整,便于管理,并且每级渠道的长度选取都达到要求。

3. 典型测试渠道测试结果

首先求出典型渠段的利用系数,再分别采用渠长和流量加权平均计算得出各级渠道的渠道水利用系数。

1）总干渠渠道水利用系数

总干渠按衬砌和非衬砌设置了两个测试段,全渠段进行了测试。总干渠渠道水利用系数的计算结果见表6.97。

表6.97　总干渠渠道水利用系数计算成果

衬砌情况	测试日期	测试流量/(m³/s)		长度/km	渠道水利用系数			
		渠首	渠尾		测次系数	流量加权	长度加权	总干渠综合
衬砌	4.14	12.46	12.17	4.43	0.976 7	0.933 8	0.925 1	0.933 8
	5.24	12.89	12.40		0.962 0			
	7.3	31.93	31.62		0.990 3			
	10.21	26.65	26.33		0.988 0			
	11.1	31.62	31.10		0.983 6			
非衬砌	4.14	12.18	11.14	13.62	0.914 6	0.940 9		
	5.24	12.40	11.13		0.897 6			
	7.3	31.62	30.15		0.953 5			
	10.21	26.33	25.54		0.970 0			
	11.1	31.10	28.95		0.930 9			

衬砌情况	测试日期	测试流量/(m³/s)		长度/km	渠道水利用系数			
		渠首	渠尾		测次系数	流量加权	长度加权	总干渠综合
全程	4.14	12.46	11.14	18.05	0.894 1	0.933 8	0.933 8	
	5.24	12.89	11.13		0.863 5			
	7.3	31.93	30.15		0.944 3			
	10.21	26.65	25.54		0.958 3			
	11.1	31.62	28.95		0.915 6			
	6.30	18.62	17.7		0.950 6			
	7.14	36.84	35.08		0.952 2			

2）分干渠渠道水利用系数

分干渠典型测试渠段的选择主要考虑输水条件,项目组分别在民生和跃进分干渠的上游、中游、下游选取典型渠段进行了测试。分干渠的渠道水利用系数计算成果见表6.98。

表6.98 分干渠渠道水利用系数计算成果

渠道名称	测试渠段	测试流量/(m³/s)		长度/km	渠道水利用系数			
		测试日期	渠首	渠尾	测次系数	流量加权	分干渠（乘积法）	分干渠综合（长度加权法）
民生分干渠（非衬砌）	分水闸至赵家圪梁	4.14	4.33	3.83	14.90	0.884 5	0.873 7	0.721 5	0.764 7
		5.25	12.51	10.40		0.831 3			
		6.30	7.57	6.12		0.808 5			
		10.21	18.10	16.79		0.927 6			
	分水闸至茅庵闸	4.14	4.33	4.00	8.40	0.923 8	0.938 6		
		5.24	11.13	10.51		0.944 3			
	茅庵闸至赵家圪梁	4.14	4.00	3.83	6.50	0.957 5	0.957 5		
	赵家圪梁至侯闸	11.1	14.48	11.79	17.96	0.814 2	0.814 2		
跃进分干渠（非衬砌）	分水闸至五和圪旦	4.14	9.10	8.40	18.72	0.923 1	0.891 1	0.811 2	
		5.28	9.48	8.86		0.934 6			
		7.3	15.83	13.74		0.868 0			
		7.14	17.43	15.58		0.893 9			
		11.1	12.65	10.89		0.860 9			
	五合圪旦至磴口闸	10.21	8.74	8.29	11.75	0.948 5	0.910 3		
		11.1	10.89	9.58		0.879 7			

3）支渠渠道水利用系数

项目组分别在跃进干渠、民生干渠上游、中游、下游各选取3条支渠进行支渠典型渠段测试。支渠的渠道水利用系数计算成果见表6.99。

4）斗渠渠道水利用系数

项目组分别在跃进、民生所属支渠上各选取两个典型渠段进行测试,斗渠的渠道水利用系数计算成果见表6.100。

表 6.99 支渠渠道水利用系数计算成果

渠道名称		衬砌情况	测试日期	测试流量/(m³/s)		长度/km	渠道水利用系数			
				渠首	渠尾		测次系数	典型支渠（流量加权法）	灌域支渠综合（损失率法）	灌区支渠综合（损失率法）
民生渠	北四支	非衬砌	6.30	0.356	0.279	1.8	0.7837	0.8517	0.8597	0.8722
			7.4	0.869	0.762		0.8769			
			10.21	0.616	0.527		0.8555			
	北七支	非衬砌	5.28	0.350	0.294	1.2	0.8400	0.8333		
			7.4	0.210	0.166		0.7905			
			10.21	0.376	0.320		0.8511			
	南十二支	非衬砌	5.26	1.914	1.773	7.8	0.9263	0.8942		
			6.22	1.726	1.482		0.8586			
			7.16	1.869	1.671		0.8941			
跃进渠	北三支	非衬砌	5.31	0.637	0.555	2.5	0.8713	0.8838	0.8847	
			5.31	0.604	0.517		0.8560			
			6.19	0.927	0.819		0.8835			
			6.19	0.819	0.705		0.8608			
			6.20	0.896	0.778		0.8683			
			6.20	0.748	0.692		0.9251			
			6.22	0.597	0.576		0.9648			
			6.22	0.494	0.429		0.8684			
			6.23	0.543	0.474		0.8729			
			6.20	0.531	0.461		0.8682			
	南二支	非衬砌	6.18	0.517	0.442	1.8	0.8549	0.8549		
	南六支	非衬砌	5.31	1.435	1.143	2.2	0.9359	0.8289		
			10.21	0.874	0.771		0.8822			

表 6.100 斗渠渠道水利用系数计算成果

渠道名称		衬砌情况	测试日期	测试流量/(m³/s)		长度/km	渠道水利用系数			
				渠首	渠尾		测次系数	斗渠（流量加权）	灌域斗渠综合（损失率法）	灌区斗渠综合（损失率法）
民生渠	庞闸六斗渠	非衬砌	5-26	0.434	0.385	2.3	0.8871	0.8724	0.8509	0.8697
			6-20	0.421	0.372		0.8836			
			7-13	0.360	0.303		0.8417			
	北四支一斗	非衬砌	6-30	0.333	0.285	1.8	0.8559	0.8293		
			10-21	0.247	0.196		0.7935			
跃进渠	南二支一斗	非衬砌	6-18	0.179	0.165	0.93	0.9218	0.9218	0.8885	
	北三支北三斗	衬砌	6-4	0.094	0.071	2	0.7553	0.8552		
			6-4	0.127	0.119		0.9370			
			6-6	0.112	0.096		0.8571			
			6-6	0.102	0.086		0.8431			

6.3.2 渠系水利用系数

渠系水利用系数是综合反映灌区渠系工程总体状况与管理水平的重要指标。

本次测试通过对总干渠、分干渠、支渠、斗渠各典型渠道输水损失的计算,得到总干渠、分干渠、支渠、斗渠的输水损失系数,然后利用输水损失系数反推得到渠道水利用系数。综合上述总干渠、分干渠、支渠、斗渠渠道水利用系数的计算结果,镫口扬水灌区的渠系水利用系数由下式计算:

$$\eta_q = \eta_{\mp} \times \eta_{\text{分干}} \times \eta_{\text{支}} \times \eta_{\text{斗}} \tag{6.12}$$

各级渠道渠道水利用系数及全灌区渠系水利用系数计算结果见表6.101。

表 6.101　镫口扬水灌区渠系水利用系数计算成果

渠道名称	渠道水利用系数	渠系水利用系数
总干渠	0.933 8	
分干渠	0.764 7	0.541 7
支渠	0.872 2	
斗渠	0.869 7	

由上述计算可知,2012年镫口扬水灌区渠系水利用系数为0.5417。

6.3.3 田间水利用系数

1. 典型测试田块基本情况

2012年项目组分别在灌区上游、中游、下游三处选择六个典型田块进行测试,测试内容包括灌水量、土壤含水率、土壤容重及地下水位的变化,从而得出典型田块的实际净灌溉定额。各典型测试田块测试基本情况见表6.102。

表 6.102　典型田块测试基本情况

所属渠道	测试地点	田块面积/亩	灌水量/m³	种植作物	土壤含水率测定		土壤质地与容重测定		地下水位观测	
					组数	剖面深度/m	组数	剖面深度/m	孔数	孔深/m
民生渠	赵家圪梁	3.8	581	玉米	9组	1.4	3组	1.4	1孔	3.5
	侯家营	2.2	304	玉米	9组	1.4	3组	1.4	1孔	3.4
	庞家营	3.3	329	葵花	9组	1.4	3组	1.4	1孔	3.6
跃进渠	五合圪旦	2.3	515	小麦	9组	1.4	3组	1.4	1孔	3.3
	磴口	3.3	323	玉米	9组	1.4	3组	1.4	1孔	3.2
	小韩营	2.7	244	葵花	9组	1.4	3组	1.4	1孔	3.4

2. 典型测试田块代表性分析

根据灌区整体特点,同时结合种植结构和行政区划,分别在灌区上游、中游、下游选择六处灌区代表性作物(小麦、玉米、葵花)的田块作为测试田块,所选取的田块面积适中,边界清楚,形状规则,且田间平整度较好,土质类型具有代表性,灌水方便且宜于测量。

3. 田间净灌溉用水量分析

根据《全国灌溉用水有效利用系数测算分析技术指南》,第 i 种作物的净灌溉定额 M_i 由第 3 章相关公式进行计算。本项研究分别采用水量平衡法和模型计算法来估算第 i 种作物的净灌溉定额 M_i,并通过模型法进行验证。

1)水量平衡法

水量平衡法确定第 i 种作物的净灌溉定额 M_i 时,基本公式为

$$M_i = ET_{ci} - P_{ei} - G_{ei} - \Delta W_i \tag{6.13}$$

根据实测数据和气象资料,对 2012 年灌区内典型作物的各均衡项分别进行计算。

(1)第 i 种作物的蒸发蒸腾量 ET_{ci} 计算。

某种作物的蒸发蒸腾量 ET_{ci},可按照其各生育阶段的作物系数乘以各生育阶段 ET_0 来估算,计算方法与原理见第 3 章,其中灌区的 ET_0 是基于各气象站点的地面气象资料,计算出各站点处的 ET_{0i},然后按距离平方倒数法折算到各典型测试田块处得到的。灌区周边分布有土默特右旗、土默特左旗、达拉特旗、托克托县四个气象站,各气象站距灌区各典型测试田块的距离见表 6.103。

表 6.103　气象站距离各测试田块的距离

田块名称	气象站距离田块的距离/km			
	土默特右旗	土默特左旗	达拉特旗	托克托县
赵家圪梁	2.04	19.52	13.16	19.73
侯家营	6.62	12.71	20.30	14.32
庞家营	10.87	8.83	24.64	11.97
五合圪旦	3.55	19.32	13.86	18.23
碹口	5.66	16.07	17.72	14.64
小韩营	10.17	11.56	23.15	10.58

田间各测试点作物各生育阶段 ET_0、ET_c 见表 6.104~表 6.109。

表 6.104　五合圪旦小麦生育期蒸发蒸腾量计算成果

生育阶段	生育期	起止日期	天数/d	参考作物蒸发蒸腾量 ET_0/mm	作物系数 K_c	生育期蒸发蒸腾量 ET_c/mm
初始生长期	播种—出苗	3.28~5.4	38	133.2	0.41	54.6
	出苗—分叶					
快速发育期	分叶—拔节	5.5~5.29	25	99.2	0.78	77.9
生育中期	拔节至抽穗	5.30~7.13	45	164.0	1.15	188.6
	抽穗至开花					
	开花至成熟					
成熟期	成熟至收割	7.14~7.25	12	38.9	0.75	29.1
合计			120	436.0		350.3

表 6.105 赵家圪梁玉米生育期蒸发蒸腾量计算成果

生育阶段	生育期	起止日期	天数/d	参考作物蒸发蒸腾量 ET_0/mm	作物系数 K_c	生育期蒸发蒸腾量 ET_c/mm
初始生长期	播种—出苗	4.25~6.8	45	172.3	0.500	86.2
	出苗—拔节					
快速发育期	拔节—抽穗	6.9~7.3	25	90.2	0.875	78.9
生育中期	抽穗—授粉	7.4~8.17	45	149.1	1.250	186.3
	授粉—成熟					
成熟期	成熟—收割	8.18~9.6	20	64.3	0.700	45.0
合 计			135	475.9		396.4

表 6.106 侯家营玉米生育期蒸发蒸腾量计算成果

生育阶段	生育期	起止日期	天数/d	参考作物蒸发蒸腾量 ET_0/mm	作物系数 K_c	生育期蒸发蒸腾量 ET_c/mm
初始生长期	播种—出苗	4.28~6.11	45	177.5	0.700	88.7
	出苗—拔节					
快速发育期	拔节—抽穗	6.12~7.6	25	90.1	0.875	78.9
生育中期	抽穗—授粉	7.7~8.20	45	145.8	1.250	182.3
	授粉—成熟					
成熟期	成熟—收割	8.21~9.13	24	71.8	0.900	50.3
合 计			139	485.2		400.2

表 6.107 磴口玉米生育期蒸发蒸腾量计算成果

生育阶段	生育期	起止日期	天数/d	参考作物蒸发蒸腾量 ET_0/mm	作物系数 K_c	生育期蒸发蒸腾量 ET_c/mm
初始生长期	播种—出苗	4.27~6.10	45	176.0	0.500	88.0
	出苗—拔节					
快速发育期	拔节—抽穗	6.11~7.5	25	90.8	0.875	79.5
生育中期	抽穗—授粉	7.6~8.19	45	146.3	1.250	182.9
	授粉—成熟					
成熟期	成熟—收割	8.20~9.10	22	68.8	0.700	48.1
合 计			137	481.9		398.5

表 6.108 庞家营子葵花生育期蒸发蒸腾量计算成果

生育阶段	生育期	起止日期	天数/d	参考作物蒸发蒸腾量 ET_0/mm	作物系数 K_c	生育期蒸发蒸腾量 ET_c/mm
初始生长期	播种—出苗	6.8~6.27	20	77.2	0.700	54.0
	出苗—拔节					
快速发育期	拔节—抽穗	6.28~8.6	40	133.1	0.975	129.8
生育中期	抽穗—授粉	8.7~9.6	30	96.0	1.250	120.0
	授粉—成熟					
成熟期	成熟—收割	9.7~9.25	19	48.1	0.900	43.3
合 计			109	354.4		347.0

表 6.109　小韩营葵花生育期蒸发蒸腾量计算成果

生育阶段	生育期	起止日期	天数/d	参考作物蒸发蒸腾量 ET_0/mm	作物系数 K_c	生育期蒸发蒸腾量 ET_c/mm
初始生长期	播种—出苗	6.10～6.30	21	77.2	0.700	54.0
	出苗—拔节					
快速发育期	拔节—抽穗	7.1～8.9	40	135.1	0.975	131.7
生育中期	抽穗—授粉	8.10～9.9	30	97.3	1.250	121.6
	授粉—成熟					
成熟期	成熟—收割	9.10～9.29	20	49.2	0.900	44.3
合计			111	358.8		351.7

（2）第 i 种作物生育期内的有效降雨量 P_{ei} 计算。

镫口扬水灌区 2012 年各种作物生育期内有效降雨量计算成果见表 6.110,计算方法参见第 5 章。

表 6.110　镫口扬水灌区 2012 年各田间测试地块有效降雨量计算结果

项目	生育期	镫口扬水灌区典型测试田块					
		赵家圪梁(玉米)	侯家营(玉米)	庞家营(葵花)	五合圪旦(小麦)	镫口(玉米)	小韩营(葵花)
有效降雨量 /mm	生长初期	21.5	20.8	19.2	7.4	20.6	38.3
	快速生长期	39.6	38.4	125.5	16.6	38.6	119.4
	生长中期	134.3	141.0	58.1	44.2	141.0	45.2
	生长后期	30.4	27.7	15.9	29.1	25.7	16.9
	全生育期	225.8	228.0	218.8	97.3	226.0	219.8

（3）第 i 种作物生育期内地下水利用量 G_{ei} 计算。

由于灌区内大部分地区地下水位埋深大于 3 m,故不考虑对地下水的利用量进行计算。

（4）第 i 种作物生育期始末土壤储水量的变化值 ΔW_i 的计算。

作物根系层储水量的变化值,可根据生育期前后实测土壤含水量的变化量来确定,其计算公式为

$$\Delta W_i = H(\theta_2 - \theta_1)/100 \tag{6.14}$$

式中:ΔW_i 为土壤储水量的变化值,正值为增加,负值为减少(mm);H 为作物根系层计算深度(mm);θ_1 为生育期前测定的土壤体积含水率(%);θ_2 为生育期后测定的土壤体积含水率(%)。

根据水量平衡原理,可计算出每一种作物各典型测试田块的净灌溉定额,见表 6.111。

表 6.111　镫口扬水灌区典型测试田块净灌溉定额计算表(水量平衡法)

项目	赵家圪梁(玉米)	侯家营(玉米)	庞家营(葵花)	五合圪旦(小麦)	镫口(玉米)	小韩营(葵花)
生育期蒸发蒸腾量 ET_c/mm	396.4	400.2	347.0	396.4	398.5	351.7
有效降水量 P_e/mm	225.8	228.0	218.8	97.3	226.0	219.8
地下水补给量 G_e/mm						
生育期土壤储水量 ΔW/mm	6.8	0.0	9.8	68.4	14.3	3.6
净灌溉定额 M_i/mm	163.8	172.2	118.4	184.6	158.2	128.3

得到各典型田块不同作物的灌水定额后,经水量和面积加权平均,得出灌区主要作物的净灌溉定额 M_i,见表 6.112。

表 6.112　镫口扬水灌区主要作物平均净灌溉定额

项目	玉米	小麦	葵花	其他
净灌溉定额 M_i/mm	164.73	184.6	123.33	125.1
净灌溉定额 M_i/(m³/亩)	109.82	123.07	82.22	83.40

2) 基于 Win Isareg 模型估算的田间实测法

本书还采用 FAO 的 56 号文本编制的 Win Isareg 模型模拟计算了灌区主要作物的净灌溉定额 M_i。Win Isareg 模型的模拟计算结果见表 6.113。

表 6.113　基于 Win Isareg 模型估算的各典型测试田块作物净耗水量结果(田间实测法)

	赵家圪梁(玉米)	侯家营(玉米)	庞家营(葵花)	五合圪旦(小麦)	镫口(玉米)	小韩营(葵花)
生育期蒸发蒸腾量 ET_c/mm	412.3	405.6	345.9	315.8	408.6	354.2
有效降水量 P_e/mm	225.8	228.0	218.8	97.3	226.0	219.8
地下水补给量 G_e/mm						
生育期土壤储水量 ΔW/mm	21.4	0.7	13.8	46.1	3.7	9.3
作物净耗水量/mm	165.1	176.9	113.3	172.4	178.9	125.1

模拟的净灌溉定额与水量平衡原理计算出的结果基本接近,说明计算结果合理。本书在计算净灌溉用水量时采用基于水量平衡原理得出的结果。

4. 灌区净灌溉用水总量 W_j

灌区净灌溉用水总量 W_j 计算公式为

$$W_j = 0.666\,7 \sum_{i=1}^{N} M_i \times A_i \tag{6.15}$$

计算出灌区净灌溉用水总量 W_j,其结果见表 6.114。

表 6.114　灌区净溉用水量计算成果

作物种类	种植面积/万亩	净灌溉定额/mm	净灌溉定额/(m³/亩)	净灌溉用水总量/万 m³
小麦	2.08	184.6	123.13	256.11
玉米	24.68	164.73	109.87	2 711.68
葵花	3.81	123.33	82.26	313.43
其他	3.63	125.1	83.44	302.89
合计	34.2			3 584.11

田间水利用系数反映了田间灌溉水的利用效率,它是净灌溉用水总量与毛灌溉用水总量的比值。

项目组分别在民生渠和跃进渠上游、中游、下游针对主要作物选择六个典型田块进行了灌水量测试,具体典型测试田块布置情况见第 2 章。实测典型田块灌水量见表 6.115。

表 6.115 典型测试田块实际灌水量测试结果

所属干渠	所属节制闸	渠名	田块面积/亩	土壤质地	作物类型	灌水延续时间/h	灌水量/m³
民生渠	赵家圪梁	北四支	3.8	粉壤土	玉米	3.7	581
	侯家营	北七支	2.2	粉壤土	玉米	2.9	304
	庞家营	南十二支	3.3	粉壤土	葵花	6.7	329
跃进渠	五合圪旦	南一支	3.3	粉壤土	小麦	3.5	515
	磴口	北三支	2.3	粉壤土	玉米	3.3	323
	小韩营	南六支	2.7	粉壤土	葵花	4.5	294

经过灌溉面积和灌水量的加权平均,求出灌区的毛灌溉定额,依据全灌区种植结构进一步计算出全灌区的毛灌溉用水总量,见表 6.116。

表 6.116 2012 年磴口扬水灌区田间毛灌溉用水量计算成果

作物类型	作物面积/万亩	毛灌溉定额/(m³/亩)	毛灌溉用水量/万 m³
小麦	2.03	156	316.68
玉米	24.58	144	3 539.52
葵花	3.81	104	396.24
其他	3.42	88	300.96
合计	33.84		4 553.40

注:其他作物毛灌溉定额由当地调查而得

田间水利用系数由下式计算:

$$\eta_t = \frac{W_净}{W_毛} \tag{6.16}$$

式中:$W_净$ 为灌区净灌溉用水总量(万 m³);$W_毛$ 为灌区毛灌溉用水总量(万 m³)。

$$\eta_t = \frac{W_净}{W_毛} = \frac{3\ 584.1}{4\ 553.4} = 0.787\ 1 \tag{6.17}$$

磴口扬水灌区 2012 年田间水利用系数为 0.787 1。

6.3.4 灌溉水利用系数

灌区灌溉水利用系数采用首尾测算分析法和典型渠道测试分析法两种方法来计算,并相互印证。

1. 渠首引水量

磴口扬水灌区对渠首引水流量有逐日监测数据,内蒙古农业大学分别在大流量、中流量、小流量下进行了测试与校核,结果表明两者测定结果非常接近,见表 6.117。

表 6.117 灌区与项目组实测引水流量对比分析

日期	实测流量/(m³/s)		绝对误差/(m³/s)	相对误差/%
	灌区	项目组		
5.24	13.493	13.07	0.423	3.24
6.30	18.431	18.41	0.021	0.11
10.21	26.390	26.65	−0.260	−0.98
11.1	31.825	33.90	−2.075	−6.12

为了计算系统性和一致性,对灌区渠首引水流量进行了校正。2012 年镫口扬水灌区逐月引水流量见表 6.118,2012 年镫口扬水灌区总引水量为 18 814.1 万 m³,其中秋汇引水量为 8 561 万 m³,哈素海二级扬水的补水量为 1 980 万 m³,即可得出镫口扬水灌区一级扬水灌溉引水量为 8 273.1 万 m³。

表 6.118　2012 年镫口扬水灌区逐月一级灌溉引水、二级扬水补水量

灌区	灌溉时段	月份	引水量/万 m³	二级扬水补水/万 m³	灌溉用水量/万 m³
镫口扬水灌区	夏灌	4	912.2		912.2
		5	1 259.1		1 259.1
		6	757.8		757.8
		7	5 344.0		5 344.0
		8	0.0	0.0	0.0
		9	0.0	0.0	0.0
	秋汇	10	6 991.0	1 980.0	5 011.0
		11	3 550.0	0.0	3 550.0
合计			18 814.1	1 980.0	16 834.1

镫口灌区秋汇基本上是大水漫灌用水量较大,2012 年灌区秋汇引水量为 8 561 万 m³。

2. 灌区灌溉水利用系数 η_w

根据首尾测算分析法计算公式,灌区灌溉水利用系数 η_w 为

$$\eta_w = \frac{W_j}{W_a} = \frac{3\ 584.1}{8\ 273.1} = 0.433\ 2 \tag{6.18}$$

故首尾测算分析法计算的灌区灌溉水利用系数为 0.433 2。

按照典型渠道测试法,灌区灌溉水利用系数为

$$\eta_w = \eta_q \times \eta_t = 0.541\ 7 \times 0.787\ 1 = 0.426\ 4 \tag{6.19}$$

故典型渠道测试法计算的灌区灌溉水利用系数为 0.426 4。

综上所述,首尾测算分析法得出的灌区灌溉水利用系数为 0.433 2,典型渠道测试法得出的灌区灌溉水利用系数为 0.426 4,两种计算方法相近。本研究采用首尾测算分析法的结果。

6.3.5　镫口扬水灌区用水效率分析与评估

1. 典型测试渠道水利用系数分析与评估

1)总干渠衬砌与未衬砌渠段单位渠长损失率的对比分析

总干渠衬砌、未衬砌渠段长度分别为 4.43 km、13.62 km,按流量加权渠道水利用系数分别为 0.983 3、0.940 9,折合单位渠长渠道水利用系数分别为 0.996 2/km、0.995 5/km,损失率分别为 0.003 8/km、0.004 5/km,如图 6.43 所示。可以看出衬砌后单位渠长渠道水利用系数略有提高,损失率略有下降,如果按总干渠 18.05 km 长度与 2012 年引水水平计算,衬砌与未衬砌情况下渠道水利用系数分别为 0.933 4、0.919 9,2012 年总干渠渠首引水量为 15 963.8 万 m³,从而可计算出,总干渠全部衬砌后可节水 219 万 m³。

此外,总体来看,随着引水流量的增加,不论是衬砌渠段,还是未衬砌渠段,单位渠长渠系水利用系数呈增加趋势,损失率呈减少趋势,且衬砌渠段增加或减少幅度稍大。

2) 分干渠单位渠长损失率的对比分析

民生、跃进分干渠测试渠段长度分别为 32.86 km、30.47 km,按流量加权渠道水利用系数分别为 0.721 5、0.811 2,折合单位渠长渠道水利用系数分别为 0.990 1/km、0.993 2/km,损失率分别为 0.009 9/km、0.006 8/km,如图 6.44 所示。总体来看,跃进分干渠单位渠长渠道水利用系数较大,损失率较小。

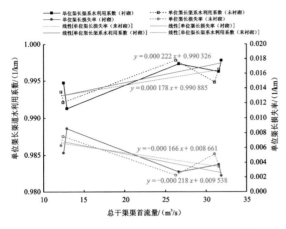

图 6.43　镫口扬水灌区总干渠衬砌与未衬砌渠段
单位渠长损失率与渠道水利用系数对比

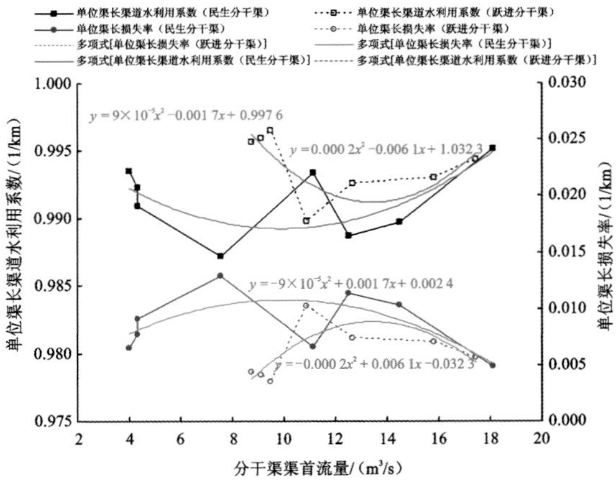

图 6.44　镫口扬水灌区分干渠单位渠长损失率
与渠道水利用系数对比

此外,不论民生分干渠,还是跃进分干渠,总体来看,随着引水流量的增加,单位渠长渠系水利用系数呈先减少后增加的趋势,损失率呈先增加后减少的趋势,也就是说,两个分干渠在中等流量时,损失水量最大,渠道水利用系数最小,但渠首流量超过 7 m³/s 时,渠道水利用系数又随引水流量的增大而增大。

3) 支渠单位渠长损失率的对比分析

民生渠、跃进渠支渠三个典型测试渠段平均长度分别为 3.6 km、2.17 km,按典型支渠长度加权计算出单位渠长损失率后,再推算出民生渠、跃进渠支渠综合渠道水利用系数分别为 0.859 7、0.884 7,折合单位渠长渠道水利用系数分别为 0.961 0/km、0.946 8/km,损失率分别为 0.039 0/km、0.053 2/km,如图 6.45 所示。如不考虑引水流量的影响,总体来看,民生支渠单位渠长渠道水利用系数较大,损失率较小。

此外,不论民生支渠,还是跃进支渠,总体来看,随着引水流量的增加,单位渠长渠系水利用系数均呈增加趋势,损失率均呈减少的趋势。而且,相同流量级别 0.6~1.4 m³/s 下,跃进支渠的损失水量较小,渠道水利用系数较大。然而,由于民生支渠引水流量大,引水总量也大,支渠总长度又长,民生支渠综合单位渠长渠道水利用系数大,损失率小。

4) 斗渠单位渠长损失率的对比分析

民生渠、跃进渠斗渠两个典型测试渠段平均长度分别为 2.05 km、1.465 km,按典型斗渠长度加权计算出单位渠长损失率后,再推算出民生渠、跃进渠斗渠综合渠道水利用系数分别为 0.850 9、0.888 5,折合单位渠长渠道水利用系数分别为 0.927 3/km、0.923 9/km,损失率分别为 0.072 7/km、0.076 1/km,如图 6.46 所示。如不考虑引水流量的影响,总体来看,民生斗渠单位渠长渠道水利用系数稍大,损失率稍小。

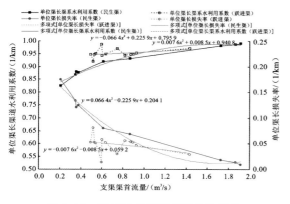

图 6.45 镫口扬水灌区支渠单位渠长
损失率与渠道水利用系数对比

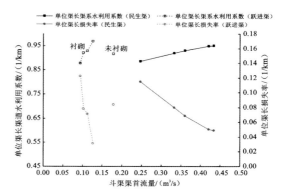

图 6.46 镫口扬水灌区斗渠单位渠长
损失率与渠道水利用系数对比

此外,不论民生斗渠,还是跃进斗渠,总体来看,随着引水流量的增加,单位渠长渠系水利用系数均呈增加趋势,损失率均呈减少的趋势。而且,从图 6.46 中各类曲线的趋势可以看出,相同流量级别下,跃进斗渠的损失水量较小,渠道水利用系数较大。然而,由于民生斗渠引水流量偏大,引水总量也较大,斗渠总长度也长,民生斗渠综合单位渠长渠道水利用系数略微偏大,损失率略微偏小。

本次测试,在跃进渠上选择南二支一斗、北三支北三斗这两个未衬砌、衬砌斗渠进行了测试,两斗渠测试平均流量分别为 0.179 m^3/s、0.108 75 m^3/s,渠道长度分别为 0.93 km、2 km,渠道水利用系数分别为 0.921 0、0.854 0,单位渠长损失率分别为 0.084 1/km、0.072 4/km,单位渠长渠道水利用系数分别为 0.915 9/km、0.927 6/km。可以看出,尽管南二支一斗引水流量比北三支北三斗大,但由于其有衬砌,单位渠长损失率偏大,渠道水利用系数偏小。

5)不同级别渠道单位渠长损失率的对比分析

基于上述成果,得出了镫口扬水灌区不同级别渠道单位渠长损失率与渠道水利用系数的对比见表 6.119、图 6.47。

表 6.119 不同类型渠道单位渠长损失率与单位渠长渠道水利用系数对比

渠道类别	所属干渠	衬砌情况	渠段长度/km	流量级别	单位渠长损失率	单位渠长渠道水利用系数	典型渠段水利用系数	典型渠段单位渠长损失率
总干渠	总干渠	衬砌	4.43	12.675	0.006 92	0.993 08	0.983 3	0.003 77
				30.067	0.002 87	0.997 13		
		未衬砌	13.62	12.290	0.006 89	0.993 11	0.940 9	0.004 34
				29.683	0.003 56	0.996 44		
分干渠	民生渠	未衬砌	32.86	5.058	0.009 05	0.990 9	0.721 5	0.008 47
				12.707	0.009 43	0.990 6		
				18.100	0.004 86	0.995 1		
	跃进渠	未衬砌	30.47	9.107	0.003 99	0.996 0	0.811 2	0.006 19
				11.770	0.008 83	0.991 2		
				16.630	0.006 36	0.993 6		

渠道类别	所属干渠	衬砌情况	渠段长度/km	流量级别	单位渠长损失率	单位渠长渠道水利用系数	典型渠段水利用系数	典型渠段单位渠长损失率
支渠	民生渠	未衬砌	3.6	0.323	0.138 05	0.861 9	0.859 7	0.038 96
				0.743	0.074 34	0.925 7		
				1.836	0.013 72	0.986 3		
	跃进渠	未衬砌	2.17	0.560	0.051 42	0.948 6	0.884 7	0.053 11
				0.853	0.047 69	0.952 3		
				1.435	0.029 14	0.970 9		
斗渠	民生渠	未衬砌	2.05	0.247	0.114 71	0.885 3	0.850 9	0.072 75
				0.347	0.074 46	0.925 5		
				0.428	0.049 85	0.950 2		
	跃进渠	衬砌	2	0.109	0.075 92	0.924 1	0.854 0	0.073 00
		未衬砌	0.93	0.179	0.084 10	0.915 9	0.921 0	0.084 95

由此总结出：①就同一级别渠道而言,跃进渠的单位渠长损失率偏小,单位渠长渠道水利用系数偏大。②各级渠道总体上看,随着流量的增加,单位渠长渠道水利用系数增大,损失率减小;但分干渠略微特殊,小流量反而比中等流量下单位渠长渠道水利用系数偏大,损失率偏小。③同一级渠道相同级别流量下,衬砌情况比未衬砌情况单位渠长渠道水利用系数偏大,损失率偏小。④随着渠道总干渠—分干渠—支渠—斗渠的推移,引水流量减少,单位渠长渠道水利用系数减少,损失率增大。

6）渠道衬砌情况下的节水潜力分析

基于上述不同级别衬砌、未衬砌渠道单位渠长渠道水利用系数成果,绘制出衬砌、未衬砌情况下单位渠长渠道水利用系数随渠首流量的变化曲线图,并依据试验点数据进行了拟合,见图 6.47。

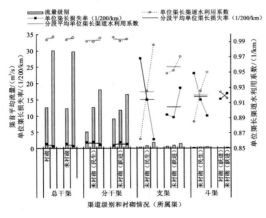

图 6.47 镫口扬水灌区不同级别渠道单位渠长损失率与渠道水利用系数的对比

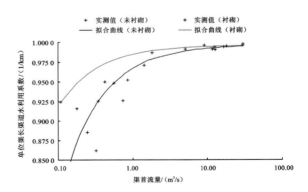

图 6.48 镫口扬水灌区单位渠长渠道水利用系数随渠首流量的变化曲线

根据衬砌、未衬砌情况下单位渠长渠道水利用系数曲线拟合成果,我们计算出衬砌条件下各级渠道的渠道水利用系数,从而计算出衬砌前后的节水量,见表6.120。

表 6.120　镫口扬水灌区渠道衬砌情况下节水潜力分析

渠道类别	渠道水利用系数		未衬砌情况下/万 m³			衬砌情况下/万 m³			衬砌前后减少损失量/万 m³
	衬砌前	衬砌后	渠首进水量	渠尾出水量	损失水量	渠首进水量	渠尾出水量	损失水量	
总干渠衬砌段	0.977 7	0.983 3	18 814.1	18 394.5	419.6	18 814.1	18 499.9	314.2	105.4
总干渠	0.940 9	0.949 2	18 394.5	17 307.4	1 087.1	18 499.9	17 560.1	939.8	147.3
分干渠	0.764 7	0.824 8	17 307.4	13 235.0	4 072.4	17 560.1	14 483.6	3 076.5	995.9
支渠	0.872 2	0.939 4	13 235.0	11 543.6	1 691.4	14 483.6	13 605.9	877.7	813.7
斗渠	0.869 7	0.921 8	11 543.6	10 039.4	1 504.1	13 605.9	12 541.9	1 064.0	440.1
合计					8 774.6			6 272.2	2 502.4

从表 6.120 结果可以看出,镫口扬水灌区 2012 年引水量为 18 814.1 万 m³,斗渠以上级别渠道全部衬砌后可节水 2 502.4 万 m³,节水比例为 13.30%;若镫口扬水灌区按黄河水利委员会下发的取水许可量 26 000 万 m³ 计算,可以节水 3 458.26 万 m³。经模拟,衬砌前后渠系水利用系数分别为 0.533 6、0.666 6,如直接按衬砌前后渠系水利用系数计算,2012 年与多年平均水平可分别节水 3 753.9 万 m³、5 187.7 万 m³。

2. 田间水利用系数分析与评估

根据水量平衡法、Win Isareg 模型模拟法计算出灌区六个典型测试田块种植作物的净灌溉定额,结合实测毛灌溉定额,汇总出各测试田块的田间水利用系数,见表 6.121。据此,绘制出镫口扬水灌区 2012 年作物-田块面积、作物-田间水利用系数变化图,见图 6.49。

表 6.121　各灌域典型田块玉米、葵花、小麦田间水利用系数分析与评估

灌域名称	种植作物	田块面积/亩	毛灌溉水量/m³	田间水利用系数	
				水量平衡法	田间实测法(模型法)
民生渠	玉米	3.8	581	0.714 2	0.719 9
	小麦	2.2	304	0.830 8	0.853 5
	葵花	3.3	329	0.791 7	0.757 6
跃进渠	玉米	2.3	515	0.751 0	0.849 3
	小麦	3.3	323	0.788 6	0.736 5
	葵花	2.7	244	0.785 5	0.765 9

由表 6.121 与图 6.49 可以总结出:无论是玉米,还是葵花,随着田块面积的增加,田间水利用系数呈减少趋势;就玉米而言,模型法计算出的田间水利用系数偏大,水量平衡法偏小,其他作物规律相反,分析原因,可能是作物系数选取未必完全合理,以后应开展田间试验,确定不同作物的作物系数,为灌区提供更合理的参数。

3. 灌区灌溉水利用系数分析与评估

镫口扬水灌区各有效水利用系数结果见表 6.122。

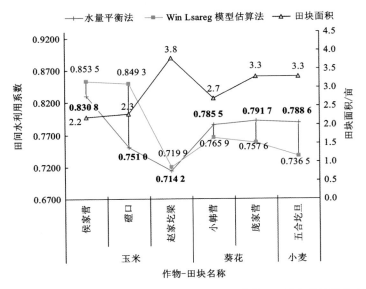

图 6.49 镫口扬水灌区 2012 年作物–田块面积、作物–田间水利用系数变化

表 6.122 镫口扬水灌区水利用系数的分析与评估

灌区名称	渠系水利用系数		田间水利用系数		灌溉水利用系数	
	首尾测算反算法	典型渠道测试法（连乘法）	水量平衡法	模型法	首尾测算分析法（水量平衡）	综合测算法
镫口扬水灌区	0.550 4	0.541 7	0.787 1	0.812 9	0.433 2	0.426 4

由表 6.122 可以看出，不同方法计算镫口扬水灌区渠系水利用系数、田间水利用系数和灌溉水利用系数相差不大。本书为统一，渠系水利用系数取用典型渠道测试法结果，为 0.541 7；田间水利用系数采用水量平衡法结果，为 0.787 1；灌溉水利用系数采用首尾测算分析法结果，为 0.433 2。

6.4 麻地壕扬水灌区灌溉水利用系数计算分析与评估

6.4.1 测试渠道水利用系数

1. 典型测试渠道测试工作完成情况

为了全面反映麻地壕扬水灌区渠道、渠系、田间和灌溉水效率，本次测试渠道的选择主要根据麻地壕扬水灌区渠道分布特点与水利工程条件，结合灌区管理体制等情况进行，所选典型测试渠道基本上能代表本灌区内不同流量（或控制面积）、不同长度、不同渠床土质、不同防渗措施、不同地下水位埋深等几种系列。本次测试过程中，共选择总干渠 1 条，干渠 2 条，分干渠 3 条，支渠 8 条，斗渠 5 条，农渠 2 条；分干渠每条选择 2 个典型测试渠段，其他渠道 1 个测试渠段；测流断面共计 32 个，每个断面测试次数为最少 2 次，最多 10 次。由于 2012 年降雨量大，麻地壕扬水灌区实际灌溉面积和灌水量相比往年偏低，灌水时间受降雨影响较大，导致灌水周期较短，对测流过程造成一定影响。

典型测试渠道测试工作完成情况，见表 6.123。

表 6.123　麻地壕扬水灌区典型测试渠道基本情况

灌域名称	渠道级别	测试渠段名称	测试渠段所在地	衬砌情况	测次	有效测次	测试流量范围/(m³/s)
总干渠段	干渠	干渠全段	麻地壕扬水站—中滩北	未衬砌	5	4	43～46
大井壕灌域	干渠	西干渠	中滩北—大井壕	未衬砌	6	4	18～20
		西一分干渠	大井壕—杜千夭	衬砌	4	4	5～6
			鸡咀营扬水站	未衬砌	4	4	1～4
		西二分干	大井壕—团结站	衬砌	10	10	1.4～2.2
	支渠	两间房支渠	两间房村	衬砌	4	4	0.7～0.9
		五申支渠	五申镇	未衬砌	6	6	0.17～0.25
		乃只盖支渠	乃只盖乡	衬砌	2	2	0.5～0.8
		五申北支渠	五申镇	衬砌	7	2	1.6～1.9
		中滩支渠	中滩乡	未衬砌	4	4	0.8～1.1
	斗渠	中滩支渠第四斗渠		衬砌	2	2	0.5～0.7
		五申北支渠一斗渠	五申镇	衬砌	4	2	0.10～0.12
		乃只盖支渠斗渠	乃只盖乡	衬砌	6	4	0.31～0.35
	农渠	中滩支渠一斗渠一农渠	中滩乡	衬砌	4	2	0.4～0.6
		五申北支渠一斗渠一农渠	五申镇	衬砌	4	2	0.08～0.11
丁家夭灌域	干渠	东干渠	中滩北—丁家夭	未衬砌	2	2	18～21
		东三分干渠	丁家夭—北斗林盖	未衬砌	2	2	14～16
	支渠	左十二支渠	北斗林盖	衬砌	2	2	0.9～1.1
		左六支渠	宝号营	未衬砌	2	2	1.4～1.6
		左二支渠	树林扬水站	衬砌	2	2	3～4
	斗渠	左二支渠第二斗渠		衬砌	2	2	0.5～0.7
		左十二支渠第六斗渠	北斗林盖	衬砌	2	2	0.4～0.5

2. 典型测试渠道代表性分析

选取的典型渠段位于灌区上游、中游、下游，均匀分布贯穿整个灌区，每级典型渠段都具备良好的测流条件，距离测流站较近，便于测量，渠道平整，便于管理，并且每级渠道的长度选取都达到国家标准。

3. 典型测试渠道测试结果

各级测试渠道水利用系数计算采用典型渠段测算分析法进行，测试渠段首断面大多选在渠首附近，首先求出典型渠段单位长度的损失率，再按实际渠长修正求出典型渠道的损失率，进而得到典型渠道的渠道水利用系数，最后利用长度加权平均计算得出各级渠道的渠道水利用系数，详见表 6.124。

表 6.124　麻地壕扬水灌区渠系水利用系数计算成果

渠道名称	渠道水利用系数	渠系水利用系数
总干渠	0.967	
干渠	0.947	
分干渠	0.803	0.577 0
支渠	0.899	
斗渠	0.914	
农渠	0.955	

6.4.2　渠系水利用系数

渠系水利用系数是综合反映灌区渠系工程总体状况与管理水平的重要指标。

本次测试通过对总干渠、干渠、分干渠、支渠、斗渠各典型渠道单位渠长输水损失量的计算,得到总干渠、干渠、分干渠、支渠、斗渠的单位渠长输水损失量,然后利用各级渠道的平均渠长,算得各级渠道的渠道水利用系数。最后,综合总干渠、干渠、分干渠、支渠、斗渠五级渠道的渠道水利用系数的计算结果,经连乘,确定出麻地壕扬水灌区的渠系水利用系数,计算公式为

$$\eta_q = \eta_{总干} \times \eta_{分干} \times \eta_支 \times \eta_斗 \tag{6.20}$$

各级渠道水利用系数及全灌区渠系水利用系数计算结果见表 6.124。

由上述计算可知,2012 年麻地壕扬水灌区渠系水利用系数为 0.571 0。

从表 6.125 还可看出,麻地壕扬水灌区分干渠、支渠、斗渠渠道水利用系数较低,尤其是分干渠渠道长,流量大,是实施节水工程的关键渠道;支渠分布广,流量小,损失率大,也是实施节水工程的重点。

表 6.125　麻地壕扬水灌区渠道水利用系数计算成果

测试渠道级别	测试渠道名称	衬砌情况	渠道总长度/km	测试流量/(m³/s) 测试渠段起始断面	测试流量/(m³/s) 测试渠段末端断面	典型测试渠段长度/km	渠段首距渠首的长度 L_1/km	渠尾流量/(m³/s)	渠段单位渠长损失率/(1/km)	渠道单位渠长损失率/(1/km)	渠道水利用系数	长度加权
总干渠	总干渠	未衬砌	4.660	45.100	44.130	2.60	1.00	43.595	0.008 3	0.007 0	0.967	0.967
干渠	西干渠	未衬砌	7.080	19.350	18.770	3.15	0.25	18.357	0.009 5	0.007 2	0.949	0.947
	东干渠	未衬砌	3.968	19.550	19.100	2.30	0.50	18.917	0.010 0	0.008 0	0.968	
分干渠	东三分干渠	未衬砌	43.870	14.920	14.560	5.25	3.95	2.000	0.004 6	0.002 5	0.891	0.803
	西一分干渠	衬砌	5.550	5.660	5.480	5.45	0.10	5.480	0.005 8	0.004 4	0.976	
	西一分干渠	未衬砌	19.978	3.120	2.950	4.45	8.00	1.500	0.012 2	0.008 8	0.825	
	西二分干渠	衬砌	10.000	1.894	1.832	1.00	0.10	1.766	0.032 7	0.007 4	0.975	
支渠	五申北支渠	未衬砌	3.620	1.780	1.650	1.65	0.20	0.650	0.044 3	0.026 6	0.951	0.899
	五申支渠	未衬砌	2.600	0.175	0.171	2.60	1.00	0.163	0.008 7	0.003 0	0.968	
	乃只盖支渠	衬砌	3.500	0.611	0.525	2.00	0.20	0.501	0.070 4	0.031 5	0.996	
	中滩支渠	未衬砌	2.650	1.020	0.877	1.75	0.23	0.650	0.080 1	0.055 0	0.966	
	两间房支渠	衬砌	6.150	0.840	0.686	2.00	0.20	0.350	0.091 7	0.056 0	0.987	
	左十二支渠	衬砌	4.000	1.030	0.910	3.20	0.20	0.920	0.036 4	0.027 1	0.891	
	左六支渠	未衬砌	4.815	1.610	1.403	2.15	0.20	1.380	0.059 8	0.043 8	0.789	
	左二支渠	未衬砌	5.000	3.250	3.086	3.50	0.25	2.500	0.014 4	0.010 3	0.949	

测试渠道级别	测试渠道名称	衬砌情况	渠道总长度/km	测试流量/(m³/s) 测试渠段起始断面	测试流量/(m³/s) 测试渠段末端断面	典型测试渠段长度/km	渠段首距渠首的长度 L_1/km	渠尾流量/(m³/s)	渠段单位渠长损失率/(1/km)	渠道单位渠长损失率/(1/km)	渠道水利用系数	长度加权
斗渠	中滩支渠第四斗渠	衬砌	2.100	0.610	0.565	0.80	0.00	0.550	0.092 2	0.066 9	0.943	0.914
	左十二支渠第六斗渠	衬砌	1.800	0.450	0.416	0.40	0.00	0.350	0.188 9	0.131 2	0.764	
	左二支渠第二斗渠	衬砌	2.000	0.570	0.533	1.20	0.00	0.520	0.054 1	0.039 4	0.921	
	五申北支渠一斗渠	衬砌	1.100	0.120	0.100	0.60	0.10	0.090	0.277 8	0.415 0	0.890	
	乃只盖支渠斗渠	衬砌	0.900	0.320	0.320	0.40	0.10	0.310	0.000 0	0.000 0	0.960	
农渠	五申北支渠一斗渠一农渠	衬砌	0.600	0.105	0.103	0.30	0.05	0.100	0.063 5	0.189 6	0.919	0.955
	中滩支渠一斗渠一农渠	衬砌	0.500	0.564	0.543	0.30	0.05	0.540	0.124 1	0.370 7	0.917	

注:对于同一级别的衬砌渠道左十二支渠和不衬砌渠道左二支渠,由于引水流量和土壤质地、渠道断面的类型及工程状况的差异,左十二支渠的渠道水利用系数较左二支渠的渠道水利用系数小,所以计算时剔除了左二支渠

6.4.3 田间水利用系数

1. 典型田块测试工作完成情况

1) 典型田块测试统计结果

本次试验共选择典型试验田四个,这四个试验田块分别位于托克托县四个行政区域,所选典型田块面积、田间平整度、土壤特性与灌溉特征等基本能代表全灌区的基本情况,并且考虑了不同的渠道运行的情况。由于整个灌区90%以上种植的都为玉米,故所选取的四个试验点种植的均为玉米,在作物生育期各个阶段及灌水前后定点测量1.0 m土层五个深度的土壤含水率值,每个田块中按上游、中游、下游均匀选取采样点,使用土钻对每个采样点按每层厚度20 cm进行取样,共取五层,即100 cm。在试验田块取水口设置梯形堰量水设施,在实际灌水条件下量测试验田块的灌水量。并且通过对试验地开挖剖面计算各试验田土壤容重及测量各个生育期地下水位变化,得出典型田块的实际净灌溉定额。

典型测试田块测试基本情况见表6.126。

表 6.126　麻地壕扬水灌区田间试验点基本情况

田块所属灌域	田块名称	所属行政区域	测试作物名称	田块面积/亩	土壤类型	地下水平均埋深/m	亩产量/(kg/亩)	田块所属渠道
丁家夭灌域	塔布板	古城镇	玉米	21.5	壤砂土	2.627	464.86	东三分干左十二支渠
	大北夭	伍什家乡	玉米	12.2	砂壤土	2.515	700.057	东二分干左二支渠
大井壕灌域	中滩	双河镇	玉米	6.4	黏壤土	0.470	—	总干渠中滩支渠
	两间房	五申镇	玉米	6.15	0～40 cm砂壤土 / 40～100 cm黏壤土	2.468	703.97	西二分干两间房支渠

2）田间土壤含水率、容重、土壤质地及其他参数的测试情况

每块试验田灌水前一天采集土样，每个田块中按灌水走向的上、中、下均匀选取采样点，对每个采样点按每层厚度 20 cm 进行取样，共取五层，即取样深度控制在 100 cm。采样工具为土钻。土样处理，用烘干法测土壤的含水率，测得土壤重量含水率。

灌后含水率的测定，灌水 2～3 d 后在试验田采集土样，方法同灌前含水量的测定。

土壤剖面的实测是为了获取不同地块不同层次的土壤容重和田间持水量，但由于土壤的空间变异性，不同地块不同位置所测得的土壤容重和田间持水量都不同，只能选择具有代表性的剖面，使之能够代表同类土质的情况，且剖面所在位置土层没有被破坏。具体实验方法如下。

（1）挖掘宽 1 m、长 2 m、深 1 m 的土坑，注意观察面要向阳、垂直。

（2）根据土体的构造和试验要求，确定土样采集的层次。本次试验结合土壤含水率的采样深度，确定为五个层次的采样。

（3）采样工具为环刀，每层取三个土样，取到的土样采用环刀法测定土壤容重和田间持水量，试验结果取平均值。对试验区 0～100 cm 剖面土样用激光粒度仪进行了颗粒分析，按美国农业部土壤质地三角形确定了土壤质地，由于塔布板、大北夭、中滩三个试验点在各层的土壤性质相同，故只进行了一次颗粒分析试验，而两间房在 40 cm 处出现胶泥，故两间房做了两次颗粒分析试验。用环刀取原状土，通过烘干法测定土壤容重。测定成果见表 6.127。

表 6.127　典型试验田土壤质地及其他参数

试验田名称	土壤质地	土壤容重/(t/m³)	田间持水量/%	凋萎系数/%
塔布板试验田	壤砂土	1.52	23.10	12.30
大北夭试验田	砂壤土	1.50	23.90	9.00
中滩试验田	黏壤土	1.45	33.40	24.22
两间房试验田 0～40 cm	砂壤土	1.51	29.69	14.78
两间房试验田 40～100 cm	黏壤土	1.46		

田间持水量采用灌水两天后的土壤含水率，凋萎系数的测定是通过对土壤开挖剖面，用环刀取土，采用压力薄膜仪，待土壤中水分恒定时，取出环刀，测定此时的体积含水率，即为该土壤的凋萎系数。

2. 测试田块田间水利用系数计算与结果分析

1）各灌域主要作物的毛灌水定额、净灌水定额的计算

根据第 3 章作物毛灌水定额、净灌水定额的计算公式，计算出各试验点的毛灌水定额和 100 cm 土壤深度下的净灌水定额。

在麻地壕扬水灌区灌溉水利用效率测试中，总共选取灌区的两个灌域进行测试，分别为丁家夭灌域、大井壕灌域，丁家夭灌域控制东一分干、东二分干、东三分干三条分干渠，能概括整个灌区东边的部分，大井壕灌域控制西一分干和西二分干，能概括整个灌区的西部。经调查，首先确定出灌区在春灌、夏灌的灌溉面积，分别为 12.96 万亩、9.19 万亩，其中有 4.32 万亩既进行了春灌也进行了夏灌。

而在四个试验点中，塔布板试验田和大北夭试验田所在灌域为丁家夭灌域的东三分干和东二分干，其中东一分干上无试验田块，其控制面积为 0.387 万亩，控制流量 98.94 万 m³，而中滩试验点和两间房试验点所属灌域为大井壕灌域。在计算中采用水量加权和面积加权的方法计算两个灌域的田间水利用系数，计算结果见表 6.128 和表 6.129。

表 6.128　典型测试田块玉米的田间水利用系数（田间实测法）

测定田块	净灌溉定额/(m³/亩)	毛灌溉定额/(m³/亩)	田间水利用系数
塔布板	94.13	120.56	0.781
大北夭	95.01	118.72	0.800
中滩	79.99	93.99	0.851
两间房	90.76	110.53	0.821

表 6.129　麻地壕各灌域及灌区田间水利用系数（田间实测法）

灌域名城	试验点	灌溉水量/万 m³	水量加权灌域田间水利用系数	灌区田间水利用系数	灌溉面积/万亩	面积加权灌域田间水利用系数	灌区田间水利用系数
丁家夭	塔布板	648.00	0.788 9	0.812 4	2.175	0.789 8	0.8139
	大北夭	464.66			1.895		
大井壕	中滩	125.79	0.822 3		0.420	0.821 9	
	两间房	2 756.19			12.950		

注：西二分干代表中滩支渠外整个灌域

2）测试田块测试结果变异性评价与置信区间估计

由丁家夭灌域、大井壕灌域田间水利用系数的计算结果可以看出，丁家夭灌域的田间水利用系数低于大井壕灌域，这是由于大井壕灌域的土壤质地大部分为黏性土，且田块面积越大其田间水利用系数越低。测试田块田间水效率变异性与置信区间估计见表 6.130。

表 6.130　各试验点田间水效率变异性与置信区间的估计结果

试验点	测次	效率 μ_i/%	利用系数均值	标准差 S	区间下限/%	区间上限/%	C_v 变异系数/%	变异程度	调和均数 $E_{调}$/%
塔布板	1	78.1							
大北夭	1	80.0	81.3	3.00	76.5	86.1	3.70	弱变异	81.01
中滩	1	85.1							
两间房	1	82.1							

3）水量平衡的作物净灌溉定额的计算

根据第 3 章介绍的水量平衡法 $M_i = \mathrm{ET}_{ci} - P_{ei} - G_{ei} - \Delta W_i$ 计算各灌域不同作物的灌溉定额时，需要确定其参考作物蒸发蒸腾量 ET_0、不同作物系数 K_c、有效降水量 P_e、作物生育期内地下水利用量 G_e。

参照作物蒸发蒸腾量 ET_0：由最高气温、最低气温、平均气温、平均相对湿度、平均风速、日照时数根据 FAO-56 推荐公式以日为步长计算而得，并且根据托克托县的气象资料与灌区土壤数据对 FAO-56 推荐的不同作物 K_c 值进行修正，确定出表 6.131 的作物系数，进而根据各典型测试田块不同生育期的参考作物蒸发蒸腾量，计算出四个典型测试田块玉米在不同生育期的实际需水量 ET_c 值。

表 6.131　麻地壕扬水灌区玉米在不同生育阶段的作物系数

种植作物	生育阶段的作物系数			
	生长初期	快速生长期	生长中期	生长后期
玉米	0.47	0.85	1.23	0.69

地下水补给量:按 $G_g = f(H)E$ 计算,$f(H)$ 为地下水利用系数,E 为潜水蒸发量,通过查阅大量相关文献最终确定依据《内蒙古河套灌区灌溉排水与盐碱化防治》(53 页)给出的经验公式计算地下水利用系数,即

$$壤土: f(H) = C = 0.3356 - 0.2929\ln H \tag{6.21}$$

$$黏土: f(H) = C = 0.0548 H^{-1.5266} \tag{6.22}$$

式中:H 为地下水埋深(m),详见表 6.132。

表 6.132 各典型试验点各生育期地下水埋深 （单位:m）

生育期	塔布板	地下水埋深	大北圪	地下水埋深	两间房	地下水埋深
生长初期	5.90~6.90	2.65	5.90~6.90	2.50	5.30~6.30	2.42
快速生长期	6.10~7.12	2.70	6.10~7.12	2.66	6.40~7.50	2.57
生长中期	7.13~8.24	2.39	7.13~8.24	2.30	7.60~8.17	2.28
生长后期	8.25~9.15	2.77	8.25~9.15	2.60	8.18~9.90	2.60
全生育期平均值		2.627		2.515		2.468

潜水蒸发量:采用水面蒸发量乘以相应土质及地下水埋深对应的系数进行计算。潜水蒸发与水面蒸发的相关系数见表 6.133。

表 6.133 潜水蒸发与水面蒸发的相关系数

土壤类型	不同地下水埋深下的相关系数					
	0.5 m	1.0 m	1.5 m	1.8 m	2.5 m	3.15 m
砂壤土	0.874	0.840	0.660	0.578	0.367	0
黏土	0.617	0.492	0.479	0.403	0.542	0

作物净灌溉定额的计算:通过水量平衡原理计算麻地壕扬水灌区全生育期的净灌溉定额,如表 6.134 所示(由于 2012 年降雨较多,中滩地区地下水位较高,致使水量平衡计算出的值为负值,且在实际的测试过程中该地区发生涝灾,没有收成,故在此计算方法中予以舍弃)。

表 6.134 麻地壕扬水灌区净灌溉定额计算

项目	生育期	麻地壕扬水灌区		
		塔布板	大北圪	两间房
参考作物蒸发蒸腾量/mm	生长初期	125.5	126.8	130.6
	快速生长期	127.4	127.5	122.2
	生长中期	138.1	140.7	140.2
	生长后期	65.9	66.8	74.2
	全生育期	456.9	461.8	467.2
作物蒸发蒸腾量/mm	生长初期	59.0	59.6	61.4
	快速生长期	108.3	108.4	103.9
	生长中期	169.9	173.0	172.4
	生长后期	45.5	46.1	51.2
	全生育期	382.7	387.1	388.9

项目	生育期	麻地壕扬水灌区		
		塔布板	大北天	两间房
有效降水量/mm	生长初期	21.9	18.5	16.4
	快速生长期	45.0	44.8	43.7
	生长中期	129.5	126.8	128.2
	生长后期	30.4	30.1	31.6
	全生育期	226.8	220.2	219.9
地下水补给量/mm	生长初期	4.7	8.2	10.4
	快速生长期	3.8	4.5	6.3
	生长中期	10.5	12.8	15.7
	生长后期	1.0	2.3	2.7
	全生育期	20.0	27.8	35.1
净灌溉定额/(m³/亩)		90.58	92.76	89.29

水量平衡法计算出的净灌溉定额与量水堰测出的毛灌溉定额的比值即为田间水利用系数,再利用水量、面积加权法计算出灌域及灌区的田间水利用系数,详见表6.135与表6.136。

表 6.135　各典型测试田块田间水利用系数计算

田块名称	灌水次数	测定水量/(m³/亩)	净灌水定额/(m³/亩)	田间水利用系数
塔布板	1	120.56	90.58	0.751
大北天	1	118.72	92.76	0.781
两间房	1	110.53	89.29	0.808

表 6.136　麻地壕扬水灌区各灌域及灌区田间水利用系数

灌域名城	试验点	灌溉水量/万 m³	水量加权灌域田间水利用系数	灌区田间水利用系数	灌溉面积/万亩	面积加权灌域田间水利用系数	灌区田间水利用系数
丁家天灌域	塔布板	648.00	0.763 5	0.794 8	2.175	0.765 0	0.797 2
	大北天	464.66			1.895		
大井壕灌域	两间房	2 881.99	0.808 0		13.37	0.808 0	

6.4.4　灌区灌溉水利用系数

1. 不同灌域净灌溉定额的成果分析

根据实测法和水量平衡方法均计算出了各典型测试田块处玉米的净灌溉定额,现将两种方法计算出的净灌溉定额进行对比,总结出灌域的净灌溉定额,进而求出整个灌区的净灌溉定额,再计算出灌区的田间水利用系数。表6.137、表6.138给出了田间实测法、水量平衡法两种方法确定出的灌域及灌区净灌溉定额。

表 6.137　麻地壕扬水灌区不同灌域及全灌区净灌溉定额计算成果(田间实测法)

灌域名称	试验点	水量加权			面积加权		
		灌溉水量/万 m³	灌域净灌溉定额/(m³/亩)	灌区净灌溉定额/(m³/亩)	灌溉面积/万亩	灌域净灌溉定额/(m³/亩)	灌区净灌溉定额/(m³/亩)
丁家圪灌域	塔布板	648.00	94.539 7	91.535 3	2.175	94.540	91.451 2
	大北圪	464.66			1.895		
大井壕灌域	中滩	125.79	90.421 7		0.420	90.422	
	两间房	2 756.19			12.950		

表 6.138　不同灌域及灌区净灌溉定额计算表(水量平衡法)

灌域名称	试验点	水量加权			面积加权		
		灌溉水量/万 m³	灌域净灌溉定额/(m³/亩)	灌区净灌溉定额/(m³/亩)	灌溉面积/万亩	灌域净灌溉定额/(m³/亩)	灌区净灌溉定额/(m³/亩)
丁家圪灌域	塔布板	648.00	91.490	89.941	2.175	91.595	89.866
	大北圪	464.66			1.895		
大井壕灌域	两间房	2 881.99	89.290		13.37	89.290	

根据田间实测法和水量平衡法计算的田间水利用系数和净灌溉定额的结果差别不大,由于水量平衡法计算所需的参数较多,为使结果更加精确,在接下来的计算中以实测的田间水利用系数和净灌溉定额为准。而水量加权与面积加权的结果同样相近,但从严格意义上来讲,各典型灌区或者各类灌区之间,亩均毛灌溉水量或者亩引水流量相同,才能应用面积加权,这就要求各典型灌区或者各类灌区之间作物种植结构、渠系分布及用水管理水平等相近。实际上述条件很难完全满足,因此,面积加权法与水量加权法相比,其结果往往存在一定偏差,在此将面积加权作为对水量加权结果的校核,而最终以水量加权计算的结果为主,即灌区田间水利用系数为 0.812 4,净灌溉定额为 91.54 m³/亩,灌区春汇、夏浇合计灌溉面积 22.15 万亩,则净灌溉用水量为 2 025.62 万 m³。

2. 渠首毛引水量的确定

根据灌区实测逐日引水量数据,经整理后得到灌区各月渠首毛引水量,见表 6.139。

表 6.139　2012 年麻地壕扬水灌区逐月灌溉毛引水量

灌区	各月引水量/万 m³				年总灌溉用水量/万 m³
	4 月	5 月	6 月	7 月	
麻地壕扬水灌区	2 476.0	949.2	292.1	516.0	4 233.3

根据首尾测算分析法计算公式,灌区灌溉水利用系数 η_w 为

$$\eta_w = \frac{W_j}{W_a} = \frac{2\,025.62}{4\,233.3} = 0.478\,5 \tag{6.23}$$

按照典型渠道测试法,灌区灌溉水利用系数为

$$\eta_w = \eta_q \times \eta_t = 0.571\,1 \times 0.812\,4 = 0.464\,0 \tag{6.24}$$

故典型渠道测试法计算出的灌区灌溉水利用系数为 0.464 0。

综上所述,首尾测算分析法得出的灌区灌溉水利用系数为 0.478 5,典型渠道测试法得出的灌区灌溉水利用系数为 0.464 0,两种计算方法相近,本书采用首尾测算分析法计算结果。

6.4.5 麻地壕扬水灌区用水效率分析与评估

1. 典型测试渠道水利用系数分析与评估

麻地壕扬水灌区经多年建设,目前大井壕灌域已完成总干渠、西一分干渠、西二分干渠部分渠段的衬砌,完成了西一分干左五支渠、崞县营支渠衬砌;丁家夭灌域完成了东三分干渠宝号营站以后部分渠段衬砌,东二分干渠太水营支渠、东三分干左七支渠、东三分干北斗干斗渠渠道衬砌。在测试的渠道中,干渠均为未衬砌渠道,而斗渠和农渠全部为非衬砌渠道,在计算衬砌与非衬砌的损失率时,主要对分干渠和支渠进行了比较,见表 6.138。

在实际测试中,由于干渠为不衬砌渠道,不能进行衬砌与不衬砌的对比分析,而在分干渠道测试中,主要测试了东三分干渠、西一分干渠和西二分干渠,而西一分干渠分为衬砌与不衬砌段,东一分干渠由于长度不满足要求,予以剔除,不作为典型渠道,即将对西一分干渠和西二分干渠衬砌渠道进行计算得出的渠道水利用系数,和对西一分干渠和东三分干渠不衬砌渠道进行计算得出的渠道水利用系数,分别代表整个灌区中衬砌与不衬砌的分干渠道的渠道水利用系数。

五申支渠、中滩支渠和左六支渠这几条衬砌支渠在工况、所处区域及土壤特性、引水流量等方面能代表整个灌区中所有的衬砌渠道类型,而乃只盖支渠、五申北支渠、两间房支渠和左十二支渠这几条未衬砌渠道能代表整个灌区中所有非衬砌渠道类型,用长度加权的方法分别算出衬砌与非衬砌情况下的渠道水利用系数。

根据表 6.140 可以看出,分干渠衬砌较非衬砌损失率提高了 2%,而支渠损失率提高了 4.9%,表明支渠的节水潜力较大,即在投资充足的情况下首先对支渠进行改造会达到较好的节水效果。

表 6.140 同一级别渠道衬砌与非衬砌渠道水利用系数对比

渠道类别	未衬砌				衬砌				衬砌较未衬砌减少损失率/%
	渠道名称	渠道长度/km	渠道单位渠长损失率/(1/km)	渠道水利用系数(长度加权)	渠道名称	渠道长度/km	渠道单位渠长损失率/(1/km)	渠道水利用系数(长度加权)	
分干渠	西一分干渠	19.978	0.008 8	0.785	西一分干渠	5.550	0.004 4	0.805	2.0
	东三分干渠	43.870	0.002 5		西二分干渠	10.000	0.007 4		
支渠	五申支渠	2.600	0.003 0	0.858	乃只盖支渠	3.500	0.031 5	0.907	4.9
	中滩支渠	2.650	0.055 0		五申北支渠	3.620	0.026 6		
	左六支渠	4.815	0.043 8		两间房支渠	6.150	0.056 0		
					左十二支渠	4.000	0.027 1		

西一分干渠未衬砌渠段长度分别为 19.978 km,单位渠长损失率为 0.008 8 km,东三分干渠渠道长度 43.87 km,单位渠长损失率为 0.002 5 km,用长度加权的方法算得未衬砌情况下渠道水利用系数为 0.785;西一分干渠衬砌渠段长度为 5.55 km,渠道单位渠长损失率为

0.004 4 km,西二分干渠衬砌渠段渠道长度为 10 km,单位渠长损失率为 0.007 4 km,用长度加权的方法算得衬砌情况下渠道水利用系数为 0.805。由此可见,整个分干渠,衬砌后较衬砌前损失率减少了 2%,由于分干渠渠首总的引水量为 3 868.85 万 m³,所以算得衬砌后较衬砌前节约水量 77.37 万 m³。

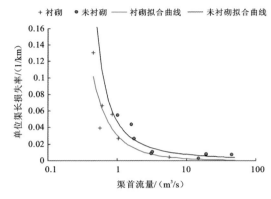

图 6.50　麻地壕扬水灌区衬砌、未衬砌渠道水利用系数模拟曲线

对于同一级别的支渠来说,由分干渠渠首总引水量为 3 868.85 万 m³,推出支渠的引水量为 1 553.34 万 m³,同理是用长度加权的方法算得支渠未衬砌情况下和衬砌情况下渠道水利用系数分别为 0.858 和 0.907,由此可见,整个支渠衬砌后较衬砌前损失率减少了 4.9%,算得衬砌后较衬砌前节约水量 76.11 万 m³。

进一步通过绘制各典型测试渠道单位渠长损失率与流量关系曲线(图 6.50),并分别就衬砌、未衬砌试验点进行模拟,确定两种情况下的单位渠长损失率综合模拟方程,方程如下:

未衬砌情况下:

$$\sigma = 0.089[\ln(q) + 1.4]^{-1.8761} \tag{6.25}$$

衬砌情况下:

$$\sigma = 62.33[\ln(q) + 4.05]^{-5.441} \tag{6.26}$$

据此模拟出衬砌前后麻地壕扬水灌区各级渠道水利用系数,如表 6.141 所示。

表 6.141　麻地壕扬水灌区衬砌、未衬砌渠道、渠系水利用系数模拟计算结果

渠道名称	渠道水利用系数		
	未衬砌情况下	现况条件	衬砌情况下
总干渠	0.967 4	0.967	0.996 1
干渠	0.959 2	0.947	0.991 6
分干渠	0.876 1	0.803	0.898 9
支渠	0.808 1	0.899	0.865 0
斗渠	0.708 9	0.914	0.851 3
农渠		0.955	
渠系水利用系数	0.465 8	0.576	0.653 7

如按麻地壕扬水灌区黄河水利委员会分水指标 6 000 万 m³ 计算,衬砌比未衬砌总共节水 1 726.1 万 m³,总节水比例为 28.8%;现状条件比衬砌前已节水 1 107.2 万 m³,节水比例为 18.5%;在此基础上,如渠道全部衬砌,尚可节水 618.9 万 m³,节水比例为 10.3%,节水潜力已经不大。总体来看,麻地壕扬水灌区由于渠床土质较黏,渗漏量不大,衬砌后节水效果不明显。

2. 田间水利用系数分析与评估

根据田间实测法、水量平衡法计算出灌区四个典型测试田块玉米的净灌溉定额,结合实测毛灌溉定额,汇总出各测试田块的田间水利用系数,见表 6.142。据此,绘制出麻地壕扬水灌区 2012 年田块面积-玉米作物的田间水利用系数变化图,见图 6.51。

表 6.142　各灌域典型田块玉米田间水利用系数分析与评估

灌域名称	田块名称	田块面积/亩	毛灌溉水量/(m³/亩)	田间水利用系数	
				水量平衡法	田间实测法
丁家夭灌域	塔布板	2.175	120.56	0.751	0.781
	大北夭	1.895	118.72	0.781	0.8
大井壕灌域	中滩	0.42	93.99	0.42	0.851
	两间房	12.95	110.53	0.808	0.821

由表 6.142 与图 6.51 可以总结出:随着田块面积的增加,玉米的田间水利用系数呈减少趋势;就灌区主要种植作物玉米而言,田间实测法计算出的田间水利用系数偏大,水量平衡法偏小,分析原因,可能是作物系数选取未必完全合理,以后应开展田间试验,确定不同作物的作物系数,为灌区提供更合理的参数。

3. 灌区灌溉水利用系数分析与评估

麻地壕扬水灌区水利用系数结果见表 6.143。

由表 6.143 可以看出,不同方法计算的麻地壕扬水灌区渠系水利用系数、田间水利用系数和灌溉水利用系数相差不大。本书为统一,渠系水

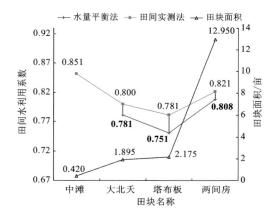

图 6.51　麻地壕扬水灌区 2012 年田间
水利用系数随田块面积的变化

利用系数取用典型渠道测试法结果,为 0.577;田间水利用系数采用田间实测法结果,为 0.812 4;灌溉水利用系数采用首尾测算分析法(田间实测法)结果,为 0.479。

表 6.143　麻地壕扬水灌区水利用系数的分析与评估

灌区名称	渠系水利用系数		田间水利用系数		灌溉水利用系数	
	首尾测算反算法（田间实测法）	典型渠道测试法（连乘法）	水量平衡法	田间实测法	首尾测算分析法（田间实测法）	综合测算法
麻地壕扬水灌区	0.589 6	0.577 0	0.794 8	0.812 4	0.479 0	0.467 9

6.5　引黄灌区灌溉水利用效率计算与分析

通过对四个引黄灌区灌溉水利用效率计算分析,推算出各灌区的渠系水利用系数、田间水利用系数及灌溉水利用系数,将其测试结果按四灌区水量与面积(表 6.144)进行加权求得四个灌区(引黄灌区)总体利用系数,见表 6.145。引黄灌区水量加权后的田间实测法灌溉水利用系数为 0.433 9,低于全国大型灌区平均水平。

从图 6.52 可以看出,内蒙古引黄灌区田间水利用系数(田间实测法结果)内蒙古河套灌区最高,而麻地壕扬水灌区次之,黄河南岸自流灌区最小;黄河南岸扬水灌区、黄河南岸自流灌区渠系水利用系数比其他灌区的大,这是由于黄河南岸的渠道衬砌率比其他灌区的大。黄河南

表 6.144　内蒙古引黄灌区 2012 年灌溉面积与引黄水量汇总

灌区名称	灌溉面积/万亩	引黄水量/万 m³	面积比例因子	水量比例因子
河套灌区	837.50	371 550.4	0.874 7	0.908 4
黄河南岸自流灌区	26.91	15 369.7	0.028 1	0.037 6
黄河南岸扬水灌区	37.10	9 582.2	0.038 7	0.023 4
镫口扬水灌区	33.84	8 273.1	0.035 3	0.020 2
麻地壕扬水灌区	22.15	4 233.3	0.023 1	0.010 4
引黄灌区	957.50	409 008.7		

注：黄河南岸自流灌区、黄河南岸扬水灌区灌溉面积为以春汇、夏浇、秋灌水量为权得到的平均值

表 6.145　内蒙古引黄灌区灌溉水利用系数计算成果

灌区名称	面积比例因子	净引水量比例因子	灌溉水利用系数			渠系水利用系数		田间水利用系数（田间实测法）
			田间实测法	水量平衡法	综合测算法	首尾测算反算法	典型渠道测试法	
河套灌区	0.874 8	0.908 4	0.426 2	0.415 2	0.421 5	0.519 3	0.480 0	0.8265
黄河南岸自流灌区	0.028 1	0.037 6	0.530 3	0.527 9	0.515 2	0.682 0	0.664 0	0.775 9
黄河南岸扬水灌区	0.038 7	0.023 4	0.560 3	0.545 5	0.539 1	0.698 8	0.681 4	0.791 2
镫口扬水灌区	0.035 3	0.020 2	0.433 2	0.447 4	0.426 4	0.550 4	0.541 7	0.787 1
麻地壕扬水灌区	0.023 1	0.010 4	0.479 0	0.453 8	0.467 9	0.589 6	0.577 0	0.812 4
引黄灌区　面积加权			0.435 8	0.425 4	0.430 4	0.533 6	0.497 4	0.822 0
引黄灌区　水量加权			0.433 9	0.423 5	0.428 8	0.531 0	0.493 9	0.822 8
引黄灌区　采用值			0.433 9	0.423 5	0.428 8	0.531	0.493 9	0.822 8

岸自流灌区、黄河南岸扬水灌区的灌溉水利用系数也比其他灌区的大，由于各灌区田间水利用系数变化不大，说明黄河南岸自流灌区、黄河南岸扬水灌区灌溉水利用系数的提高大部分是通过渠道衬砌来提高的，这基本符合实际。

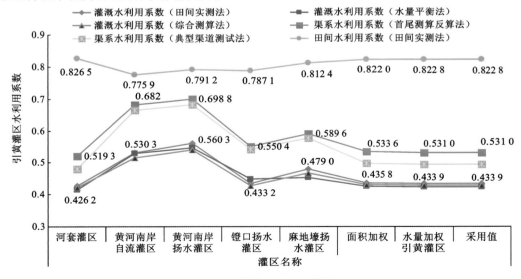

图 6.52　引黄灌区利用系数对比

6.6 小　　结

本章根据野外实际测量数据计算渠道水利用系数、渠系水利用系数、田间水利用系数及灌区的灌溉水利用系数,并结合首尾测算分析法对灌区进行综合评价与分析。

6.6.1　河套灌区

根据对河套灌区的测试,得出如下结果。

河套灌区的总干渠渠道水利用系数为 0.940 5;干渠渠道水利用系数为 0.824 1;分干渠渠道水利用系数为 0.789 2;支渠渠道水利用系数为 0.897 6;斗渠渠道水利用系数为 0.928 4;农渠渠道水利用系数为 0.941 6。

渠系水利用系数:①采用间接首尾反算法时,田间实测反算结果为乌兰布和灌域、解放闸灌域、永济灌域、义长灌域、乌拉特灌域依次为 0.519 6、0.532 3、0.555 4、0.556 4、0.527 9,总干渠用田间实测法计算结果反算渠系水利用系数,其面积加权与水量加权值分别为 0.545 6、0.545 1;水量平衡法反算结果为乌兰布和灌域、解放闸灌域、永济灌域、义长灌域、乌拉特灌域依次为 0.509 1、0.520 8、0.536 2、0.535 4、0.540 0。总干渠用水量平衡计算结果反算渠系水利用系数,其面积加权与水量加权值分别为 0.532 6、0.531 1;②河套渠区采用直接首尾反算法时,利用灌区田间实测法加权结果反算渠系水利用系数,其面积与水量加权值分别为 0.516 8、0.519 3;河套渠区利用水量平衡法加权结果反算渠系水利用系数,其面积与水量加权值分别为 0.503 3、0.505 4。③典型渠道测试法连乘计算的渠系水利用系数为 0.480 0。

田间水利用系数:基于田间实测含水率法,乌兰布和灌域、解放闸灌域、永济灌域、义长灌域、乌拉特灌域五灌域的田间水利用系数依次为 0.818 9、0.834 7、0.823 6、0.813 0、0.795 9,计算出各灌域田间水利用系数后分别对其进行面积加权和水量加权,从而计算出河套灌区的田间水利用系数,其面积加权值为 0.818 2,水量加权值为 0.826 5。

河套灌区的灌溉水利用系数是通过将各灌域计算出的灌溉水利用系数按取水情况先对解放闸灌域、永济灌域、义长灌域、乌拉特灌域四灌域进行水量与面积加权,然后乘以总干渠的渠道水利用系数,再与乌兰布和灌域按水量与面积加权,从而得到的灌溉水利用系数,田间实测法的面积和水量加权值分别为 0.422 8 和 0.426 2,水量平衡法的面积与水量加权值分别为 0.412 7和 0.415 2。

河套灌区如果全部衬砌,各种级别渠道的渠道水利用系数均有提高。除总干渠的提高幅度较小外,其他级别渠道的提高幅度非常明显。经计算节水比例可达 28.06%,渠系水利用系数由现在的 0.480 0(连乘法)提高到 0.625 9。

河套灌区不同级别渠道的渠道水利用系数随着渠道级别的降低,呈现先减小后增加的趋势,其中分干渠的渠道水利用系数最小,农渠的渠道水利用系数最大。经衬砌后节水最多的是干渠,其次是分干渠和支渠;效率提高最多的是分干渠,其次是干渠和支渠。在今后节水工程改造中应优先考虑干渠和分干渠。

6.6.2　黄河南岸灌区

根据对黄河南岸灌区的测试,得出如下结果。

自流灌区总干渠渠道水利用系数为 0.792 0,支渠渠道水利用系数为 0.941 8,斗渠渠道水利用系数为 0.937 0;扬水灌区干渠渠道水利用系数为 0.833 9,支渠渠道水利用系数为 0.917 9,斗渠渠道水利用系数为 0.86。

自流灌区:首尾测算反算法(基于田间实测法反算)求得的渠系水利用系数为 0.682 0,连乘法测算的渠系水利用系数为 0.664 0。扬水灌区:首尾测算反算法(基于田间实测法反算)求得的渠系水利用系数为 0.698 8,连乘法测算的渠系水利用系数为 0.681 4。整个黄河南岸灌区:首尾测算反算法的面积加权值为 0.689 9,水量加权值为 0.688 5,连乘法的面积加权值为 0.672 2,水量加权值为 0.670 8。

自流灌区:田间实测法测得的田间水利用系数为 0.775 9,水量平衡法测得的田间水利用系数为 0.777 7。扬水灌区:田间实测法测得的田间水利用系数为 0.791 2,水量平衡法测得的田间水利用系数为 0.761 9。整个黄河南岸灌区:田间实测法的面积加权值为 0.783 1,水量加权值为 0.781 9,平均值为 0.782 5;水量平衡法的面积加权值为 0.770 3,水量加权值为 0.771 5,平均值为 0.770 9。

自流灌区:基于首尾测算田间实测法测得的灌溉水利用系数为 0.530 3,基于首尾测算水量平衡法测得的灌溉水利用系数为 0.527 9。扬水灌区:基于首尾测算田间实测法测得的灌溉水利用系数为 0.560 3,基于首尾测算水量平衡法测得的灌溉水利用系数为 0.545 5。整个黄河南岸灌区:基于首尾测算田间实测法的面积加权值为 0.544 4,水量加权值为 0.542 0,平均值为 0.543 2;基于首尾测算水量平衡法的面积加权值为 0.536 1,水量加权值为 0.534 7,平均值为 0.535 4。

黄河南岸自流灌区 2012 年渠系水利用系数为 0.673 0[首尾测算反算法(0.682 0)与连乘测算法(0.664 0)的平均值],衬砌前为 0.32,根据衬砌前渠首引水量,计算出自流灌区节水量为 1.212 亿 m³,节水比例为 52.45%;黄河南岸扬水灌区 2012 年渠系水利用系数为 0.690 1[首尾测算反算法(0.698 8)与连乘测算法(0.681 4)的平均值],衬砌前为 0.51,根据衬砌前渠首引水量,计算出扬水灌区节水量为 0.678 5 亿 m³,节水比例为 26.1%;整个黄河南岸灌区节水量为 1.89 亿 m³,节水效果非常明显。

6.6.3 镫口扬水灌区

根据对镫口扬水灌区的测试,得出如下结果。

总干渠渠道水利用系数为 0.933 8;分干渠渠道水利用系数为 0.764 7;支渠渠道水利用系数为 0.872 2;斗渠渠道水利用系数为 0.869 7。

渠系水利用系数为各级渠道长度加权和流量加权后求平均得到的渠道水利用系数的乘积,求得灌区渠系水利用系数为 0.541 7;首尾测算反算法(基于水量平衡法反算)渠系水利用系数为 0.550 4。

基于水量平衡法计算的灌区田间水利用系数为 0.787 1,基于模型模拟法计算的灌区田间水利用系数为 0.812 9。

利用水量平衡法求得的灌区灌溉水利用系数为 0.433 2;利用典型渠道测试法测算的整个镫口扬水灌区灌溉水利用系数为 0.426 4。

镫口扬水灌区 2012 年引水量为 18 814.1 万 m³,斗渠以上级别渠道全部衬砌后可节水 2 502.5 万 m³,节水比例为 13.30%;若镫口扬水灌区按黄河水利委员会下发的取水许可量 26 000 万 m³ 计算,可以节水 3 458.26 万 m³。

6.6.4　麻地壕扬水灌区

根据对麻地壕扬水灌区的测试,得出如下结果。

总干渠渠道水利用系数为 0.967;干渠渠道水利用系数为 0.947;分干渠渠道水利用系数为 0.803;支渠渠道水利用系数为 0.899;斗渠渠道水利用系数为 0.914。

通过水量加权,计算出麻地壕扬水灌区田间实测法田间水利用系数为 0.812 4,水量平衡法田间水利用系数为 0.794 8。

经过对各级渠道的测试,计算出麻地壕扬水灌区渠系水利用系数为 0.577 0,首尾测算反算法(基于田间实测法反算)渠系水利用系数为 0.589 6。

通过首尾测算法(田间实测法)和典型渠道测试法,计算出麻地壕扬水灌区灌溉水利用系数分别为 0.479 0 和 0.467 9。

如果按西一分干渠 2012 年引水水平计算,2012 年西一分干渠渠首引水量为 2 116.65 万 m³,从而可计算出,西一分干渠全部衬砌后可节水 319.61 万 m³。支渠的毛水量为 1 907.1 万 m³,从而可计算出,支渠全部衬砌后的节水量为 194.5 万 m³。

如按麻地壕扬水灌区黄河水利委员会分水指标 6 000 万 m³ 计算,衬砌比未衬砌总共节水 1 726.1 万 m³,总节水比例为 28.8%;现状条件比衬砌前已节水 1 107.2 万 m³,节水比例为 18.5%;在此基础上,如渠道全部衬砌,尚可节水 618.9 万 m³,节水比例为 10.3%,节水潜力已经不大。

6.6.5　引黄灌区

渠系水利用系数(典型渠道测试法):面积加权值为 0.497 4,水量加权值为 0.493 9,采用值为 0.493 9。

渠系水利用系数(基于田间实测法的首尾测算反算法):面积加权值为 0.533 6,水量加权值为 0.531 0,采用值为 0.531 0。

田间水利用系数(田间实测法):面积加权值为 0.822 0,水量加权值为 0.822 8,采用值为 0.822 8。

灌溉水利用系数:田间实测法面积加权值为 0.435 8,水量加权值为 0.433 9,采用值为 0.433 9;水量平衡测算法面积加权值为 0.425 4,水量加权值为 0.423 5,采用值为 0.423 5;综合测算法面积加权值为 0.430 4,水量加权值为 0.428 8,采用值为 0.428 8。

第7章　基于历史资料的灌溉水效率估算与节水潜力分析

7.1　河套灌区基于历史资料的灌溉水效率估算与分析

7.1.1　河套灌区多年引水量与节水工程改造效果分析评估

以内蒙古河套灌区1982～2012年长系列农业净引水量和年降雨量资料为基础,运用均值分析、方差分析、相关分析、时间序列分析和生存分析等数理统计学方法,并结合内蒙古河套灌区农业种植发展进程,分析了河套灌区多年农业净引水量变化趋势与影响因素。

1. 河套灌区灌溉水文年型分析及代表性评价

本次分析采用皮尔逊III型频率法对河套灌区1982～2012年这31年的农业净引水量进行计算分析,计算结果如图7.1所示。

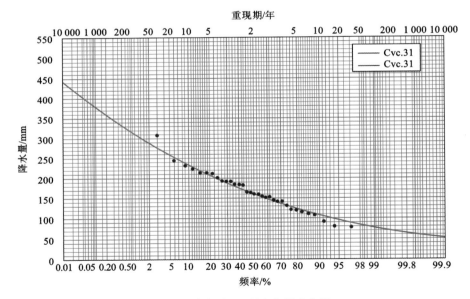

图7.1　皮尔逊III型水文频率曲线

频率为25%的年份出现在1993年,净引水量是52.99亿 m³,降雨量为109.65 mm;最大降雨出现在2012年,降雨量为307.74 mm,为罕见的特殊丰水年份,部分地区出现涝灾现象,净引水量是37.16亿 m³;频率为50%的年份为1997年,净引水量是50.93亿 m³,降雨量为199.20 mm;频率为75%的年份为2007年,净引水量是48.03亿 m³,降雨量为190.52 mm;特枯年为1986年,净引水量高达56.01亿 m³,降雨量仅为77.94 mm。

根据年降雨量的大小和净引水量水文频率曲线,进行聚类分析,进一步细化,将这31年重新划分成枯水年、平水年和丰水年,它们的范围依次是年降雨量小于130.43 mm、界于130.43 mm和211.76 mm之间、大于211.76 mm。在这31年中,平水年出现16次,丰水年和枯水年分别出现7次、8次。经过聚类分析得出的水文年型和传统水文频率分析得出的水文年型的年降雨量略有不同。传统水文频率分析的结果是：枯水年 120.64 mm，平水年 160.72 mm，丰水年 199.20 mm，与聚类分析的结果平均相差 10 mm。这是因为传统水文频率分析的结果是某一年的观测值，而聚类分析的结果打破了这一限制，是由原始数据计算得出的值。所以本书在划分这 31 年的水文年型时，采用聚类分析的结果。

2. 引水量的正态性检验

正态分布是连续性随机变量中最重要的分布之一，大都服从正态分布。对 1982～2012 年的年净引水量用非参数 Kolmogorov-Smirnov 检验，得到渐进双侧显著性概率 P 是 0.630，远大于显著性水平 0.05，所以接受原假设，认为河套灌区年净引水量服从正态分布 $N(49.91, 4.44)$，详见图 7.2。

3. 节水改造的均值分析

均值分析能更清晰地反映不同因素影响下数据的平均水平。河套灌区 1982～2012 年净引水量以水文年型和衬砌为因素的均值分析见表 7.1。由表 7.1 可见，衬砌后的净引水量明显小于衬砌前的净引水量，并且枯水

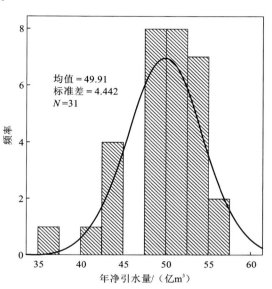

图 7.2　农业净引水量正态检验直方图

年的净引水量最大，平水年次之，丰水年最小，它们之间的差异性分析见下面的方差分析。河套灌区衬砌后不同水文年型的净引水量比衬砌前不同水文年型的净引水量平均小 4 亿 m^3；各水文年型下的净引水量平均相差 2 亿～5 亿 m^3。

表 7.1　不同因素下的均值分析

控制因素		净引水量均值/亿 m^3	N	标准差
节水改造前 （1982～2002）	枯水年	54.272	5	2.234
	平水年	52.265	10	1.503
	丰水年	49.167	3	0.740
	合计	52.306	18	2.305
节水改造后 （2003～2012 年）	枯水年	49.250	3	5.240
	平水年	47.598	6	2.829
	丰水年	43.100	4	5.290
	合计	46.595	13	4.610
1982～2012 年	枯水年	52.389	8	4.178
	平水年	50.515	16	3.077
	丰水年	45.700	7	4.969
	合计	49.911	31	4.440

4. 基于水文年型与节水改造多因素方差分析

对以水文年型与节水工程为控制因素的农业净引水量进行主体间检验,得到显著性概率 P 是 0.877,远大于显著性水平 0.05,所以认为节水工程与降雨量的交互作用对河套灌区净引水量没有明显影响,它们只是独立地对河套灌区净引水量起着显著作用。下面将从年降雨量和节水工程这两个因素出发,结合统计学分析方法,单独分析它们对河套灌区净引水量的影响。由图 7.3 可知,节水工程的实施可以使农业净引水量明显减小,而年降雨量基本不受影响(方差满足齐性要求且方差分析的显著性概率 P 是 0.609),这说明河套灌区农业净引水量的减小给降雨带来的影响很小。

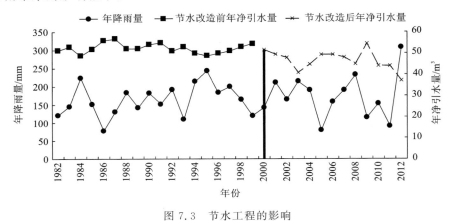

图 7.3　节水工程的影响

7.1.2　河套灌区基于历史资料的灌溉水效率估算与分析

为了分析河套灌区多年的灌溉水利用效率变化趋势,本项目收集了河套灌区近 31 年的灌溉引水量、灌溉面积、灌溉结构、地下水埋深和气象资料,利用彭曼-蒙特斯公式计算了灌区作物耗水量,利用水量平衡法计算了灌区的净灌溉定额。结合秋浇及播前灌溉情况,利用首尾测算分析法计算了灌区的灌溉水利用效率。

1. 河套灌区多年引水量、灌溉面积、气象资料收集与整理

1) 河套灌区历年引水量(水文部门核准数据)

从河套灌区历年总(净)引水量(表 7.2)与河套灌区历年灌溉水效率走势的对比中可得出以下结论:

(1)虽然河套灌区 1982~2012 年历年引水量(总引水量、净引水量)在此期间出现上下波动的动态变化过程,但其整体走势呈现出下降的趋势,其中最大总引水量出现在 1991 年,引水量为 64.879 亿 m³,最小总引水量出现在 2003 年,其值为 48.53 亿 m³,最大值、最小值相差 16.349 亿 m³。而最大净引水量出现在 1987 年,其值为 56.697 亿 m³;最小净引水量出现在 2012 年,其值为 37.161 亿 m³,最大值、最小值相差 19.536 亿 m³。之所以河套灌区总引水量与净引水量最大值、最小值年份不同,是由于:①各年份水文年型不同;②各年份作物的种植比例不同,如小麦等需水量大的作物种植面积呈减小趋势。

(2)河套灌区 1982~2012 年历年引水量(总引水量和净引水量)整体走势呈现出下降趋势,说明河套灌区实施的节水灌溉措施是有效的。

表 7.2　河套灌区 1982～2012 年引水量　　　　　　　　　　（单位：亿 m³）

年份	放关时间		引水量			总干渠泄水水量	灌区净引水量
	放	关	总干渠首	沈乌干渠	小计		
1982	5.5	11.5	56.882	4.725	61.607	10.399	51.208
1983	5.5	11.5	53.198	4.553	57.751	8.313	49.438
1984	5.8	11.5	56.426	4.195	60.621	11.841	48.780
1985	5.5	11.5	58.559	4.346	62.905	10.916	51.989
1986	5.3	11.11	59.625	5.161	64.786	8.774	56.012
1987	4.30	11.5	58.250	4.687	62.937	6.240	56.697
1988	4.28	11.8	54.566	5.021	59.587	7.463	52.124
1989	4.30	11.5	55.260	5.375	60.635	8.535	52.100
1990	4.28	11.4	57.521	5.968	63.489	9.448	54.041
1991	4.28	10.31	58.688	6.191	64.879	10.017	54.862
1992	4.28	10.31	53.298	5.245	58.543	7.570	50.973
1993	4.28	10.31	58.280	5.664	63.944	10.953	52.991
1994	4.25	10.31	55.319	5.135	60.454	10.432	50.022
1995	4.26	10.31	51.300	5.360	56.660	7.875	48.785
1996	4.27	10.31	53.310	5.130	58.430	8.688	49.752
1997	4.23	10.31	49.770	5.420	55.200	13.020	42.180
1998	4.20	10.31	55.070	5.410	60.490	7.943	52.537
1999	4.16	10.31	55.940	5.930	61.870	7.502	54.368
2000	4.14	10.31	52.700	5.530	58.230	6.520	51.710
2001	4.12	10.31	50.850	5.640	56.490	6.746	49.744
2002	4.12	11.2	51.570	5.000	56.570	8.681	47.889
2003	4.5	11.7	44.290	4.240	48.530	7.560	40.970
2004	4.13	11.4	51.070	4.810	55.880	11.269	44.611
2005	4.15	11.4	53.550	5.560	59.110	9.769	49.341
2006	4.13	11.5	55.560	5.380	60.940	16.447	49.493
2007	4.13	11.6	54.540	5.870	60.410	20.684	39.726
2008	4.16	11.4	51.360	5.260	56.620	21.385	35.234
2009	4.9	11.11	57.920	6.160	64.080	24.234	39.846
2010	4.14	11.10	56.690	5.410	62.110	29.620	32.480
2011	4.18	11.9	54.200	4.960	59.160	27.666	43.494
2012	4.13	11.10	50.650	5.180	55.820	18.668	37.161

2）河套灌区历年灌溉面积

河套灌区历年作物灌溉面积走势见图 7.4。

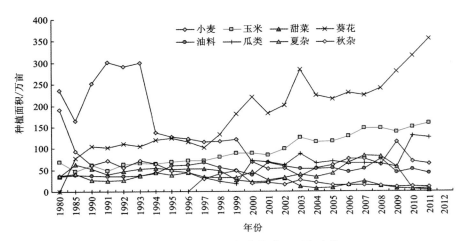

图 7.4　河套灌区历年作物灌溉面积走势

由图 7.4 可看出：

（1）河套灌区 1980～2012 年作物总灌溉面积呈现出先上升后平稳变化的过程，由 1980 年的 620.9 万亩增加到 2012 年的 837.49 万亩，净增加 216.59 万亩。

（2）主要作物（小麦、玉米、葵花等）的灌溉面积变化趋势为小麦呈现先下降后平稳变化的趋势，从 1980 年的 235.59 万亩减小到 2012 年的 114.62 万亩，净减少 120.97 万亩。玉米和葵花的灌溉面积都呈现上升的趋势，其中玉米的灌溉面积从 1980 年的 68.26 万亩增加到 2012 年的 187.97 万亩，净增加 119.71 万亩，葵花的灌溉面积从 1980 年的 76.84 万亩增加到 2012 年的 306.48 万亩，净增加 229.64 万亩。这也直接导致了河套灌区历年净引水量的减少。加之节水工程的实施，灌区工程条件得到很大改善，对于灌区灌溉水利用效率的提高均起到了积极作用。

3）河套灌区历年气象资料

根据计算参考蒸发蒸腾量（ET_0）所需的数据收集整理气象资料，包括平均最高气温、平均最低气温、平均风速、日照时数和水汽压，且都是高度为 2 m 时的气象值。此次历年气象数据共有 33 年（1980～2012 年），按照每年 1 月到 12 月的顺序整理分析。

2．不同年份净灌溉定额（M）的估算

1）ET_0 的计算

采用 Win Isareg 模型计算作物参考蒸发蒸腾量 ET_0，其中的历年气象数据均为固定时段内（每旬）平均数值，平均风速的单位是千米每小时，计算得到的 ET_0 的单位为毫米每天。然后依照河套灌区各种不同作物的生育期，通过逐日累加的方法得到作物生育期内的参考蒸发蒸腾量，其中历年作物的生育期采用统一的数值。河套灌区作物生育期见表 7.3。

表 7.3　河套灌区历年作物生育期参考值

作物种类	小麦	油料	夏杂	瓜类	蔬菜	番茄	玉米
生育期	3-10	5-5	5-1	5-8	7-20	5-10	4-25
	7-10	9-15	8-20	8-12	10-20	8-20	9-20
作物种类	甜菜	葵花	秋杂	林地	牧草地	糜黍	复种	套种
生育期	4-10	3-25	7-20	3-15	4-1	7-10	7-15	3-30
	10-15	9-20	10-20	4-30	7-30	10-10	10-20	10-10

利用 FAO-56 彭曼-蒙特斯公式计算河套灌区历年作物参考蒸发蒸腾量 ET_0。

2）ET_c 的计算

得到不同作物的 ET_0 之后，便可利用作物参考蒸发蒸腾量 ET_0 乘以作物系数 K_c 算得作物生育期内的实际蒸发蒸腾量 ET_c。

3）有效降雨量的计算

本章中历年作物有效降雨量的计算采用第 5 章有效降雨量公式。

4）地下水对作物补给量的计算

根据河套灌区不同灌域降雨资料和地下水位埋深实测资料，利用历年作物全生育期内地下水埋深与地下水利用量之间的关系函数（参考《内蒙古河套灌区灌溉排水与盐碱化防治》一书 54 页中的经验公式），即可算出作物生育期内的地下水利用量。

5）作物净灌溉定额 M 的计算

将前面计算得到的相关数据代入相应公式中，即可得到不同作物生育期内的需水量，最后乘以河套灌区作物的历年灌溉面积，得到整个灌区各历史年份的总灌溉需水量，即理论作物净灌水量。

6）不同年份灌溉水利用系数的估算

利用首尾测算分析法计算河套灌区历年灌溉水利用系数见表 7.4。河套灌区历年灌溉水利用系数变化见图 7.5。

表 7.4　河套灌区 1980～2012 年灌溉水利用系数

年份	1980	1985	1990	1991	1992	1993	1994	1995	
系数	0.342 0	0.306 5	0.356 2	0.392 1	0.389 1	0.383 9	0.366 0	0.374 7	
年份	1996	1997	1998	1999	2000	2001	2002	2003	
系数	0.355 3	0.367 7	0.365 0	0.373 9	0.366 8	0.365 1	0.378 0	0.353 8	
年份	2004	2005	2006	2007	2008	2009	2010	2011	2012
系数	0.397 4	0.430 0	0.370 8	0.364 2	0.388 7	0.404 2	0.404 3	0.408 2	0.424 5

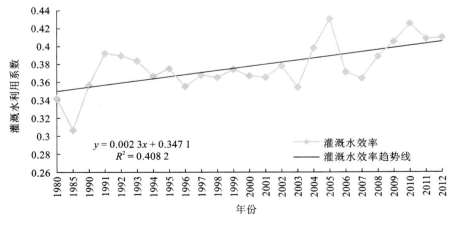

图 7.5　河套灌区历年灌溉水利用效率变化

从变化趋势图可以看出,33 年中,整个河套灌区的灌溉水利用系数呈现出上下波动的趋势。其中 2005 年、2009 年、2010 年、2011 年、2012 年的灌溉水利用系数较大,均超过 0.40,尤以 2005 年最为突出,值为 0.430 0;而 1980 年、1985 年、1990 年、1996 年、2003 年的灌溉水利用系数较小,均小于 0.36,1985 年的最小,为 0.306 5。最大、最小灌溉水利用效率相差 0.123 5。但这只是个别特殊年份的差异,就整个河套灌区而言,其灌溉水利用系数仍然呈现上升趋势。

单从历年灌溉水利用系数分析,由于节水工程不断完善,系数总体呈现上升趋势;然而相邻年份出现锯齿状现象,结合水文年型分析其原因,可以看出灌溉水利用系数与年均降雨量呈现出一定的负相关关系,即丰水年灌溉水利用系数较低,而枯水年较高,这与武汉大学熊佳等的研究结果是相似的。

7.1.3 河套灌区节水潜力分析与灌溉水效率估算

本书在分析河套灌区农业节水潜力时,参考《节水潜力的定义和确定方法》(段爱旺 等,2002)对节水潜力的定义进行分析。

1) 河套灌区节水工程现状

河套灌区骨干工程现状:河套灌区从 1998 年开始进行大型灌区节水工程改造,截至 2012 年,全灌区的总干渠、干渠、分干渠、支渠的工程已基本配套完成。

2) 田间工程现状

目前河套灌区田间灌水方式主要为块灌和畦灌,田块的大小多以责任田块为单位,一般为 1～3 亩,局部有 1 亩以下的。现主要存在着田块大小不一,仍然以漫灌为主要灌溉方式的问题,浪费水量,影响灌水效果。同前几年田块面积 2～4 亩,局部有 4 亩以上的相比,目前河套灌区田块面积已经缩减了很多,但仍有缩减的余地。

7.1.4 河套灌区灌溉水利用系数阈值估算与节水潜力分析

本次研究主要从缩小畦块和实行节水灌溉制度方面,采用程宪国、傅国斌等的灌区农业灌溉节水潜力的公式对河套灌区农业灌溉田间节水潜力进行不同空间尺度的评估分析。

1. 沟畦改造——缩小畦块

通过第 6 章可知,在土壤质地基本一致的情况下,不同空间尺度的田间灌溉水效率与其典型畦块的大小有着直接的联系。因此,不同空间尺度田间灌溉水效率与其典型畦块大小的关系见图 7.6,不同空间尺度的田间级别和渠道(干渠)级别节水潜力与畦块大小的关系见图 7.7。

通过第 6 章可知,在土壤质地基本一致的情况下,不同尺度的田间水效率与其典型畦块的大小有着直接的联系。因此,为了探究不同尺度在沟畦改造单一措施下的节水潜力与畦块大小的关系,需将畦块面积作为单一的影响因素,从而拟合得到了不同尺度田间灌溉水效率与其典型畦块大小的关系图,详见图 7.6,根据 100 cm 计划湿润层深度田间水利用效率拟合的参数,并依据相应的计算公式,计算拟合得到了不同尺度的节水潜力与畦块大小的关系图,详见图 7.7。不同尺度节水潜力与畦块大小模型参数见表 7.5。

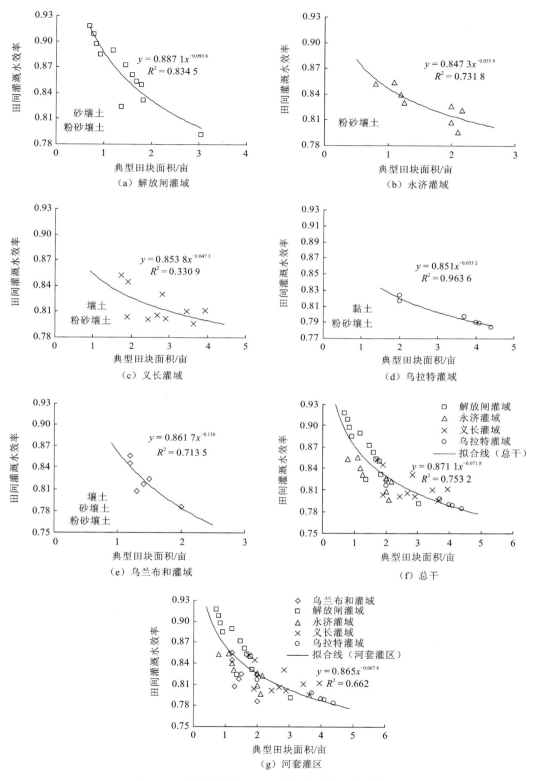

图 7.6　田间灌溉水效率与其典型畦块大小的关系

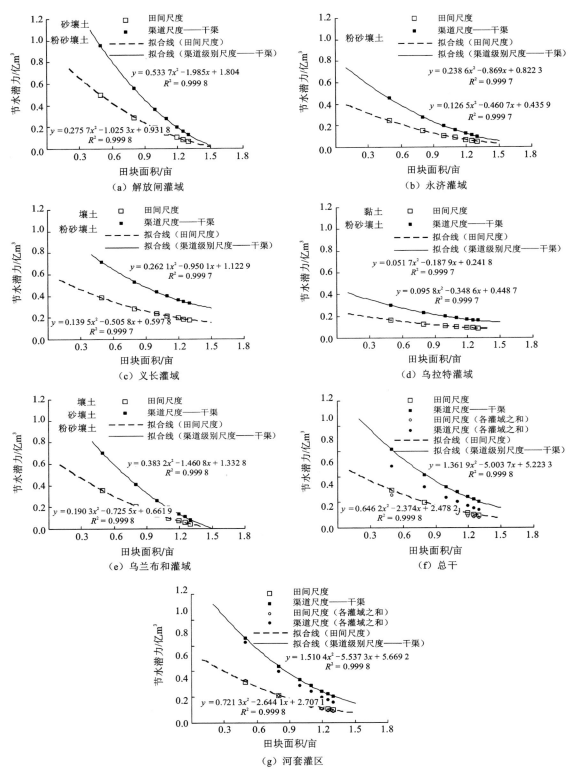

图 7.7 田间和渠道级别节水潜力与田块大小关系

表 7.5　河套灌区分异节水潜力与畦块大小模型参数

名称	田间级别			渠道级别			平均田块面积/亩	节水潜力平均值/万 m³	
	a	b	c	a	b	c		田间尺度	渠道尺度
乌兰布和灌域	0.190 3	−0.725 5	0.661 9	0.383 2	−1.460 8	1.332 8	1.321 3	1 341.97	2 702.15
解放闸灌域	0.275 7	−1.025 3	0.931 8	0.533 7	−1.985 0	1.804 0	1.578 8	1 914.32	3 706.16
永济灌域	0.126 5	−0.460 7	0.435 9	0.238 6	−0.869 0	0.822 3	2.743 0	1 061.95	2 003.26
义长灌域	0.190 1	−0.696 6	0.832 6	0.356 9	−1.307 7	1.563 1	3.366 7	3 327.76	6 247.28
乌拉特灌域	0.051 7	−0.187 9	0.241 8	0.095 8	−0.348 6	0.448 7	2.252 4	1 074.52	1 993.55
总干直口	0.653 5	−2.402 5	2.518 3	1.377 3	−5.062 8	5.306 9	1.435 0	7 918.5	1 6687.12
河套灌区	0.730 3	−2.678 9	2.749 0	1.529 3	−5.609 4	5.756 0	1.321 3	8 276.41	17 329.88

　　通过图 7.7 知,河套灌区各灌域由于土壤类型、所含土壤类型比例及现状畦田大小的不同,各灌域之间存在着不同的田间节水潜力。此外,从图 7.7 可以看出,在田间节水措施,即在单一的缩小畦块措施下,畦田面积越小,田间节水潜力越大,而变化率变化最大的是义长灌域和解放闸灌域,其次是乌兰布和灌域与永济灌域,最后是乌拉特灌域,而总干节水潜力的变化率比乌兰布和灌域的变化率要低,因此,如果要通过缩小畦田大小进行河套灌区的节水潜力改造,则应优先改造义长灌域、解放闸灌域和乌兰布和灌域。

　　通过图 7.7 知,河套灌区五个灌域各自田间尺度与干渠渠道尺度上的节水潜力的变化不同,这是由各灌域之间的灌溉水效率不一导致的。而五个灌域、总干及河套大型灌区渠道尺度上的节水潜力比田间级别尺度上的节水潜力大,这也说明了田间小尺度上的节水潜力并不能代表灌溉系统、灌域、灌区乃至流域等的节水潜力。而五个灌域中田间尺度与干渠渠道尺度上节水潜力变化较大的是义长灌域,其次是乌兰布和灌域、乌拉特灌域和解放闸灌域,最后是永济灌域。而总干与乌兰布和灌域在田间尺度与干渠渠道尺度上的变化基本一致,因此,如果要通过缩小畦田大小进行河套灌区的节水潜力改造,则应优先改造义长灌域和乌兰布和灌域。并且总干和河套大型灌区干渠级别尺度上的节水潜力和田间级别节水潜力的拟合值与累加值存在明显不同,这也说明了大尺度的节水潜力并不是简单地将小尺度上的节水潜力累加求和。

　　综上所述,如果要通过缩小畦田大小进行河套灌区的节水潜力改造,则改造的先后顺序为义长灌域、乌兰布和灌域、解放闸灌域、永济灌域及乌拉特灌域。

　　在以后为灌溉管理者和政府相关部门提供节水战略决策理论依据时,需考虑节水潜力的尺度效应。

7.1.5　节水工程投资与灌溉水效率的关系分析

　　灌区灌溉水利用系数、渠系水利用系及田间水利用系数的提高主要与渠道衬砌、节水改造及农田建设有密切关系,分析节水投资与灌溉水利用系数的关系对于评估节水改造后灌溉水利用效率的变化及评估投资效益具有重要意义。根据河套灌区统计资料,灌区自 1998 年以来节水工程投资与工程建设情况见表 7.6。河套灌区 1999 年节水改造规划报告中河套灌区的渠系水利用系数为 0.42,灌溉水利用系数为 0.31,2005 年《巴彦淖尔市水资源综合规划报告》(2005)中采用的当年渠系水利用系数为 0.459,灌溉水利用系数为 0.364,田间水利用系数为 0.75,本书以 1998 年为分析起点。结合水量平衡法测算河套灌区灌溉水有效利用系数,结合历次河套灌区的测试结果,进行节水投资与灌溉水利用效率关系分析。

表 7.6 各灌域已实施节水工程的投资及建设内容统计表

序号	灌域名称	投资规模/万元	渠道衬砌/km						建筑物配套/座	畦田改造/万亩	喷滴灌/万亩
			合计	总干渠	干渠、分干渠	支渠	斗渠	农渠			
	合计	662 856.18	5 642.96	20.5	586.94	321.72	2 100.42	2 613.37	41 376	303.31	8.65
一	2010 年前累计完成	243 431.03	3 129.46	0.0	346.88	238.90	1 006.71	1 536.97	21 893	93.99	5.61
1	乌兰布和灌域	16 425.41	308.72	0.0	0.00	10.44	164.52	133.76	2 706	0.00	0.00
2	解放闸灌域	47 482.59	706.31	0.0	124.99	49.34	183.61	348.37	4 491	12.30	0.00
3	永济灌域	33 957.77	605.49	0.0	158.11	56.82	103.71	286.85	3 336	16.78	0.00
4	义长灌域	73 158.31	795.28	0.0	28.11	30.48	315.29	421.40	6 130	40.04	5.61
5	乌拉特灌域	70 850.12	695.09	0.0	35.67	90.83	234.68	333.91	5 102	24.87	0.00
6	总干直口	1 556.83	18.57	0.0	0.00	0.99	4.90	12.68	128	0.00	0.00
二	2010 年完成	61 017.82	853.81	20.5	22.33	24.76	345.12	441.08	6 540	40.38	0.32
1	乌兰布和灌域	5 444.75	109.32	0.0	0.00	2.52	62.59	44.21	987	0.00	0.00
2	解放闸灌域	12 116.08	205.39	0.0	7.98	6.13	87.64	103.64	1 623	5.86	0.32
3	永济灌域	10 844.33	159.25	0.0	4.36	5.03	62.73	87.13	1 227	6.49	0.00
4	义长灌域	22 626.46	285.10	0.0	6.79	7.37	100.71	170.23	2 117	17.30	0.00
5	乌拉特灌域	9 586.83	66.16	0.0	3.20	3.47	26.88	32.61	513	10.73	0.00
6	总干直口	399.37	28.57	20.5	0.00	0.24	4.57	3.26	73	0.00	0.00
三	2011 年完成	92 216.19	420.37	0.0	0.00	2.91	222.98	194.48	3 666	57.23	0.20
1	乌兰布和灌域	4 908.08	26.21	0.0	0.00	1.19	5.42	19.60	170	0.00	0.00
2	解放闸灌域	11 954.20	67.91	0.0	0.00	1.72	46.20	20.00	665	7.29	0.00
3	永济灌域	24 070.19	126.83	0.0	0.00	0.00	43.58	83.25	939	10.27	0.00
4	义长灌域	36 074.11	184.18	0.0	0.00	0.00	115.65	68.53	1 730	25.52	0.00
5	乌拉特灌域	9 168.86	8.75	0.0	0.00	0.00	8.75	0.00	105	14.15	0.20
6	总干直口	6 040.74	6.48	0.0	0.00	0.00	3.38	3.10	56	0.00	0.00
四	2012 年完成	142 771.62	621.47	0.0	66.37	38.90	264.37	251.83	4 798	74.02	1.42
1	乌兰布和灌域	9 942.07	55.69	0.0	4.00	15.00	5.42	31.27	319	0.00	0.00
2	解放闸灌域	33 530.72	210.51	0.0	7.39	16.61	84.97	101.54	1 642	14.46	0.55
3	永济灌域	20 790.78	109.55	0.0	16.98	0.00	44.23	48.34	806	12.88	0.67
4	义长灌域	58 758.43	214.44	0.0	20.27	7.29	119.30	67.58	1 853	37.39	0.00
5	乌拉特灌域	10 047.81	24.80	0.0	17.73	0.00	7.07	0.00	120	9.29	0.20
6	总干直口	9 701.82	6.48	0.0	0.00	0.00	3.38	3.10	56	0.00	0.00
五	2013 年完成	123 419.52	617.85	0.0	151.35	16.25	261.24	189.01	4 480	37.69	1.10
1	乌兰布和灌域	11 878.40	61.18	0.0	3.45	14.90	5.42	37.41	348	0.00	0.60
2	解放闸灌域	28 406.12	183.81	0.0	33.22	1.35	76.23	73.01	1 354	8.93	0.00
3	永济灌域	28 685.94	171.51	0.0	32.29	0.00	113.57	25.65	1 556	9.22	0.00
4	义长灌域	33 217.50	155.46	0.0	50.36	0.00	55.26	49.84	1 013	12.62	0.00
5	乌拉特灌域	11 814.27	39.42	0.0	32.04	0.00	7.38	0.00	153	6.92	0.50
6	总干直口	9 417.28	6.48	0.0	0.00	0.00	3.38	3.10	56	0.00	0.00

1. 河套灌区灌溉水利用系数和渠系水利用系数与节水工程投资的关系分析

灌区灌溉水利用系数的影响因素包括工程状况、渠系结构、种植结构、土地平整状况、灌水技术、管理水平等多方面因素,其中渠道工程状况、田间工程是影响灌溉水利用系数的主要因素。节水工程投资与建设是改善渠道工程状况和田间工程条件的关键措施。根据河套灌区历年的工程投资与工程建设情况统计(表 7.7),河套灌区自 1998 年以来累计投资 66.28 亿元,主要用于骨干工程、田间工程、渠系建筑物等的更新与建设。根据河套灌区历史上灌溉效率的测试结果和 1998 年河套灌区续建配套工程规划与 2005 年巴彦淖尔市水资源综合规划中采用的有关数据,结合本次测算结果,计算分析河套灌区节水工程投资对灌区灌溉水有效利用系数的贡献率。依据不同时段的贡献率来推算其他年份灌溉水利用系数(表 7.8)。从表 7.8 可以看出,河套灌区在节水工程改造第一个阶段,1998～2009 年,节水工程的投资贡献率为每一亿元的投资可以提高灌溉水利用系数 0.23%,而 2010～2012 年的投资贡献率为 0.2%,而 2013 年的投资贡献率约为 0.17%,2014 年的投资贡献率约为 0.15%,而据节水工程投资预测 2013 年、2014 年、2015 年的灌区灌溉水利用系数分别为 0.445、0.457、0.469,这里也仅仅是根据投资与灌溉水利用系数关系的一个预测,可以供决策、管理部门参考。但是,2012 年的数据为实测数据,还是有相当的可信度的。从分析结果可以说明节水工程投资在初期对于灌溉水利用系数的提高要高于中后期。根据不同累计投资与灌溉水利用系数的增长关系,建立了投资与灌溉水利用系数关系模型,见图 7.8。从图中可以看出,灌区节水工程投资与灌区灌溉水利用系数有很好的关系。依据该模型,可以预测灌区未来灌溉水利用效率增加到 0.50 预计需要在 2013 年的基础上新增节水工程投资 51.333 亿元;增加到 0.55 需要新增投资 100.315 亿元。同时可以看出,随着灌溉水利用系数的提高,需要的投资比例越大,而且最终趋于一个极值。也就是说,灌区灌溉水效率增加到一定程度后,只有采取新的节水灌溉技术或工程措施才有可能进一步改善。同样,也可以建立灌区节水工程投资和灌区渠系水利用系数的关系,具体结果见表 7.9 和图 7.9。

表 7.7 河套灌区节水改造工程比例统计表

渠道级别	渠道长度/km	衬砌长度/km	衬砌率/%	建筑物配套/座	畦田改造/万亩
总干渠	186	20.5	11.02		
干渠、分干渠	1877	586.9	31.27		
支渠	2571	321.7	12.51		
斗渠	5266	2100.4	39.88		
农渠	15 508	2 613.4	16.85		
河套灌区	25 408	5 642.9	22.20	41 376	303.31

表 7.8 河套灌区灌溉水利用系数预测表

年份	累计投资/亿元	实测灌溉水利用系数	投资增量/亿元	投资对效率贡献率/%	系数预测值
1998	0.358	0.310			0.310
2009	24.343	0.364	23.985	0.23	0.364
2010	30.445		6.102		0.378
2011	39.667		9.222		0.399
2012	53.944	0.426	14.277	0.20	0.428

年份	累计投资/亿元	实测灌溉水利用系数	投资增量/亿元	投资对效率贡献率/%	系数预测值
2013	65.286		11.342	0.17	0.445
2014	75.286		10.000	0.15	0.457
2015	85.286		10.000		0.469
	117.619		32.333		0.500
	166.601		49.982		0.550

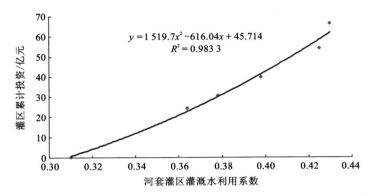

图 7.8　河套灌区历年节水灌溉投资与灌溉水利用系数变化

表 7.9　河套灌区渠系水利用系数预测表

年份	累计投资/亿元	渠系水利用系数	年投资增量/亿元	投资对效率贡献率/%	系数预测值
1998	0.358	0.420			0.420
2009	24.343	0.459	23.985	0.16	0.458
2010	30.445		6.102		0.469
2011	39.667		9.222		0.484
2012	53.944	0.511	14.277	0.18	0.509
2013	66.286		12.342		0.533
	77.282		10.996		0.550
	106.418		29.190		0.600
	135.555		29.137		0.650

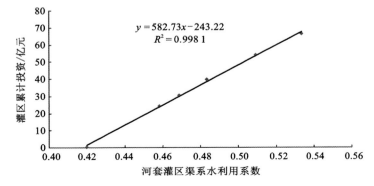

图 7.9　河套灌区历年节水灌溉投资与渠系水利用系数变化

从表7.9可以看出,河套灌区随着节水工程改造的不断实施,渠系水利用系数在相应逐渐提高,且节水工程的投资贡献率由初期的0.16‰增加到后期的0.18‰,说明后期的投入见效相对更大,在未来一定范围内还有很大的节水潜力可以释放。依据灌区历年节水工程改造投资与灌区渠系水利用系数建立的关系模型,如图7.9所示,可以预测未来灌区在2013年的基础上新增节水投资10.996亿元可以将渠系水利用系数提高到0.55,当新增投资为40.132亿元时,渠系水利用系数达到0.60,当新增投资69.269亿元时,增加到0.65。所以未来的节水投资在渠系水利用系数提高上还相对有一个较好空间。

2. 河套灌区不同灌域节水工程投资与灌溉水利用系数的关系分析

河套灌区从上游到下游共有五大灌域,由于各个灌域的经济发展水平、渠道工程条件、土壤条件、种植水平与投资等差异,各灌域灌溉水利用系数也有差异,同时工程投资也有不同,根据表7.5的各个灌域工程投资的资料及灌域不同时期灌溉水利用系数的测试结果,建立各个灌域节水工程投资与效率的关系及对应的关系模型。

1)乌兰布和灌域

乌兰布和灌域节水工程投资与灌溉水、渠系水系数的关系分别见表7.10、图7.10和表7.11、图7.11。

表7.10 河套灌区乌兰布和灌域灌溉水利用系数预测表

年份	累计投资/亿元	灌溉水利用系数	投资增量/亿元	投资对效率贡献率/%	系数预测值
2009	1.643	0.365			0.365
2010	2.187		0.544		0.381
2011	2.678		0.491		0.396
2012	3.672	0.426	0.994	2.98	0.425
2013	4.860		1.188		0.461
	6.173		1.313		0.500
	7.850		1.677		0.550
	9.528		1.678		0.600

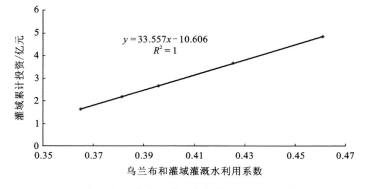

图7.10 乌兰布和灌域累计投资与灌溉水利用系数关系图

表 7.11　河套灌区乌兰布和灌域渠系水利用系数预测表

年份	累计投资/亿元	渠系水利用系数	投资增量/亿元	投资对效率贡献率/%	系数预测值
2009	1.643	0.440			0.440
2010	2.187		0.544		0.461
2011	2.678		0.491		0.480
2012	3.672	0.519	0.994	3.89	0.519
2013	4.860		1.188		0.565
	5.756		0.896		0.600
	7.041		1.285		0.650
	8.326		1.285		0.700

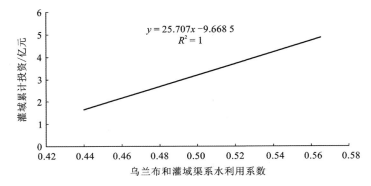

图 7.11　乌兰布和灌域累计投资与渠系水利用系数关系图

$$y = 25.707x - 9.6685$$
$$R^2 = 1$$

由表 7.10 和图 7.10 可以看到乌兰布和灌域节水工程投资和灌溉水利用系数之间有很好的关系,近年来随着工程投资的稳定投入,灌溉水利用系数由 2010 年以前的 0.365 增加到 2012 年的 0.425,投资贡献率为每一亿元的工程投资可以提高灌溉水利用系数 2.98%,以此投资贡献率为基准,可以预测灌溉水利用系数要达到 0.50,还需要在 2013 年的基础上增加投资 1.313 亿元,要增加到 0.55,需增加投资 2.990 亿元。由表 7.11 和图 7.11 可以看到乌兰布和灌域渠系水系数由 2010 年以前的 0.440 增加到 2012 年的 0.519,每亿元的投资贡献率为 3.89%,以 2013 年为基础,渠系水利用系数要达到 0.60,预计需要新增投资 0.896 亿元,要达到 0.65 还需要增加 2.181 亿元。

2）解放闸灌域

解放闸灌域节水工程投资与灌溉水、渠系水利用系数的关系分别见表 7.12、图 7.12 和表 7.13、图 7.13。

表 7.12　河套灌区解放闸灌域灌溉水利用系数预测表

年份	累计投资/亿元	灌溉水利用系数	投资增量/亿元	投资对效率贡献率/%	系数预测值
2009	4.748	0.410			0.410
2010	5.960		1.212		0.418
2011	7.155		1.195		0.425
2012	10.508	0.444	3.353	0.59	0.444

年份	累计投资/亿元	灌溉水利用系数	投资增量/亿元	投资对效率贡献率/%	系数预测值
2013	13.349		2.841		0.461
	19.934		6.585		0.500
	28.409		8.475		0.550
	36.883		8.474		0.600

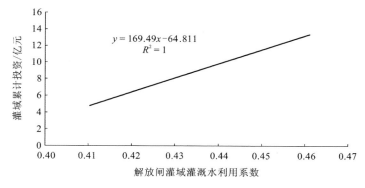

图 7.12 解放闸灌域累计投资与灌溉水利用系数关系图

表 7.13 河套灌区解放闸灌域渠系水利用系数预测表

年份	累计投资/亿元	渠系水利用系数	投资增量/亿元	投资对效率贡献率/%	系数预测值
2009	4.748	0.480			0.480
2010	5.960		1.212		0.491
2011	7.155		1.195		0.502
2012	10.508	0.532	3.353	0.90	0.532
2013	13.349		2.841		0.557
	18.081		4.732		0.600
	23.637		5.556		0.650
	29.192		5.555		0.700

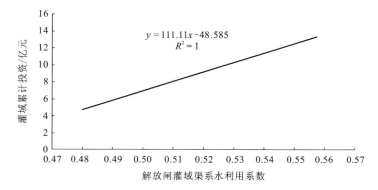

图 7.13 解放闸灌域累计投资与渠系水利用系数关系图

由表 7.12 和图 7.12 可以看到解放闸灌域灌溉水利用系数由 2010 年以前的 0.410 增加到 2012 年的 0.444,投资贡献率为 0.59%,依据节水工程投资与灌溉水利用系数的关系,可以预测灌溉水利用系数要达到 0.50,还需要在 2013 年的基础上增加投资 6.585 亿,要增加到 0.55,需增加投资 15.060 亿元。而由表 7.13 和图 7.13 可以看到解放闸灌域渠系水利用系数由 2010 年以前的 0.480 增加到 2012 年的 0.532,每亿元的投资贡献率为 0.90%,以 2013 年为基础,渠系水利用系数要达到 0.60,预计需要新增投资 4.732 亿元,要达到 0.65 还需要增加 10.288 亿元。

3) 永济灌域

永济灌域节水工程投资与灌溉水、渠系水利用系数的关系分别见表 7.14、图 7.14 和表 7.15、图 7.15。

表 7.14　河套灌区永济灌域灌溉水利用系数预测表

年份	累计投资/亿元	灌溉水利用系数	投资增量/亿元	投资对效率贡献率/%	系数预测值
2009	3.396	0.414			0.414
2010	4.480		1.084		0.423
2011	6.887		2.407		0.442
2012	8.966	0.458	2.079	0.78	0.458
2013	11.835		2.869		0.480
	14.385		2.550		0.500
	20.796		6.411		0.550
	27.206		6.410		0.600

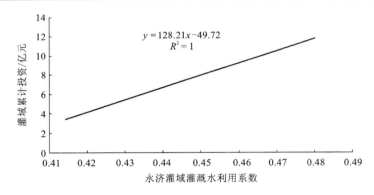

图 7.14　永济灌域累计投资与灌溉水利用系数关系图

表 7.15　河套灌区永济灌域渠系水利用系数预测表

年份	累计投资/亿元	渠系水利用系数	投资增量/亿元	投资对效率贡献率/%	系数预测值
2009	3.396	0.476			0.476
2010	4.480		1.084		0.492
2011	6.887		2.407		0.526
2012	8.966	0.555	2.079	1.43	0.556
2013	11.835		2.869		0.597
	12.067		0.232		0.600
	15.564		3.497		0.650
	19.060		3.496		0.700

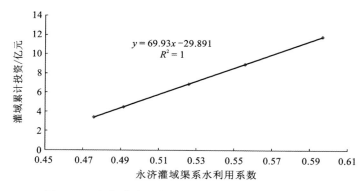

图 7.15　永济灌域累计投资与渠系水利用系数关系图

由表 7.14 和图 7.14 可以看到永济灌域灌溉水利用系数由 2010 年以前的 0.414 增加到 2012 年的 0.458,投资贡献率为 0.78%,依据灌域节水工程投资与灌溉效率较好的线性关系,在 2013 年的基础上,灌溉水利用系数要达到 0.50,还需要增加投资 2.550 亿元,要增加到 0.55,需增加投资 8.961 亿元。由表 7.15 和图 7.15 可以看到永济灌域渠系水利用系数由 2010 年以前的 0.476 增加到 2012 年的 0.556,投资贡献率为 1.43%,以 2013 年为基础,渠系水利用系数要达到 0.60,预计需要新增投资 0.232 亿元,要达到 0.65 还需要增加投资 3.729 亿元。

4) 义长灌域

义长灌域节水工程投资与灌溉水、渠系水利用系数的关系分别见表 7.16、图 7.16 和表 7.17、图 7.17。

表 7.16　河套灌区义长灌域灌溉水利用系数预测表

年份	累计投资/亿元	灌溉水利用系数	投资增量/亿元	投资对效率贡献率/%	系数预测值
2009	7.316	0.366			0.366
2010	9.578		2.262		0.383
2011	13.186		3.608		0.409
2012	19.062	0.452	5.876	0.73	0.452
2013	22.383		3.321		0.476
	25.674		3.291		0.500
	32.524		6.850		0.550
	39.373		6.850		0.600

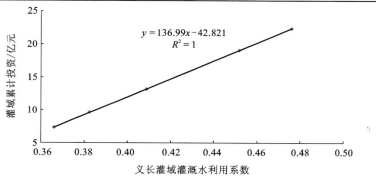

图 7.16　义长灌域累计投资与灌溉水利用系数关系图

表 7.17　河套灌区义长灌域渠系水利用系数预测表

年份	累计投资/亿元	渠系水利用系数	投资增量/亿元	投资对效率贡献率/%	系数预测值
2009	7.316	0.452			0.452
2010	9.578		2.262		0.472
2011	13.186		3.608		0.504
2012	19.062	0.556	5.876	0.89	0.557
2013	22.383		3.321		0.586
	23.945		1.562		0.600
	29.563		5.618		0.650
	35.181		5.618		0.700

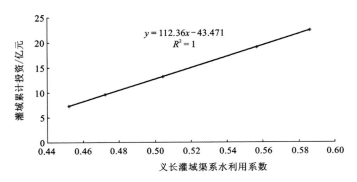

图 7.17　义长灌域累计投资与渠系水利用系数关系图

由表 7.16 和图 7.16 可以看到义长灌域节水工程投资和灌溉水利用系数之间有很好的线性关系,近年来随着工程投资的稳定投入,义长灌域灌溉水利用系数由 2010 年以前的 0.366 增加到 2012 年的 0.452,投资贡献率为 0.73%,以此投资贡献率为基准,可以预测灌溉水利用系数要达到 0.50,还需要在 2013 年的基础上增加投资 3.291 亿元,要增加到 0.55,需增加投资 10.140 亿元。由表 7.17 和图 7.17 可以看到义长灌域渠系水利用系数由 2010 年以前的 0.452 增加到 2012 年的 0.557,投资贡献率为 0.89%,以 2013 年为基础,渠系水利用系数要达到 0.60,预计需要新增投资 1.562 亿元,要达到 0.65 还需要增加投资 7.180 亿元。

5) 乌拉特灌域

乌拉特灌域节水工程投资与灌溉水、渠系水利用系数的关系分别见表 7.18、图 7.18 和表 7.19、图 7.19。

表 7.18　河套灌区乌拉特灌域灌溉水利用系数预测表

年份	累计投资/亿元	灌溉水利用系数	投资增量/亿元	投资对效率贡献率/%	系数预测值
2009	7.085	0.355			0.355
2010	8.044		0.959		0.376
2011	8.961		0.917		0.397
2012	9.965	0.420	1.004	2.28	0.420
2013	11.147		1.182		0.447
	13.467		2.320		0.500
	15.660		2.193		0.550
	17.853		2.193		0.600

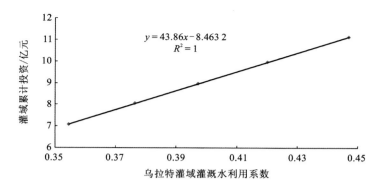

图 7.18　乌拉特灌域累计投资与灌溉水利用系数关系图

表 7.19　河套灌区乌拉特灌域渠系水利用系数预测表

年份	累计投资/亿元	渠系水利用系数	投资增量/亿元	投资对效率贡献率/%	系数预测值
2009	7.085	0.432			0.432
2010	8.044		0.959		0.463
2011	8.961		0.917		0.492
2012	9.965	0.528	1.004	3.32	0.524
2013	11.147		1.182		0.562
	12.335		1.188		0.600
	13.898		1.563		0.650
	15.460		1.562		0.700

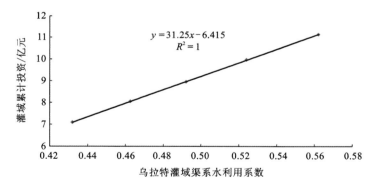

图 7.19　乌拉特灌域累计投资与渠系水利用系数关系图

　　由表 7.18 和图 7.18 可以看到近年来随着节水工程的投资,乌拉特灌域灌溉水利用系数由 2010 年以前的 0.355 增加到 2012 年的 0.420,投资贡献率为 2.28%,在 2013 年的基础上,灌溉水利用系数要达到 0.50,还需要增加投资 2.320 亿元,要增加到 0.55,还要增加投资 4.513 亿元。由表 7.19 和图 7.19 可以看到乌拉特灌域渠系水利用系数由 2010 年以前的 0.432 增加到 2012 年的 0.524,每亿元的投资贡献率为 3.32%,渠系水利用系数要达到 0.60,预计在 2013 年基础上需要新增投资 1.188 亿,要达到 0.65 还需要增加投资 2.751 亿元。

　　综上,将河套灌区各灌域投资对灌溉水与渠系水利用效率贡献率汇总,见图 7.20。

　　由图 7.20 可以看到,河套灌区各个灌域节水投资对灌溉水和渠系水利用系数提高的贡献

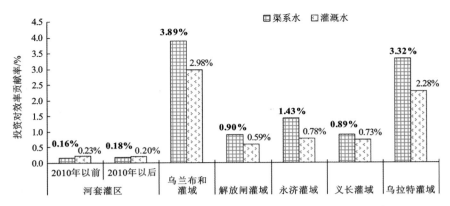

图 7.20　投资对河套灌区各灌域灌溉水和渠系水利用效率贡献率图

率是不同的。其中乌兰布和灌域节水工程投资的贡献率最大，为 2.98％和 3.89％，主要由于乌兰布和灌域位于河套灌区上游，土壤质地偏砂性，节水工程渠道衬砌项目的实施可以有效减少输水损失，效率提高较为明显；其次为乌拉特灌域，对灌溉水利用系数和渠系水利用系数提高的贡献率分别为 2.28％和 3.32％，主要由于乌拉特灌域位于河套灌区下游，地面灌溉量小，井灌面积较大，地面水渗漏补给地下水严重，节水工程可以明显减少渗漏损失，节水效果显著，效率提高较大；其他三个灌域之间投资贡献率相差不大，且贡献率较低。解放闸灌域、永济灌域和义长灌域三个灌域渠系众多且分布复杂，节水工程在一定程度上可以提高灌溉效率，但后期的投入边际效益较低，说明单纯的依赖节水工程措施无法有效显著提高这三个灌域的灌溉效率，所以可以考虑节水工程投资向乌兰布和灌域和乌拉特灌区倾斜，其他三个灌域通过发展灌溉技术等来达到改善灌溉效率的目的。

7.2　黄河南岸灌区基于历史资料的灌溉水效率估算与分析

7.2.1　黄河南岸灌区上游杭锦旗自流灌区多年资料收集与整理

1. 上游自流灌区历年灌溉面积整编

在计算灌区历史灌溉面积和种植结构时，从灌区管理站和当地水利局及参考前面论述的

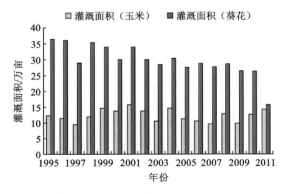

图 7.21　黄河南岸自流灌区玉米、
葵花种植结构逐年变化

黄河南岸灌区自流灌区收集到的历年灌溉面积和种植结构，对其进行估算，因为没有非常详细的历史资料，所以存在一定的误差。上游自流灌区历年的灌溉面积都有所变化，对灌区历年的灌溉面积进行调查整编，见图 7.21。

由图 7.21 可以看出，上游自流灌区的总灌溉面积呈逐年减小的趋势，自流灌区以玉米和葵花为主要作物，其中葵花占每年总灌溉面积的 50％以上，玉米占每年总灌溉面积的 20％以上。

2. 上游自流灌区历年引退水量整编

灌溉面积的不同,历年引退水量也随之改变,对历年的引退水数据进行整编,结果见图7.22。

由图7.22可以看出,引、退水量在逐年减少。这一方面是由于灌溉面积的逐年减少,另一方面是因为2000年之前,黄河南岸灌区渠道还未衬砌,渠道输水损失较大,且灌溉面积较大,引退水量也随之增大。2000年以后,黄河南岸灌区开始节水改造,到2006年,已有部分渠道衬砌完成,灌溉面积也有明显地减少,所以引退水量也相应地减少。

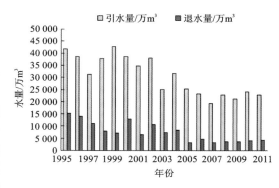

图7.22 黄河南岸自流灌区引、退水量趋势变化

7.2.2 不同年份净灌溉定额的估算

1. 灌区历年作物生育期 ET_0 的计算

结合当地实际情况,对收集的资料进行整理,根据FAO的56号文本推荐的方法计算灌区历年生育期参考作物蒸发蒸腾量 ET_0。由于缺乏更加详细的历年作物生育期资料,我们这里仅由磴口气象站、临河气象站、杭锦后旗气象站、五原气象站、乌拉特前旗气象站计算出来的数值进行差值确定。

2. 不同年份作物需水量的计算

参考作物蒸发蒸腾量与各阶段的作物系数的乘积即为作物相应阶段的需水量。

3. 不同年份有效降雨量的计算

由于缺乏更加详细的历年降雨量资料,我们将磴口气象站、临河气象站、杭锦后旗气象站、五原气象站、乌拉特前旗气象站计算出来的降雨量数值进行差值。详细见河套灌区计算结果。

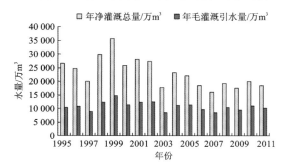

图7.23 自流灌区历年年净灌溉总量、
年毛灌溉引水量变化

4. 不同年份作物对地下水补给量

由于缺乏更加详细的历年地下水埋深资料,参考2012年地下水埋深情况,估计地下水补给量。

5. 不同年份作物净灌溉用水总量的计算

先通过作物的实灌面积和作物的净灌溉定额的乘积计算灌区净灌溉用水总量,黄河南岸灌区上游自流灌区的净灌溉用水总量计算结果如图7.23所示。

7.2.3 不同年份灌溉水利用系数估算

根据图7.24可知,1995~2011年,灌溉水利用系数总体呈上升的趋势。由于黄河南岸灌区从2000年开始节水改造工程,2000年以前,黄河南岸灌区的渠道为土渠,渠道的输水损失

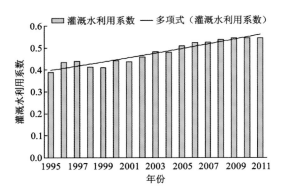

图 7.24 上游自流灌区灌溉水利用系数变化趋势

较大,且当时没有较完善的管理系统,导致灌溉水利用效率较低。节水改造在 2005 年初步完成,大部分渠道已衬砌,此时灌溉水效率明显增高,管理系统逐渐完善,灌溉水效率明显提高。

7.2.4 灌溉水效率变化与节水工程投资关系的初步分析

灌区在 2000 年被水利部列入国家重点续建配套与节水改造大型灌区,并且从 1999 年开始对黄河南岸灌区进行续建配套与节水改造项目的实施。

1999～2016 年,国家及地方自筹资金对黄河南岸累计投资 35.86 亿元用以节水工程改造及节水、土地整理等投资建设。自流灌区杭锦旗灌域依托水权转换、大型灌区节水改造及农业综合开发和国土部门的节水投资累计达 19.87 亿元,各级渠道基本实现衬砌防渗、建筑物配套,见表 7.20。根据 2012 年灌区灌溉水利用系数测算结果 0.530,参考河套灌区类似灌域节水投资和效率的关系,预测黄河南岸自流灌区 2013 年的灌溉水利用系数为 0.555,2014 年为 0.573,2015 年为 0.585。

表 7.20 内蒙古鄂尔多斯市黄河南岸灌区工程投资 （单位:亿元）

投资内容	杭锦旗	达拉特旗	合计	年度
水权转换投资	13.28	10.64	23.92	2004～2016
大型灌区投资	2.59	1.58	4.17	1999～2016
农业综合开发、国土等	4.00	3.77	7.77	2009～2016
合计	19.87	15.99	35.86	

扬水灌区经初步统计 1999～2016 年度工程总投资 15.99 亿元,其中 1999～2011 年投资为 0.65 亿元。参考河套灌区类似灌域节水投资和效率的关系,预测黄河南岸扬水灌区 2013 年的灌溉水利用系数为 0.575,2014 年为 0.585,2015 年为 0.612。

1999～2011 年,灌溉水利用系数总体呈上升的趋势。1999 年及 2000 年的灌溉效率较低,是由于黄河南岸灌区从 2000 年开始节水改造工程。2000 年以前,黄河南岸灌区的渠道为土渠,渠道的输水损失较大,且当时没有较完善的管理系统,导致灌溉水利用系数较低。节水改造在 2005 年初步完成,大部分渠道已衬砌,此时灌溉水利用系数明显增高,管理系统逐渐完善,灌溉水利用系数明显提高。

一期水权转换完成后,鄂尔多斯市委托内蒙古自治区水文总局、内蒙古自治区水利科学研究院对陆续完工的水权转换项目进行了评估,已整理出鄂绒硅电、达电四期、大饭铺电厂等七个项目的《水平衡测试资料初步分析成果》,一期水权转换工程实测节水量为 1.53 亿 m³,大于转换水量的 1.3 亿 m³ 和可研节水量的 1.41 亿 m³。资料显示,节水工程是可靠的,节水效果是非常明显的。

水权转换工程实施前后,灌区年灌溉引水量和用水量均小于项目未实施以前的值,且没有超出项目实施后的规定值,显而易见黄河南岸灌区年耗水量逐年下降说明工程的节水效果明显,达到了预期的目的。通过沟畦改造、平整土地和缩小畦块等方式改变原有的地貌,减少地面径流和入渗,能够有效提高田间水利用系数,从而达到节水的目的。并且灌区地下水位下降较明显,地下水蓄变量总体呈减少趋势,据初步分析,地下水位每年平均下降 0.15~0.25 m,当地的次生盐碱化程度降低。说明适当减小地下水位有利于减轻土壤的盐碱化,生态环境开始好转。

7.3 镫口扬水灌区基于历史资料的灌溉水效率估算与分析

7.3.1 镫口扬水灌区多年资料收集与整理

1. 灌区历史灌溉面积变化

在计算灌区历史种植结构时,从灌区管理所收集到灌区的历年灌溉面积(无作物种植结构),应用第 4 章所介绍的遥感技术,对收集到的早期卫星遥感图片进行解译,得出历史各年的作物灌溉比例,但是卫星图片的拍摄时间可能错过了某些作物的生育期,导致解译的作物种植面积有一定的误差,通过《内蒙古统计年鉴》查找到一部分土默特右旗的作物种植结构,结合以上三种数据,分析得出灌区的作物种植结构,但存在一定的误差,可总的灌溉面积是准确的,这可能直接导致计算中部分灌溉水利用系数偏大,甚至超过 0.5,如图 7.25 所示。

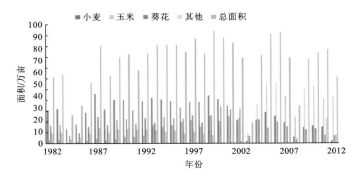

图 7.25 镫口扬水灌区历年作物灌溉面积

由图 7.25 可以看出,除个别年份因为修理抽水泵、闸门等因素对正常灌溉有影响外,其他年份均能正常进行灌溉。以 1995 年为分界线,前后各年份镫口扬水灌区的作物总灌溉面积无较大变化,各作物灌溉的面积所占比例发生了较大的改变,20 世纪 80 年代灌区的小麦种植面积相对较多,90 年代种植面积基本达到稳定,2000 年以后小麦的灌溉量有浮动,从 2005 年以后小麦种植面积逐年减少,2008 年小麦的灌溉面积仅为 0.64 万亩(由于工程维修),2009 年、2010 年、2011 年小麦的灌溉面积维持在十多万亩,2012 年小麦的灌溉面积为 2.39 万亩(由于修建西气东输管道)。自灌区有灌溉记录资料以来,玉米的灌溉面积呈缓慢增长趋势,在 90 年代初基本达到稳定,1995 年以后玉米的灌溉面积有明显的增长趋势,2000 年以后,玉米的灌溉面积基本保持稳定;灌区葵花的灌溉面积自灌区有灌溉记录资料以来呈增长趋势,在 90 年代初期达到最大值,1995 年以后呈递减趋势;灌区的其他作物种植的随意性很大,没有稳定的种植作物,故灌区其他作物灌溉面积呈波动性变化。综上所述,2000 年以前除个别年份外灌区的总灌溉面积呈逐年增长趋势,2000 年以后灌区的灌溉面积有一定的浮动。

2. 灌区历史灌溉用水量变化

由图 7.26 可以看出:除个别年份如 1984 年、1985 年、2003 年及 2008 年灌溉用水量较少

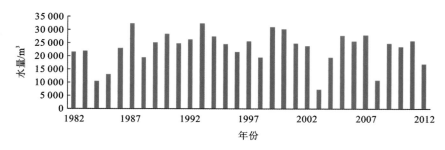

图 7.26　镫口扬水灌区历年灌溉用水量

外,其他各年灌溉用水量均保持在 20 000 万 m³ 上下,其中 1987 年、1993 年、1999 年、2000 年及 2006 年的灌溉用水量超过了 30 000 万 m³;灌区灌溉面积的变化趋势与灌溉用水量变化趋势基本相同,经调查考证,灌区 1984 年、1985 年、2003 年及 2008 年因为维修、改建节制闸、开挖渠道等工程,这些年份的灌溉水量和灌溉面积都有所减少。

3. 2012 年灌区降水量频率分析

镫口扬水灌区降水量的变化波动明显,2012 年降水量为 451.5 mm,降水频率为 21.1%,属于丰水年份。

7.3.2　不同年份净灌溉定额的估算

1. 灌区历年作物生育期 ET_0 的计算

结合当地实际情况,对收集的资料进行整理,根据 FAO 的 56 号文本推荐的方法计算灌区历年生育期作物潜在蒸散发量 ET_0,具体计算过程参见第 6 章。由于缺乏历年作物生育期资料,故取 2012 年作物生育期时间进行计算。

2. 灌区历年作物生育期 ET_c 的计算

通过对历年气象数据的整理分析,应用 FAO 的 56 号文本推荐的方法进行计算,具体计算过程参见第 5 章。由于缺乏历年作物生育期资料,故取 2012 年作物生育期时间计算。

3. 灌区历年作物净耗水量变化

由于缺乏灌区历年地下水含水率的变化量,故直接取 2012 年地下水含水量变化进行计算。镫口扬水灌区作物历年净耗水量的变化,受气象条件与灌溉用水量的影响,经核定,2004～2011 年灌区作物的净耗水量普遍偏大,结合灌区资料分析,灌区历年作物净耗水量的变化趋势基本符合灌区气象条件及灌溉用水量的变化,见图 7.27。

7.3.3　不同年份灌溉水利用系数的估算

灌区灌溉水利用系数计算参见第 6 章。1984 年和 2003 年由于修建渠道,灌溉面积减少,两个年份灌溉水利用系数的计算值较小。由图 7.28 可以看出,在 2003 年整修后,灌溉水利用系数基本保持稳定。由于历年灌溉面积的计算存在一定误差,以及气象条件的影响,部分年的灌溉水利用系数偏大。

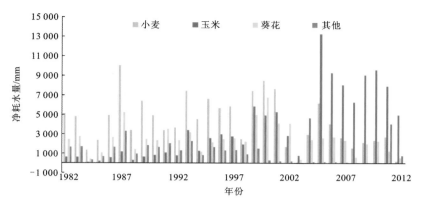

图 7.27　镫口扬水灌区作物历年净耗水量变化

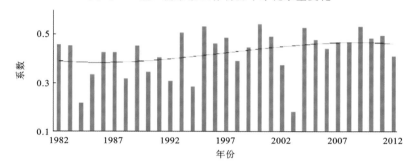

图 7.28　镫口扬水灌区灌溉水利用系数

7.3.4　灌溉水效率变化与节水工程投资关系的初步分析

灌区1999年开始进行工程改造,通过与图7.28的对比发现,1999年修筑工程后,2000年的灌溉水利用系数明显增加,2001年、2002年灌区分批次地实行工程改造,灌溉水利用系数小幅减少,2003年灌区对节制闸等灌溉设施进行修整,对灌区灌溉产生了较大影响,2004年以后,灌区的灌溉水利用系数基本维持在较高数值。2005～2015年,国家及地方自筹资金对镫口扬水灌区累计投资6.06亿元,用以节水工程改造及节水、土地整理等投资建设,见表7.21。根据2012年灌区灌溉水利用系数测算结果0.433,参考黄河南岸灌区节水投资和效率的关系,预测镫口扬水灌区2013年的灌溉水利用系数为0.452,2014年为0.471,2015年为0.489。这种预测仅仅是一个初步结果,根据国内外研究,灌溉水效率的提高与节水工程的投资不是一个线性的关系,越往后期,投资对效率的提高作用越不显著,所以预计投资会进一步增加。

表 7.21　镫口扬水灌区管理局大型灌区续建配套与节水改造工程资金统计　（单位:万元）

年份	大型灌区	水权转换	国土	农业开发	合计
2015	1 196		1 869	1 246	4 311
2014	2 956		1 869	1 246	6 071
2013	1 787	6 230	1 869	1 246	11 132
2012	4 046	2 492	1 869	1 246	9 653
2011	1 009		1 869	1 246	4 124
2010	1 787		1 869	1 246	4 902
2009	1 554		1 869	1 246	4 669

年份	大型灌区	水权转换	国土	农业开发	合计
2008	2 389		1 869	1 246	5 504
2007	1 009		1 869	1 246	4 124
2006	1 267		1 869	1 246	4 382
2005	1 752		1 869	1 246	4 867
合计	20 750	8 722	20 559	13 706	63 739

7.4 麻地壕扬水灌区基于历史资料的灌溉水效率估算与分析

7.4.1 根据长系列降水资料分析计算全生育期水文年

降雨量的频率分析:麻地壕扬水灌区托克托气象站 2012 年降水量为 479.7 mm,对应频率为 14.7%,为丰水年。

7.4.2 麻地壕扬水灌区历年资料收集与整理

1. 麻地壕扬水灌区历年种植面积整编

麻地壕扬水灌区历年的种植面积都有所变化,通过对灌区历年的种植面积进行调查整编,现整理出 19 年的种植面积资料,见表 7.22。

表 7.22 麻地壕扬水灌区 19 年种植结构及种植面积资料

年份	玉米/%	油料/%	谷子/%	豆类/%	蔬菜瓜类/%	黍子/%	薯类/%	小麦/%	糜子/%	高粱/%	其他/%	种植面积/万亩
1993	20.5	17.2	1.4	2.5		17.1	9.9	15.3	10.5	0.6	5.0	30.89
1994	25.8	22.9		4.9	1.6	14.6	9.6	10.5	7.1	1.4	1.6	31.16
1995	29.4	21.3		1.9	2.1	10.3	7.9	15.3	5.9	0.6	5.3	31.31
1996	36.6	16.3		3.7	2.2	9.5	8.7	11.3	6.0	3.3	2.4	31.90
1997	33.2	20.3		3.1	1.9	6.1	7.5	15.4	3.7	6.3	2.5	32.96
1998	35.0	21.8		3.9	2.8	4.7	4.4	20.0	3.1	4.3		33.05
1999	36.6	23.1		4.2	3.0	4.4	5.2	16.9	2.4	4.2		34.47
2000	29.6	24.5		5.9	3.7	6.4	7.2	11.6	3		8.1	35.87
2001	50.6	26.0		3.0	4.5	1.8	4.5	5.60	1.7		2.3	33.14
2002	46.1	22.3		3.2	2.2	4.1	4.2	3.6	3.1		11.2	37.22
2003	47.7	22.3		2.0	3.5		4.6				19.9	37.75
2004	50.7	14.1		3.2	2.9		3.5	3.8			21.5	38.04
2005	61.1	8.0		3.5	3.3					4	20.1	38.25
2006	62.2	8.7		3.2	4.8						21.1	38.42
2007	51.8	4.9	3.7	5.1	6.1					6.8	21.6	38.89
2008	58.6	5.1		5.4	5.1					4.1	21.7	39.28
2009	60.1	6.2		8.8	1.3						23.6	40.32
2010	60.2	6.3		11.2	1.9						20.4	41.50
2011	53.6	11.4		10.6	1.9						22.5	41.58

2．麻地壕扬水灌区历年引水量整编

由于面积不同，历年引水量也随之改变，对 1993～2011 年 19 年的引水数据进行整编，详见图 7.29 与表 7.23。

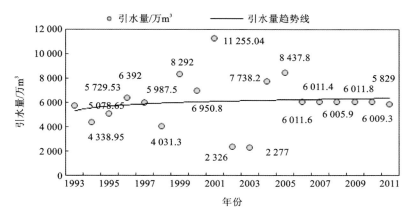

图 7.29　麻地壕扬水灌区历年引水量趋势

表 7.23　麻地壕扬水灌区 19 年引水量资料

年份	1993	1994	1995	1996	1997	1998	1999	2000	2001	2002
引水量/万 m³	5 729.53	4 338.95	5 078.65	6 392	5 987.5	4 031.3	8 292	6 950.8	11 255.04	2 326

年份	2003	2004	2005	2006	2007	2008	2009	2010	2011	
引水量/万 m³	2 277	7 738.2	8 437.8	6 011.6	6 011.4	6 005.9	6 012	6 009.3	5 829	

由于麻地壕扬水灌区为扬水灌区，因而灌区的引水量与降雨量有直接关系，降雨量的大小决定了灌区引水量的多少。由图 7.29 可以看出，1996 年、1999 年、2000 年、2005 年、2006～2011 年引水量相对于其他年份引水量较大；2002 年、2003 年年引水量是历年引水量中水量较小的两年。通过查看历年降雨资料得知，1999 年、2000 年、2005 年、2007 年年降雨量较小，为干旱年，所以引水量较大，2002 年、2003 年、2004 年的降雨量较大，为丰水年，所以引水量较小。

3．麻地壕扬水灌区历年有效降雨量及地下水补给量整编

本次历年灌溉水利用效率的计算采用首尾法计算，而历年灌溉水利用系数除需要历史灌溉用水量外，还需要计算以气象资料为基础的作物参考蒸散发量 ET_0，本次工作收集整理了灌区所在县即托克托县的历年降水量及调查的地下水补给量变化。

7.4.3　不同年份净灌溉定额的估算

作物净灌溉定额的计算采用水量平衡原理进行。计算公式如下：

$$M_i = \mathrm{ET}_{ci} - P_{ei} - G_{ei} + \Delta W_i \tag{7.1}$$

1. 不同年份作物需水量的计算

FAO 推荐采用分段单值平均法确定作物系数,即把全生育期的作物系数变化过程概化为四个生育阶段,并分别采用作物系数值予以表示。此处的作物系数及生育阶段均参考 2012 年的数值。

参考作物蒸发蒸腾量是以生育期内月为单位采用 Win Isareg 模型计算的,然后乘以作物系数即得到作物需水量。

2. 不同年份作物净灌溉用水总量的计算

在充分灌溉的情况下,作物净灌溉定额即作物净灌溉用水量,因此可通过作物实灌面积和作物净灌溉定额的乘积计算灌区净灌溉用水总量,麻地壕扬水灌区净灌溉用水总量如表 7.24 所示。

表 7.24 麻地壕扬水灌区 19 年净灌溉用水量

年份	灌溉面积/万亩	净灌溉定额/(m³/亩)	净灌溉用水总量/万 m³
1993	14.818	158.78	2 352.80
1994	17.655	101.57	1 793.22
1995	23.337	89.74	2 094.26
1996	16.523	160.09	2 645.17
1997	23.576	108.40	2 555.64
1998	16.832	101.09	1 701.55
1999	17.840	195.40	3 485.94
2000	18.560	159.99	2 969.41
2001	30.470	158.57	4 831.63
2002	12.030	85.58	1 029.53
2003	11.780	86.42	1 018.03
2004	32.568	107.49	3 500.73
2005	21.637	179.87	3 891.85
2006	30.120	91.30	2 749.96
2007	18.315	152.51	2 793.22
2008	31.600	86.20	2 723.92
2009	16.968	165.58	2 809.56
2010	16.744	171.11	2 865.07
2011	16.863	166.45	2 806.85

7.4.4 不同年份灌溉水利用系数的估算

此次麻地壕扬水灌区历年灌溉水利用系数计算采用首尾测算分析法,计算结果见表 7.25。

表 7.25 麻地壕扬水灌区 19 年灌溉水利用系数计算表

年份	净灌溉用水总量/万 m³	引水量/万 m³	灌溉水利用系数
1993	2 352.80	5 729.53	0.411
1994	1 793.22	4 338.95	0.413
1995	2 094.20	5 078.65	0.412
1996	2 645.21	6 392.0	0.414

年份	净灌溉用水总量/万 m³	引水量/万 m³	灌溉水利用系数
1997	2 555.69	5 987.5	0.427
1998	1 701.56	4 031.3	0.422
1999	3 485.89	8 292.0	0.420
2000	2 969.33	6 950.8	0.427
2001	4 831.71	11 255.04	0.429
2002	1 029.53	2 326.00	0.443
2003	1 018.01	2 277.0	0.447
2004	3 500.85	7 738.2	0.452
2005	3 891.92	8 437.8	0.461
2006	2 750.02	6 011.6	0.457
2007	2 793.22	6 011.4	0.465
2008	2 724.02	6 005.9	0.454
2009	2 809.50	6 011.8	0.467
2010	2 865.10	6 009.3	0.477
2011	2 751.28	5 829.0	0.472
2012	2 025.62	4 233.3	0.478

由图 7.30 可知,1993～2012 年,灌溉水利用系数整体呈上升的趋势;由 0.411 提高到 0.472,1999 年以前灌溉效率偏低,是由于麻地壕灌区没有进行节水工程改造,配套设施落后,从 1999 年以来,开始进行泵站与渠系节水改造工程,但是渠系工程衬砌段所占比例很低,尤其是分干渠以上渠系衬砌比例很低,加之部分衬砌工程破坏严重,因此,灌溉水利用系数虽然有一定提升,但是提升幅度并不大。

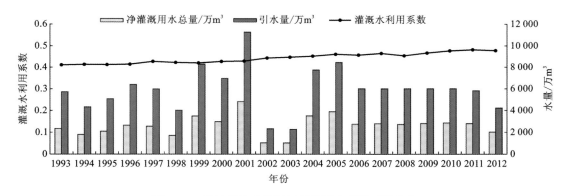

图 7.30　麻地壕扬水灌区历年灌溉水利用系数趋势

7.4.5　灌溉水效率变化与节水工程投资关系的初步分析

由图 7.31 可知,从 1995 年开始,农业开发办每年投资 322.22 万元进行田间工程改造,1999 年开始,进行了续建配套节水改造投资,2009 年开始大型泵站改造工程,2009 年对麻地壕泵站投资改造,已完成投资 2 200 万元,2010 年对毛不拉泵站进行改造,已完成投资 1 900 万元,2012 年对丁家圪站投资改造,已完成投资 1 700 万元。由图 7.31 可以看出,通过对田间工程、渠系工程和泵站的节水改造,灌溉水利用系数有一定幅度的提高,对于 2011 年等特殊年份,投资情况与灌溉水利用系数没有形成比例对应关系,这是由有些投资情况在调查过程中资料不全,没有完全统计造成的。根据 2012 年灌区灌溉水利用系数测算结果 0.479,参考黄河南岸扬水灌区节水投资和效率的关系,预测麻地壕扬水灌区 2013 年灌溉水利用系数为 0.488,2014 年为 0.495,2015 年为 0.499。

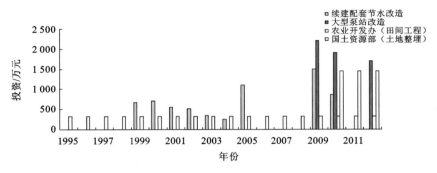

图 7.31　麻地壕扬水灌区历年投资额度统计

7.5　小　　结

7.5.1　河套灌区

河套灌区 1980～2012 年历年引水量(总引水量、净引水量)虽然出现上下波动的动态变化过程,但其整体走势呈现出下降的趋势,而历年灌溉水利用系数则呈现出上升的趋势,说明河套灌区实施的节水灌溉措施是有效的。

近 32 年以来,虽然整个河套灌区的灌溉水利用系数呈现出上下波动的趋势,但其整体仍然呈上升的趋势。单从历年灌溉水利用系数分析,由于节水工程不断完善,系数总体呈现上升趋势;然而相邻年份出现锯齿状现象,结合水文年型分析其原因,可以看出灌溉水利用效率与年均降雨量呈现出一定的负相关关系,即丰水年灌溉水利用系数较低,而枯水年较高,这与武汉大学熊佳等的研究结果是相近的。

河套灌区灌溉水利用系数在节水工程改造第一个阶段(1998～2009 年)投资贡献率为 0.23%,而 2010～2013 年的投资贡献率为 0.2%。根据不同累计投资与效率的增长关系,预测灌区未来灌溉水利用效率增加到 0.50 需要在 2013 年的基础上新增节水工程投资 51.33 亿元,增加到 0.55 需要新增投资 100.32 亿元。同时河套灌区渠系水利用系数由初期的 0.16% 增加到后期的 0.18%,未来灌区在 2013 年的基础上新增节水投资 10.996 亿元可以将渠系水利用效率提高到 0.55,当新增投资为 40.132 亿元时,渠系水利用系数达到 0.60,新增投资为 69.269 亿元时,渠系水利用系数增加到 0.65。

河套灌区各个灌域节水投资对灌溉水和渠系水利用系数提高的贡献率是不同的。各个灌域灌溉水利用效率要达到 0.50,需要在 2013 基础上新增的投资分别为乌兰布和灌域 1.313 亿元、解放闸灌域 6.585 亿元、永济灌域 2.550 亿元、义长灌域 3.291 亿元和乌拉特灌域 2.320 亿元,要达到 0.55 分别需要新增的投资分别为 2.991 亿元、15.060 亿元、8.961 亿元、10.140 亿元和 4.513 亿元;各个灌域渠系水利用效率要达到 0.60,需要新增的投资分别为乌兰布和灌域 0.896 亿元、解放闸灌域 4.732 亿元、永济灌域 0.232 亿元、义长灌域 1.562 亿元和乌拉特灌域 1.188 亿元,渠系水利用效率要提高到 0.65 分别需要新增投资 2.181 亿元、10.288 亿元、3.729 亿元、7.180 亿元和 2.751 亿元。其中乌兰布和灌域节水工程投资的贡献率最大,为 2.98% 和 3.89%,其次为乌拉特灌域,为 2.28% 和 3.32%,其他三个灌域之间投资贡献率相差不大,且贡献率较低。所以可以考虑将节水工程投资向乌兰布和灌域和乌拉特灌区倾斜,其他三个灌域通过发展灌溉技术等措施来达到改善灌溉效率的目的。

7.5.2　黄河南岸灌区

1999~2011 年,灌溉水利用系数总体呈上升的趋势。1999 年及 2000 年灌溉水利用系数较低,这是由于黄河南岸灌区从 2000 年开始实施节水改造工程。2000 年以前,黄河南岸灌区的渠道为土渠,渠道的输水损失较大,且当时没有较完善的管理系统,导致灌溉水利用系数较低。节水改造在 2005 年初步完成,大部分渠道已衬砌,此时灌溉水效率明显增高,管理系统逐渐完善,灌溉水利用系数明显提高。

水权转换工程实施前后,灌区年灌溉引水量和用水量均小于项目未实施以前的值,且没有超出项目实施后的规定值,显而易见黄河南岸灌区年耗水量逐年下降,说明工程的节水效果明显,达到了预期目的。通过沟畦改造、平整土地、缩小畦块等方式改变原有的地貌,减少地面径流和入渗,能够有效提高田间水利用系数,从而达到节水的目的。并且灌区地下水位下降较明显,地下水蓄变量总体呈减少趋势,据初步分析,地下水位每年平均下降 0.15~0.25 m,当地的次生盐碱化程度降低。说明适当减小地下水位有利于减轻土壤的盐碱化,生态环境开始好转。

7.5.3　镫口扬水灌区

镫口扬水灌区 1999 年开始进行工程改造,修筑工程后,2000 年的灌溉水利用系数明显增加,2001 年、2002 年灌区分批次施行工程改造,灌溉水利用系数小幅度减少,2003 年灌区对节制闸等灌溉设施进行修整,对灌区灌溉产生了较大影响,2004 年以后,灌区的灌溉水利用系数基本维持在较高数值。2012 年虽然投资额比较大,但是工程的建设期基本都在作物生育期后,对 2012 年度测试没有影响。1999 年开始累计投资达到 1.5 亿元,说明修筑工程对灌溉水利用系数的增加有积极的作用。

7.5.4　麻地壕扬水灌区

麻地壕扬水灌区 1993~2012 年灌溉水利用系数整体呈上升的趋势,由 0.411 提高到 0.478,1999 年以前灌溉水利用系数偏低,是由于麻地壕扬水灌区没有实施节水工程改造,配套设施落后,从 1999 年开始进行泵站与渠系节水改造工程,但是渠系工程衬砌段所占比例很低,尤其是分干渠以上渠系衬砌比例很低,加之部分衬砌工程破坏严重,因此,灌溉水利用系数虽然有一定提升,但是提升幅度不大。

麻地壕扬水灌区从 1995 年开始,农业开发办每年投资 322.22 万元进行田间工程改造,1999 年开始实施续建配套节水改造工程,2009 年开始实施大型泵站改造工程,2009 年对麻地壕泵站进行投资改造,已完成投资 2 200 万元,2010 年对毛不拉泵站进行改造,已完成投资 1 900 万元,2012 年对丁家圪站进行投资改造,已完成投资 1 700 万元。通过对田间工程、渠系工程和泵站的节水改造,灌溉水利用系数有一定幅度的提高,对于 2011 年等特殊年份,投资情况与灌溉水利用系数没有形成比例对应关系,这是由有些投资情况在调查过程中资料不全,没有完全统计造成的。

第 8 章 基于 Horton 分形的河套灌区渠系水利用效率分析

在应用分形理论评价渠系布置水平方面,国内学者的研究很少。贺军奇等(2007)研究了渠系水利用效率与渠道密度之间的关系,并建立了数学模型,为评价渠系布置结构的合理性提供了参考依据。王小军等(2014)深入研究了分形理论在渠系布置中的应用。提高渠系水利用效率应以提高衬砌率与优化渠系布置结构为主。渠系分维特征参数与渠系水利用效率负相关,工程因子对渠系影响最大。邵东国等(1995)还提出了大型渠道规模的优选方法。本章以内蒙古河套灌区为研究区域,由典型渠道的实测流量,推算所属各灌域的渠系水利用效率,进而计算出河套灌区的渠系水利用效率,并且研究流量与输水损失率的关系,还比较测流实验中的流量平衡法和水量平衡法对研究结果的影响,计算出渠系水的三种效率。先对不同影响因素做主成分分析,进而讨论主成分对渠系水利用效率的影响,首次将主成分得分与单位渠长损失率结合分析,提出渠道自然稳定性的概念,发现高级别渠道具有较强的自然稳定性的特点。最后用分形理论评价河套灌区渠系结构布置水平,并与有效灌溉面积做曲线拟合,确定出灌域合理的灌溉面积与分维数。本章从渠系输配水能量评价与布置结构评价这两个方面综合讨论河套灌区的渠系水利用效率。在节水潜力方面,拟合长度衬砌率与渠系水利用效率曲线;详细讨论灌区分维数和渠系水利用效率之间的关系;用多元回归分析法大尺度拟合河套灌区渠系水利用效率曲线,为河套灌区今后的节水决策提供参考依据。

8.1 渠系水利用效率与分维数的计算方法

8.1.1 渠系结构评价——水系分形理论

分维理论为混沌数学中的理论,多用于探讨不规则但是自相似性很强的平面几何图形。分形现象在自然世界之中很普遍,河流渠道的几何形态就是一个典型例子,它们回旋婉转的河道和众多错综复杂的水系都不是单纯的直线形态,有的是非可微分曲线,而分形特性却是一致连续的。分形理论引入我国以后,它已广泛被科研人员应用于不同的科学技术之中,分形理论促进了地学研究的长足发展。关于水系的分形特征,国内许多学者目前已取得了若干科研成果。例如,罗文峰等(1998)讨论了水系级别的不同和分维数之间的模型;朱晓华等(2002)分析了我国全部水系在大比例尺之下的盒维数与分布规律。但关于不同尺度下农业灌区的分形特征的相关研究却很少。本书是在前人工作的基础之上展开对不同尺度下农业灌区渠道布置结构的研究。

灌区渠系结构和自然河流水系结构之间存在着许多相似的地方,所以对于灌区渠系体系结构在何种程度下满足 Horton 河系定律是非常值得研究的。其中一个重要的理论基础是对水系形态和功能进行分析研究,自从提出 Horton 定律以来,一些研究人员对河系形态的研究达到了一个新水平。目前相关的研究结果没有跨界研究,对河流水系结构的分析主要是自然状态控制之下河网分维数的研究。但是灌区渠系系统和人工建造的道路、运河、管道等网络系统一样,都是在遵循自然规律的基础上,充分发挥人的主观能动性,因势利导建造而成的,它同自然界自组织形成的分形系统有很多相似的地方,都客观反映了分形体系特征和自然规律。但是对于经过人工改造过的灌区渠系系统的 Horton 表征方法,国内很少有进行研究的资料。鉴于 Horton 河系定律及分形学理论能否被引入灌区渠系研究,以及形态与功能之间的关联如何表征等问题,本书拟通过对灌区的渠系分维数进行计算,并与水系分维数进行分析对比,以便对灌区渠系这一人工水系和天然水系的差异性、相似性还有水系定律适用性讨论分析。然后在此基础上,以灌区分维数和渠系特征为基础进行动态分析,结合渠系相关属性参数指标,系统研究各属性因素对灌区渠系水利用效率的影响,从一个全新的角度解构灌区渠系分布形态特征与服务功能(渠系水利用效率)之间的关系和作用机理,研究结论可为灌区渠系合理化布局和提高渠系水利用效率提供参考。

8.1.2 灌区渠系系统与河流水系的共性和差异

1. 渠系与水系的相似性

首先,就第一个物质本质性方面来说,自然界中的河道和灌区的输水渠道都是受大自然中各种因素显著影响的物体,都是以重力作为运动源泉将水体传播,也是一种物质、能量和信息混合型的传播过程。其次,之所以水体在河系和渠系之中能够传播,是因为水体本身的流动性和连续性,这就要求传播媒介也要具备这两种特性,没有介质便没有水系,这就决定了输送水体的物质载体,这映射了能量守恒定律在自然中的根本地位。再次,水系和渠系在布置结构形式上非常相似。水系结构形式多样,常见的有树枝状、扇形和网状水系等。而灌区根据其地形依势而建的各类渠道,也与河流水系特征有着很大的相似性,同样存在着干流、支流关系,水系的各种结构形式在灌区渠系分布上都能找到。这些相同点构成了分形研究方法在自然水系与人工渠系之间的可行性,经过在水系方面的多年研究,分形理论被证明是正确的,所以在分析灌区渠系方面,分形理论虽未证明其在渠系方面的正确性,但是有充分理由相信分维数对灌区是有一定影响的。

2. 渠系与水系的差异性

第一,水系是一种稳定的自适应结构,这结构在自然界庞杂的作用下经过数以亿计的时间才达到了如今稳定连续的输水状态,以自然规律为主导运动,受人为控制很少。而灌区渠系是由于社会需求而人工创造的水系统,其规模及其物质形态和运行方式由人类根据当地自然条件而定,为了修建简便且保障生活,渠道在修建时多采用规则断面和沿线渠长直线化的方式。第二,天然水系的水量主要来自自然型水源,所以受自然条件影响较大,而渠系水量主要以水库和河流引水为主,不仅受自然影响,人为因素还起着一定作用。第三,运动方向截然相反。天然河流是自源头经支流汇入干流,再汇入主干流,运动方向由内向外,呈现从小到大的枝状结构,所承载的能量与信息从小变大。而人工渠系以干渠→支渠→斗渠→农渠方式分散输送,虽然也是枝状结构,但运动方向由外向内,承载的能量与信息从大到小。以上不同之处说明了不同的静态结构与动态运动方式对水量的分配与输送起着不一样的作用。而正是这些在功能方面和实现形式上的区别决定了水资源在人类发展进程之中起着举足轻重的作用。

因此,本书运用水系定律来讨论灌区渠系的分维数及其与其他灌区特征参数之间的关系,揭示渠系水利用效率在静态的布置结构方面的意义。

由于是首次对结构方面进行分析,所以选择了实际生产中的因素进行分析。

8.1.3 渠系级别的划分

因为渠系受人类改造自然的影响较大,所以灌区各级渠系的自相似性定律已经不能成立,这与河流水系有很大不同。而且又由于每种灌区的规模和水源状况千差万别,灌区渠道既送水又排水,所以同一条渠道的流量就很不一样,按流量进行渠道分级不符合实际情况。因此,本书根据水流先后经过的渠道级别进行几何分级,即总干渠、干渠,依次类推。这样自水源处从上往下分级,渠系之间相互独立,使得可以方便又精确地研究分维数与其他灌区特征参数之间的关系。由于渠系中输配水渠系很重要,田间的毛渠对渠系影响很小,所以只对输配水渠系进行分析。在此基础上采用分支比和长度比对渠系结构特征进行定量描述。

8.1.4 Horton河系定律特征参数计算

河流水系的相关参数与几何特征均有自然和谐性,反映了自然结构的合理性,故可以用Horton定律来计算。反映河流水系结构特性的量化指标有很多,其中主要包括分枝比和长度比。

(1)分支比 R_b:相邻渠道数目之比,反映了灌区相邻渠系数目变化。

$$R_b = N_{m+1}/N_m \tag{8.1}$$

式中: N_{m+1} 为灌区下一级渠道总数目; N_m 为灌区本级渠道总数目。

(2)长度比 R_l:相邻渠道长度之比,反映灌区相邻渠系长度。

$$R_l = L_{m+1}/L_m \tag{8.2}$$

式中: L_{m+1} 为灌区下一级渠道长度(km); L_m 为灌区本级渠道长度(km)。

8.1.5 渠系结构分维数的计算

分维数反映了对空间填充的程度。分形几何学创造发明之后,有学者把研究方向调整为寻找Horton水系定律和分形理论间的相互结合点,20世纪80年代末期,经过Barbera等的分析与研究,Horton-Strahler定律及Hack定律所隐含的分形规律相对确切地展示出来了。主要由河流水系的分枝比(R_b)和长度比(R_l)来计算分维数(D)。Horton的研究认为,同一流域内河流的数目(N)、长度(L)等水系结构参数随着河道级别的不同而呈现几何级数的变化,即

$$N_\omega = R_b^{W-\omega} \tag{8.3}$$

$$L_\omega = L_1 R_\tau^{\omega-1} \tag{8.4}$$

式中: R_b 为河流水系分支比; R_τ 为河流水系长度比; ω 为河流级别序号; W 为河流最高级别; N_ω 为第 ω 级河流数目; L_1、L_ω 为分别为第1、ω 级河流的平均长度(km)。

在 ω-$\lg L_\omega$ 坐标上,以 ω 为横坐标计算得到的直线斜率绝对值的反对数来分别表示 R_b 和 R_τ 的值,即

$$R_x = 10^{|k_x|} \tag{8.5}$$

式中: R_x 为水系结构参数($x = b, l$); k_x 为 ω-$\lg N_\omega$ 与 ω-$\lg L_\omega$ 回归直线的斜率。

R_b 一般为3~5; R_e 一般为1.5~3。对于统计意义上的 R_b 可按下式计算:

$$R_b = \frac{\sum_{\omega=1}^{\omega}(N_\omega + N_{\omega+1}) \times R_{b(\omega,\omega+1)}}{\sum_{\omega=1}^{\omega}(N_\omega + N_{\omega+1})} \tag{8.6}$$

式中：$R_{b(\omega,\omega+1)}$ 为第 ω 级河流与第 $\omega+1$ 级河流间的分支比。

　　Horton 认为不同级别水系各自有各自的发育特点，但是共性是有自相似性，很多学者认为地貌类别类型与水系分维数有很大关系并开展相关科研，建立了分维值与水系特征参数之间的模型。Babera 等给出的水系分维 D 计算式为

$$D = \max\{\lg R_b / \lg R_1, 1\} \tag{8.7}$$

　　Babera 等认为水系分维应为 $1\sim2$，平均值为 $1.6\sim1.7$，Tarboton 等计算出的分维数 D 为 $1.7\sim2.5$。

8.2　渠系水利用效率推求与渠系结构评价

　　渠系水利用效率是刻画各级渠道运行好坏和灌溉管理合理与否的重要参数，它反映从总干渠至农渠之间的各级输配水渠道的渠系输配水综合效率，其数值决定于各级渠道的渠系水利用效率大小。关于渠系分维数的计算，主要采用 Horton 定律进行。

8.2.1　河套灌区渠系水利用效率推求

　　按干渠、分干渠、支渠、斗渠、农渠的渠道水利用效率通过五灌域典型渠道的流量加权计算，得到结果如表 8.1 所示。河套灌区：总干渠渠道水利用效率为 94.05%；干渠渠道水利用效率为 82.41%；分干渠渠道水利用效率为 78.92%；支渠渠道水利用效率为 89.76%；斗渠渠道水利用效率为 92.84%；农渠渠道水利用效率为 94.16%；渠系水利用效率 48%。若先计算每个灌域的渠系水利用效率，再根据灌域的灌溉面积进行加权，得到的河套灌区渠系水利用效率为 47.77%，两者结果相差很小，相差仅为 0.23%。本书采用 48% 作为河套灌区的渠系水利用效率，其中总干渠至分干渠作为外部输水，其输水效率为 61.17%；支渠至农渠作为配水渠道，其配水效率为 78.47%。

表 8.1　渠系水利用效率汇总

渠道类别	总干渠	干渠	分干渠	支渠	斗渠	农渠
渠道水利用效率/%	94.05	82.41	78.92	89.76	92.84	94.16
渠系水利用效率/%			48.00（渠系加权连乘）/47.77（灌域面积加权）			

8.2.2　河套灌区渠系结构评价

1. 河套灌区渠系结构特征识别与分析

　　河套灌区渠系布置很复杂，渠道数目众多，见图 8.1，各灌域中不同级别渠道数目的比例如图 8.2 所示。由图 8.3 和图 8.4 可见经过对数变换，渠系级别和对数函数呈良好的线性关系，所以经过计算得出的河套灌区及其所属灌域的分维数可信度较高，结果见表 8.2。

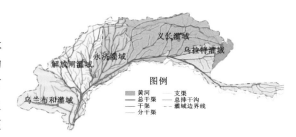

图 8.1　河套灌区渠系布置示意图

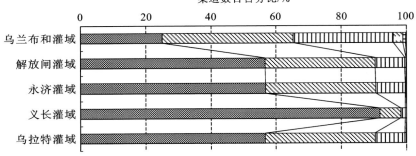

图 8.2 河套灌区不同级别渠道数目比例对比

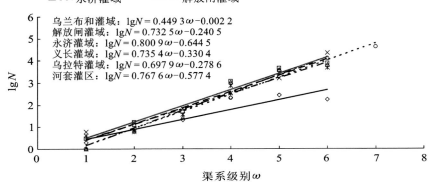

乌兰布和灌域：lg$N$ = 0.449 3ω－0.002 2
解放闸灌域：lg$N$ = 0.732 5ω－0.240 5
永济灌域：lg$N$ = 0.800 9ω－0.644 5
义长灌域：lg$N$ = 0.735 4ω－0.330 4
乌拉特灌域：lg$N$ = 0.697 9ω－0.278 6
河套灌区：lg$N$ = 0.767 6ω－0.577 4

图 8.3 lg$N$-渠系级别 ω 拟合直线

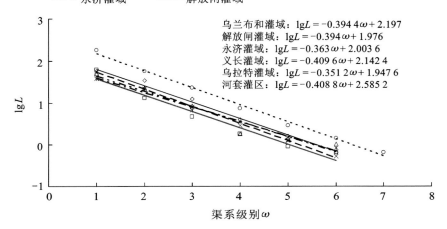

乌兰布和灌域：lg$L$ = －0.394 4ω+2.197
解放闸灌域：lg$L$ = －0.394ω+1.976
永济灌域：lg$L$ = －0.363ω+2.003 6
义长灌域：lg$L$ = －0.409 6ω+2.142 4
乌拉特灌域：lg$L$ = －0.351 2ω+1.947 6
河套灌区：lg$L$ = －0.408 8ω+2.585 2

图 8.4 lg$L$-渠系级别 ω 拟合直线

表 8.2　渠系结构参数汇总

灌域名称	灌域种植面积 S/万亩	渠系水利用效率 η/%	毛灌溉用水总量 Q/百万 m³	分支比 R_b	长度比 R_e	分维数 D
乌兰布和灌域	94.87	48.55	587.826 0	2.81	2.48	1.14
解放闸灌域	186.50	51.73	983.768 4	5.40	2.48	1.86
永济灌域	163.58	54.31	698.073 8	6.32	2.31	2.21
义长灌域	274.73	53.37	921.817 6	5.44	2.57	1.80
乌拉特灌域	117.81	52.24	524.018 0	4.99	2.25	1.99
河套灌区	837.49	48.00	3 715.503 8	5.86	2.56	1.88

河套灌区渠系结构复杂,渠道级别分为总干渠、干渠、分干渠、支渠、斗渠、农渠和毛渠这七个级别。所以河套灌区的渠系相当于一个庞大的河网系统,适合用水系分形理论进行研究。由于大部分灌域的渠道级别相同,所以它们的分支比和长度比相差不大,致使分维数也很相近。

有研究结果证明,河网水系的分支比取值范围是 3~5,长度比取值范围是 1.5~3,分维数取值范围为 1~2,平均值为 1.6~1.7 或 1.7~2.5。可以发现,除了乌拉布和灌域外,河套灌区及其所属其他灌域的渠系分支比均较大,这从数值上反映了渠系错综复杂的情况(如灌区中渠道越级现象很普遍),也反映灌区人工渠道的发育受人为因素影响很大并且比自然水系情况更复杂。但是长度比和分维数均在合理的取值范围之中,说明河套灌区渠系结构恰在水系 Horton 定律的一般范围之内。通过研究河套灌区渠系分形发展情况,说明河套灌区及其灌域的渠系分布能够很好地吻合分形规律,符合自然界自组织优化结构。也就是说在这种渠系发展情况下,灌区水量能在重力的作用下,能更有效地分配到灌区各处。

但是,河套灌区及其灌域渠系的长度比均处于合理范围的上界,这使得分维数的值偏小。原因主要是:灌区中大量存在着过长的输水渠道和过短的配水渠道,特别是义长灌域中田间的毛渠过多,增加了田间渠道的比例,使得分维数值较小;在灌区渠道修建的过程中,自相似结构在部分地区遭到了人为的高度工程化破坏。由于灌区中分支比已经达到了一定水平,长度比却没有达到最适合的数值,所以以后可以降低灌区渠系长度比,适当增加灌区渠系下一级渠系的长度,或者相对缩短上一级渠系的长度,变长渠为短渠。

2. 分维数对渠系水利用效率的影响

河套灌区由于有发展较完备的渠系结构,存在水系分维特征。而分维数作为表征灌区渠系形态的重要综合指标之一,为分析渠系水利用效率提供了一个新途径。例如,第 3 章所述,渠系水利用效率的高低与渠系的长度、衬砌率、引水流量和土壤质地等因素有很大的关系,而渠系特征可从另一个方面来反映渠系输配水结构的合理性。因此,从提高渠系水有效利用效率的角度出发,灌区渠系过高或过低的分维数 D 都不利于渠系水利用效率的提高,基于此,寻求相对最佳的分维数 D 对于提高渠道水利用效率具有重要的现实意义和理论价值。对不同灌区的渠系水利用效率、灌溉面积和毛引水量与分维数进行相关性分析,绘制了图 8.5,以分析其变化规律及总体趋势性。

由图 8.5 中的渠系水利用效率与分维数关系曲线可以看出,η-D 曲线是大开口抛物线,存在一个拐点(1.03,48.62)。河套灌区各灌域的分维数均大于 1.03,并且数值较大,这是因为各灌域均为 5 级、6 级渠系结构,自然水系也很少有这样庞大的结构。灌区整体呈现出的规律

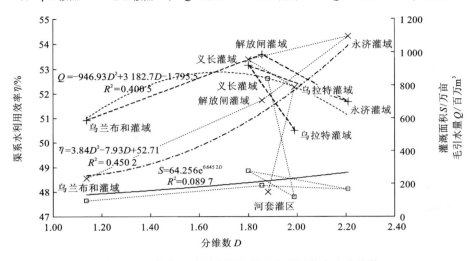

图 8.5　河套灌区不同灌域的渠系水利用效率和分维数

是随着分维数的增加,渠系水利用效率也增大,说明河套灌区渠系发育已经到了高速发展时期。

　　乌兰布和灌域控制面积较小,所以渠系不需要非常发达,长度比较小,导致分维数仅为1.14,原因是此灌域新增了一条新干渠,使得下一级渠道长度减小。考虑到当地为砂壤土土质,增加新渠道来提升分支比和增加下级渠系长度来减小长度比的策略均会导致渠道渗漏更大,所以应该选择衬砌的方法来提高渠系水利用效率。

　　解放闸灌域、义长灌域和乌拉特灌域的渠系参数比较接近,所以分维数差别不大。义长灌域的灌溉面积最大,而且毛渠是所有灌域中最多的,这使得长度较短的小型渠道充斥着整个义长灌域,填充效果不明显,冗长无效渠道过多,使得分维数较小,导致输水效果不佳。解放闸灌域与义长灌域情况类似。乌拉特灌域作为下游灌域,来水量不大,注重了渠道结构的作用,所以渠系水利用效率较高。解放闸灌域和义长灌域应减少毛渠的数量,增加小型渠道的长度,提升输配水能力。处于中游的永济灌域来水量较大,渠系参数维持在了一个合适的水平,再加上灌域内渠系衬砌率较高,所以渠系水利用效率是所有灌域内最高的,这说明提升渠系水利用效率是多种因素协同作用的,单方面实行节水政策是不会带来显著效益的。

　　这五个灌域组成了河套灌区,但是分支比、长度比和分维数不是叠加的关系,河套灌区的分维数为1.88,低于永济灌域和乌拉特灌域的分维数,这是因为分维数表征了不规则物体对空间有效的填充能力,河套灌区面积巨大,要填充到一定理想的程度并非轻而易举,所以近期节水考虑增加下一级渠系长度或减小上一级渠系长度的方法,远期采用适当增加上级渠系分枝或减小下级渠系分枝的方法来提高渠系水利用效率。若从节约资金的角度制定方案,应优先考虑使长度比减小的方法。

　　此外还可以看出,灌区控制面积增大,渠系分维数增加。因为灌溉面积越大,越得有丰富的渠系结构作为保障,所以灌溉面积在一定程度上决定了渠系水利用效率的高低。灌溉控制面积又直接决定了毛引水量的大小,由图 8.5 可见分维数与毛引水量呈现大开口抛物线的规律。在拐点(1.68,878.82)左侧,毛引水量和分维数正相关,因为当毛引水量小于 8.79 亿 m³时,灌域需要足够规模的渠系规模维持水量输送;而当毛引水量大于 8.79 亿 m³ 时,毛引水量和分维数负相关,说明从毛引水量的角度来说渠系结构过于庞大,水量靠重力作用已经可以大致满足输配水要求,应该对渠系布置结构进行优化。目前解放闸灌域和义长灌域的毛引水量与分维数配合度较好,充分因势利导地将水量依靠重力输送到田间;乌拉特灌域和永济灌域需要调整配水渠道的规模(如减少田间毛渠的数目),以减小分维数,使得渠系以最高效率输配水。

从灌溉面积和毛引水量这两个角度得出的节水措施有矛盾之处。由多元拟合式(8.8)中灌溉面积和毛引水量的显著性概率分别是 0.399 和 0.692 可知,应以灌溉面积为主要因素,以毛引水量为辅助因素对衬砌输水渠道、调整配水渠道进行综合分析。

3. 不同指标的多元线性拟合

影响渠系水效率的因素中,分维数只是一个方面。根据所收集的资料,将渠系水利用效率、灌溉面积和引水量进行多元线性拟合,得到灌域尺度拟合模型式(8.8),并根据实测值与加权拟合值的差修正了当灌域尺度向灌区尺度加权拟合时的模型误差。预测曲线只是粗略地反映了不同因素的影响大小,为今后灌区渠道规划和设计提供了参考依据。

$$\eta=42.7+0.015S+4.3D-1.3\times10^5Q,R^2=0.981 \tag{8.8}$$

4. 分维数对渠系水利用效率和灌溉引水量的影响及相应的渠系改造方案

为了对不同灌区的渠系水利用效率和灌溉引水量与分维数进行分析,绘制了图 8.6。图 8.6 表明,灌域实测渠系水利用效率与分维数之间呈大开口抛物线关系,其存在一个拐点(1.03,48.62)。河套灌区各灌域分维数均>1.03,这是因为各灌域均为 6 级渠系结构,使得渠系对空间的填充很丰满,自然水系也很少有这样庞大的结构。灌区整体呈现出的规律是随着分维数的增加,渠系水利用效率也增大。增加渠道数目无疑会增加水量损失,所以采用减小田间渠道数目和增加田间渠道长度的方法增加分维数可能是未来灌区节水改造的一个方向。

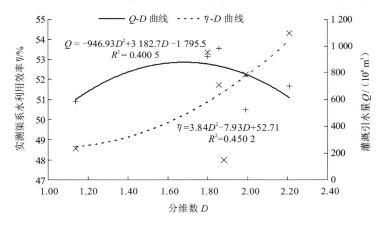

图 8.6　分维数、灌溉引水量和渠系水利用效率的关系

由图 8.6 可见分维数与灌溉引水量呈现大开口抛物线的规律。在拐点(1.68,878.82)左侧,灌溉引水量和分维数正相关,因为当灌溉引水量<8.79 亿 m³ 时,灌域需要足够规模的渠系维持水量输送;而当灌溉引水量>8.79 亿 m³ 时,灌溉引水量和分维数负相关,说明从灌溉引水量的角度来说渠系结构过于庞大,水量靠重力作用已经可以大致满足输配水要求,应该对渠系布置结构进行优化。目前解放闸灌域和义长灌域的灌溉引水量与分维数配合度较好,充分因势利导地将水量依靠重力输送到田间;乌拉特灌域和永济灌域需要缩小配水渠道的规模

（如减少田间毛渠的数目），以减小分维值，使得渠系以最高效率输配水。分析各灌域情况可以得出以下结论。

（1）乌兰布和灌域控制面积较小，并且渠道土质为砂壤土使得渗漏严重，所以渠系不需要非常发达。其分维数仅为 1.14，原因是此灌域有两条干渠，使得下一级渠道长度减小，长度比较大。考虑到当地的砂壤土土质，增加新渠道来提升分支比和增加下级渠系长度来减小长度比的方案均会导致渠道渗漏更大，所以应该选择衬砌的方法来提高渠系水利用效率。

（2）解放闸灌域、义长灌域和乌拉特灌域的渠系结构参数比较接近，所以分维数差别不大。义长灌域的灌溉面积最大，而且毛渠是所有灌域中最多的，这使得长度较短的小型渠道的数目在整个义长灌域过多，填充效果不明显，冗长渠道过多，使得分维数较小，导致输水效果不佳。解放闸灌域与义长灌域情况类似。乌拉特灌域作为下游灌域，来水量不大，渠系设计人员注重了渠道结构的作用，所以渠系水利用效率较高。解放闸灌域和义长灌域的渠系应减少毛渠的数量并增加小型渠道的长度，以提升输配水能力。处于中游的永济灌域来水量较大，渠系参数维持在了一个合适的水平，再加上灌域内渠系衬砌率较高，所以渠系水利用效率是所有灌域内最高的，这说明提升渠系水利用效率是多种因素协同作用的，单方面实行节水政策是不会带来显著效益的。

这五个灌域组成了河套灌区，但是灌区分支比、长度比和分维数不是叠加的关系。河套灌区的分维数为 1.88，低于永济灌域和乌拉特灌域的分维数，这是因为分维数表征了不规则物体对空间有效的填充能力，河套灌区面积巨大，要填充到一定理想的程度并非轻而易举，所以节水方案考虑整合田间配水渠道、适当缩短输水渠道长度的方法。

5. 分维数对灌溉面积的影响

图 8.7 表明，灌区控制面积增大，渠系分维数增加。因为灌溉面积越大，越需要丰富的渠系结构作为保障，所以灌溉面积在一定程度上决定了渠系水利用效率的高低，并且呈现抛物线的关系。

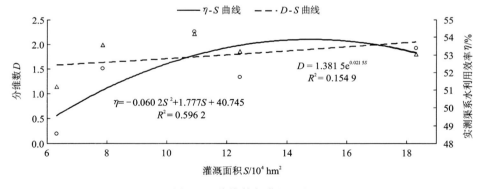

图 8.7　分维数与灌溉面积

6. 分维数与节水比例的关系

由以上分析可知在影响渠系水效率的因素中，分维数只是一个方面。在对渠系水利用效率评价时渠系水利用效率与灌溉面积、灌溉引水量与分维数均呈现二次函数关系，所以在多元非线性拟合时采用多元二次函数的形式。利用 MATLAB 2012a 中的 nlinfit 语句进行拟合，

经过 59 次迭代后,各参数均达到收敛状态,得到灌域尺度的多元拟合式:

$$\eta_f = 51.17 - 3.56S - 3.84D + 3.15Q + 0.13S^2 + 4.00D^2 - 0.13Q^2 \quad (8.9)$$

式中: η_f 为拟合的渠系水利用效率(%); D 为分维值; S 为灌溉面积(万 hm^2); Q 为灌溉引水量(亿 m^3)。

式(8.9)的残差矩阵 r 为

$$r = 10^{-12}(0.056\,8, -0.035\,5, 0.142\,1, 0.000\,0, -0.149\,4)^T \quad (8.10)$$

由残差趋于 0 和表 8.3 中的相对误差均小于 7% 可知,式(8.9)很好地拟合了多元二次曲线。

表 8.3　渠系水利用效率拟合值、实测值和节水比例

灌域	实测渠系水利用效率/%	拟合渠系水利用效率/%	相对误差/%	渠系节水比例/%
乌兰布和灌域	51.96	48.71	6.25	19.01
解放闸灌域	53.23	52.14	2.05	28.8
永济灌域	55.54	54.6	1.69	32.7
义长灌域	55.64	53.78	3.34	27.07
乌拉特灌域	52.79	52.39	0.76	30.7

根据各灌域各年灌溉引水量和灌溉面积变化不大的特点,令各灌域分维数增加 1 而其他因素不变,即

$$\eta' = 51.17 - 3.56S - 3.84(D+1) + 3.15Q + 0.13S^2 + 4.00(D+1)^2 - 0.13Q^2 \quad (8.11)$$

联立式(8.8)、式(8.9)和式(8.11),得到河套灌区在渠系结构优化法下的节水比例:

$$\theta = 100 \times (8D + 4.16)/\eta_f \quad (8.12)$$

节水比例一定程度上可代表节水潜力的大小,其值越大,说明此灌域目前渠系工程状况较不完善,故节水潜力越大。不考虑位于沙漠的乌兰布和灌域,永济灌域节水潜力最大,义长灌域节水潜力最小。这是因为目前义长灌域渠系工程较完善,节水效果提升空间小;永济灌域位于上游,水量水质比下游灌域占优势,节水效果提升空间大。如表 8.3 所示,预测的灌区渠系节水潜力较集中,均为 27%～33%,并由几何平均数的意义可得到灌区尺度下的节水平均发展速度为 27.19%。

灌区所有渠道的长度衬砌率达到 100% 时的节水比例约为 28.06%,这两种渠系节水方法(衬砌法与优化渠系结构法)均给灌区渠系的规划提供了参考依据。

8.3　小　　结

河套灌区及所属灌域的渠系结构符合 Horton 水系定律,灌区渠系在一定程度上符合自组织结构。在今后灌区渠系规划中应综合考虑渠系水利用效率与灌溉面积、灌溉引水量、渠系结构之间的相互作用。在实际生产中以灌溉面积因素为主,灌溉引水量为辅进行规划,核心是提高节水比例。

目前河套灌区的分维数为 1.88。从渠系结构的角度进行节水改造的方案是衬砌输水渠道和减少田间配水渠道数目并适当延长其渠长。节水比例与渠系分维增量呈正比例的关系,其中各灌域分维数每提升 1 个单位,河套灌区渠系节水比例可达到 27.19%。

基于渠系水利用效率、灌溉引水量和节水比例提出渠系改造方案,应先调整解放闸灌域、

义长灌域和乌拉特灌域的渠系结构,节水措施在采取渠道衬砌的基础上也可以采用整合田间配水渠道的方案,即适当减小田间渠道数量和延长田间渠道长度的方法。

通过对河套灌区及其灌域的渠系水利用效率和分形特征参数进行分析,有如下现实指导意义:①具有分形结构的灌区渠网系统便于灌区施行分级分层次管理。这种管理形式和灌区的变尺度分形结构有关,相对于全部层次直接由灌区管理单位或用水农户进行的管理更简单,能使得灌区中的工程设施与引水管理高效性运转。②灌区的分形结构是一种在自然适应状态下自生长过程中产生的结构,其本身就具有较为良好的生长特性。因此,针对不同规模和不同渠系分布特征的灌区,对其现状各级渠系配置的合理性进行分析并按照提高渠系水利用效率的目标和自生长性质进行改造,有利于更有效地发挥渠系在输配水资源,保证灌区灌溉用水覆盖面,提高用水效率方面的作用。③在保证目前灌区用水量的前提下,当渠系结构符合分形特征系统时,其所需要的理论渠道长度最小,因而使得灌区在改造或新建时的工程投资最少,能使得投资最优化。因此,通过分析灌区渠系分形结构和尺度变化,可以将分形的方法应用到灌区工程规划、设计和管理方面,减少投资规模,促进管理水平和用水效能。

参 考 文 献

白美健,许迪,蔡林根,等,2003.黄河下游引黄灌区渠道水利用系数估算方法[J].农业工程学报,19(3):80-84.

蔡守华,张展羽,张德强,2004.修正灌溉水利用效率指标体系的研究[J].水利学报(5):111-115.

陈彦光,李宝林,2003.吉林省水系构成的分形研究[J].地球科学进展,18(2):178-184.

陈正虎,唐德善,2005.基于 SPSS 多重线性回归模型的黑河中游增泄下游水量分析[J].水资源研究,26(3):25-26.

崔远来,谭芳,王建漳,2010.不同尺度首尾法及动水测算灌溉水利用系数对比研究[J].灌溉排水学报,29(1):5-10.

崔远来,熊佳,2009.灌溉水利用效率研究指标进展.水科学进展[J],20(4):590-596.

戴佳信,史海滨,夏永红,等,2010.河套灌区套种作物需水量与灌溉制度试验研究[C]//现代节水高效农业与生态灌区建设(上):584-593.

旦木仁加甫,2011.中长期水文预报与 SPSS 应用[M].郑州:黄河水利出版社.

段爱旺,信乃诠,王立祥,2002.节水潜力的定义和确定方法[J].灌溉排水学报,21(2):25-28.

冯平,冯焱,1997.河流形态特征的分维计算方法[J].地理学报,52(4):314-329.

冯文基,申利刚,冯婷,等,1997.内蒙古自治区主要作物灌溉制度与需水量等值线图[M].呼和浩特:远方出版社.

傅国斌,李丽娟,于静洁,等.2003.内蒙古河套灌区节水潜力的估算[J].农业工程学报,19(1):54-58.

傅国斌,于静洁,刘昌明,等,2001.灌区节水潜力估算的方法及应用[J].灌溉排水学报,20(2):24-28.

高传昌,张世宝,刘增进,2001.灌溉渠系水利用系数的分析与计算[J].灌溉排水,20(3):50-54.

高峰,赵竞成,许建中,等,2004.灌区灌溉水利用系数测定方法研究[J].灌溉排水学报,23(1):14-20.

郭元裕,1997.农田水利学[M].北京:中国水利水电出版社.

国家质量技术监督局,中华人民共和国建设部,1999.灌溉与排水工程设计规范:GB 50288—99[S].

何刚,蔡运龙,2006.不同比例尺下中国水系分维数关系研究[J].地理科学,26(4):461-465.

何晓群,2012.多元统计分析.第三版[M].北京:人民大学出版社.

贺军奇,吴普特,汪有科,等,2007.渠道密度与渠系水利用系数关系研究[J].中国农村水利水电,2:17-18.

胡淑玲,2010.立体种植条件下作物需水量与非充分灌溉制度研究[D].呼和浩特:内蒙古农业大学.

黄奕龙,王仰麟,刘珍环,等,2008.快速城市化地区水系结构变化特征:以深圳市为例[J].地理研究,27(5):1212-1220.

贾宏伟,郑世宗,2013.灌溉水利用效率的理论、方法与应用[M].北京:中国水利水电出版社.

竞霞,2005.基于时相和波谱信息的作物分类研究[D].西安:西安科技大学.

康绍忠,1998.新的农业科技革命与 21 世纪我国节水农业的发展[J].干旱地区农业研究,16(2):11-17.

李亮,2011.基于遥感技术与 HYDRUS-1D 模型河套灌区盐荒地水盐运移规律研究[D].呼和浩特:内蒙古农业大学.

李英,2001.长江流域节水潜力及管理分析[J].人民长江,32(11):40-42.

李勇,杨宏志,李玉伟,等,2009.关于现状农业灌溉水利用率的思考.内蒙古水利,2:79-81.

李法虎,傅建平,孙雪峰,1992.作物对地下水利用量的试验研究[J].地下水(14):197-202.

李建宏,2002.干渠渠段输水损失测算分析[J].宁夏农学院学报,4:50-52.

李仕华,贺军奇,赵宝峰,2010.不同灌水定额条件下土壤含水率变化试验研究[J].安徽农业科学,38(7):3607-3610.

李学军,费良军,李改琴,2008.大型 U 形混凝土衬砌渠道季节性冻融水热耦合模型研究[J].农业工程学报, 24(1):13-17.

李英能,2003.浅谈灌区灌溉水利用系数[J].中国农村水利水电(7):23-26.

李振玺,张万宝,2010.宁夏引黄灌区渠道砌护对地下水位的影响[J].人民黄河,32(11):81-83.

刘霞,王丽萍,天谷孝夫,2011.达拉特旗井灌条件下农田水利用及地下水动态分析研究[J].中国农村水利水电,10(3):29-32.

刘钰,PEREIRA L S,2001.气象数据缺测条件下参照腾发量的计算方法.水利学报,3:11-17.

刘战,2009.灌溉水利用系数的影响因素及提高措施[J].陕西水利,4:136-139.

刘焕芳,宗全利,刘贞姬,等,2009.灌区高含沙输水渠道淤积成因分析[J].农业工程学报,25(4):35-40.

刘路广,崔远来,王建鹏,2011.基于水量平衡的农业节水潜力计算新方法[J].水科学进展,22(5):696-702.

刘旭东,王正中,闫长成,等,2010.基于数值模拟的"适变断面"衬砌渠道抗冻胀机理探讨[J].农业工程学报, 26(12):6-12.

刘毅乐,2011.河套灌区沟灌条件下番茄优化灌溉制度试验研究[D].邯郸:河北工程大学.

罗文峰,李后强,丁晶,等,1998.Horton 定律及分枝网结构的分形描述.水科学进展,9(2):118-123.

罗玉峰,崔远来,郑祖金,2005.河渠渗流量计算方法研究进展[J].水利科学进展,(3):444-449.

罗玉丽,2008.灌区节水量计算方法研究[D].武汉:武汉大学.

内蒙古河套灌区管理总局,1990.内蒙古自治区河套灌区管理总局 1981-1989 水利统计资料汇编[G].

内蒙古河套灌区管理总局,1997.内蒙古自治区河套灌区管理总局 1990-1995 水利统计资料汇编[G].

内蒙古河套灌区管理总局,巴彦淖尔市水务局,2007.内蒙古自治区巴彦淖尔盟 1996-2005 水利统计资料汇编[G].

内蒙古自治区水利水电勘测设计院,1999.黄河内蒙古河套灌区续建配套与节水改造规划报告[R].

屈忠义,陈亚新,史海滨,等,2003.内蒙古河套灌区节水灌溉工程实施后地下水变化的 BP 模型预测[J].农业工程学报,19(1):59-62.

屈忠义,杨晓,黄永江,2015.内蒙古河套灌区节水工程改造效果工程评估[J].农业机械学报,46(4):70-76.

全国灌溉水利用系数测算分析专题组,2007.全国现状灌溉水利用系数测算分析报告[R].北京:中国灌溉排水发展中心.

任可,王红雨,2006.灌区输水渠道渗漏损失测算与分析[J].中国农村水利水电,12:16-20.

尚毅梓,吴保生,2008.多渠段渠道自动控制系统的稳定控制[J].清华大学学报:自然科学版,48(6):967-971.

邵东国,郭元裕,沈佩君,等,1995.大型渠道规模的优选方法[J].水利学报,11:17-23.

申向东,张玉佩,王丽萍,2012.混凝土预制板衬砌梯形断面渠道的冻胀破坏受力分析[J].农业工程学报, 28(16):80-85.

沈逸轩,黄永茂,沈小谊,等,2005.年灌溉水利用系数的研究[J].中国农村水利水电,7:7-8.

沈振荣,汪林,于福亮,等,2000.节水新概念——真实节水的研究与应用[M].郑州:黄河水利出版社.

盛骤,谢式千,潘承毅,2010.概率论与数理统计,第四版[M].北京:高等教育出版社.

石贵余,张金宏,姜谋余,等,2003.河套灌区灌溉制度研究[J].灌溉排水,22(5):73-75.

石元春,刘昌明,龚元石,1995.节水农业应用基础研究进展[M].北京:中国农业出版社.

史海滨,田军仓,刘庆华,2006.灌溉排水工程学[M].北京:中国水利电力出版社.

树锦,袁健,2012.大型输水渠道事故工况的水利响应及应急调度[J].南水北调与水利科技,10(5):161-165.

水利部农村水利司,1998.节水灌溉技术规范:SL 207—98[S].北京:中国水利水电出版社.

孙景生,康绍忠,2000.我国水资源利用现状与节水灌溉发展对策[J].农业工程学报,16(2):1-15.

孙景生,刘玉民,康绍忠,等,1996.夏玉米田作物蒸腾与棵间土壤蒸发模拟计算方法研究[J].玉米科学(1): 76-80.

谭芳,崔远来,王建章,2009.基于主成分分析法的漳河灌区运行管理水平综合评价[J].中国水利,13:41-43.

田玉青,张会敏,黄福贵,等,2006.黄河干流大型自流灌区节水潜力分析[J].灌溉排水学报,25(6):40-43.

汪富贵,1999.大型灌区灌溉水利用系数的分析方法[J].武汉水利电力大学学报,32(6):28-31.

王洪斌,闻邵珂,郭清,2008.灌溉水利用系数传统测定方法的修正[J].东北水利水电,26(285):59-61.

王俊发,马旭,周海波,2008.基于多目标模糊优化的土保护层塑膜铺衬防渗渠道设计[J].农业工程学报,24(12):1-5.

王伦平,陈亚新,曾国芳,等,1993.内蒙古河套灌区灌溉排水与盐碱化防治[M].北京:水利电力出版社.

王少丽,THIELEN R,李福祥,等,1997.渠道渗漏量的试验及分析方法[J].灌溉排水学报,17(2):39-42.

王小军,古璇清,陈洁芳,2012.广东省"十一五"农业灌溉用水有效利用系数测算结果与评价[J].广东水利水电,9:51-54,69.

王小军,张强,古璇清,2012.基于分形理论的灌溉水有效利用系数空间尺度变异[J].地理学报,67(9):1201-1212.

王小军,张强,易小兵,等,2014.灌区渠系特征与灌溉水利用系数的 Horton 分维[J].地理研究,33(4):789-800.

王正中,芦琴,郭利霞,等,2009.基于昼夜温度变化的混凝土衬砌渠道冻胀有限元分析[J].农业工程学报,25(7):1-6.

王志强,朝伦巴根,高瑞忠,等.2006.多年生人工牧草高效用水灌溉制度的研究[J].农业工程学报,22(12):49-55.

魏新光,王密侠,张倩,等,2010.干支渠渠系水利用系数的确定与预测[J].安徽农业科学,38(35):20296-20298.

吴玉芹,李远华,刘艳丽,2001.提高灌溉水利用率的途径研究[J].中国水利,11:71-72.

夏照华,2007.基于 NDVI 时间序列的植被动态变化研究[D].北京:北京林业大学.

熊佳,崔远来,谢先红,等,2008.灌溉水利用效率的空间分布特征及等值线图研究[J].灌溉排水学报,27(26):1-5.

徐小波,2003.新疆灌区的续建配套与节水改造[J].中国农村水利水电,10:82-83.

徐小波,周和平,王忠,2010.干旱灌区有效降雨量利用率研究[J].节水灌溉,12(3):44-50.

许建中,赵竞成,高峰,等,2004.灌溉水利用系数传统测定方法、存在问题及影响因素分析[J].中国水利(17):39-41.

闫浩芳,2008.内蒙古河套灌区不同作物蒸发蒸腾量及作物系数的研究[D].呼和浩特:内蒙古农业大学.

闫浩芳,史海滨,薛铸,2008.参考作物需水量的不同计算方法对比[J].农业工程学报,18(4):55-59.

杨桦,王长德,范杰,等,2003.多渠段串联渠系运行模糊控制[J].武汉大学学报(工学版),36(2):58-61.

杨凯,袁雯,赵军,等.2004.感潮河网地区水系结构特征及城市化响应[J].地理学报,59(4):557-564.

于婵,2011.人工牧草生理生态过程模拟及高效用水灌溉制度研究[D].呼和浩特:内蒙古农业大学.

余国安,王兆印,刘乐,等,2012.新构造运动影响下的雅鲁藏布江水系发育和河流地貌特征[J].水科学进展,23(2):163-169.

张芳,李永鑫,张玉顺,等,2008.河南省现状灌溉水利用率的测算研究[J].人民黄河,30(1):51-52,54.

张涛,张成利,李楠楠,等,2006.灌溉水利用系数的传统测定方法存在的问题及影响因素分析[J].地下水(6):81-82.

张霞,2007.宁蒙引黄灌区节水潜力与耗水量研究[D].西安:西安理工大学.

张霞,程献国,张会敏,等,2006.宁蒙引黄灌区田间节水潜力计算方法分析[J].节水灌溉(2):20-23.

张霞,李新刚,陈利利,2009.渠道水利用系数计算方法及误差分析[J].节水灌溉,4:49-51.

张焱,韩军青,郭刚,2008.西晋黄土高原地区近 47 年降雨量的统计分析[J].干旱区资源与环境,22(1):89-91.

张朝新,1989.旱作物对地下水利用的研究[J].灌溉排水,8(1):20-24.

张明星,张军成.2012.内蒙古黄河南岸灌区水权转化综合效益分析[J].内蒙古农业大学学报,14(3):81-84.

张青年,2007.逐层分解选取指标的河系简化方法[J].地理研究,26(2):222-228.

张亚平,2007.陕西省现状灌溉水利用率测算方法与问题讨论[J].水资源与水工程学报,18(3):60-62.

张义盼,崔远来,史伟达,2009.农业灌溉节水潜力及回归水利用研究进展[J].节水灌溉(5):50-54.

张志杰,2011.内蒙古河套灌区灌溉入渗对地下水的补给规律及补给系数[J].农业工程学报,27(3):61-66.

张志杰,杨树青,史海滨,等,2011.内蒙古河套灌区灌溉入渗对地下水的补给规律及补给系数[J].农业工程学报,27(3):61-66.

赵军,单福征,杨凯,等,2011.平原河网地区河流曲度及城市化响应[J].水科学进展,22(5):631-637.

赵晓波,贾宏伟,卞祖铭,等,2006.渠道水利用因数的主要影响因数分析[J].浙江水利科技(6):21-23.

中华人民共和国国家质量监督检查检疫总局,中国国家标准化管理委员会,2007.灌溉渠道系统量水规范:GB/T 21303—2007[S].

中华人民共和国建设部,中华人民共和国国家质量监督检验检疫总局,2006.节水灌溉工程技术规范:GB/T 50363—2006[S].

周艳,2007.分形学理论在城市排水管网中的应用研究[D].西安:长安大学.

朱晓华,杨秀春,2002.客观的分形世界与世界的自组织及其启示[J].科学技术与辩证法,19(5):13-17.

BABERA P LA,ROSSO R,1987. Fractal geometry of river networks[J]. Ecos. Trans. ,AGU,68(44):1276.

BATTY M,1992. Physical phenomena[J]. Geographical Magazine(7):35-36.

CHENG J C,JIANG M Q,1986. Mathematical Models for Drainage Geomorphology[M]. Beijing:Science Press.

CORNISH G A. 1998. Pressuried irrigation technologies for smallholders in developing countries—a review[J]. Irrigation and Drainage Systems,12(3):185-201.

FAC-BENEDA J,2013. Fractal structure of the Kashubian hydrographic system[J]. Journal of Hydrology,488(488):48-54.

KROMM D E,WHITE S E,1990. Adoption of water-saving practices by irrigators on the High Plains[J]. Water Resources Bulletin,26(5):999-1012.

LA BARBERA P,ROSSO R,1989. On the fractal dimension of stream networks[J]. Water Resources Research,25(4):735-741.

LANKFORD B A,2006. Localishing irrigation efficiency[J]. Irrigation and Drainage,55:345-362.

Ministry of Water Resources PR. C,1991. Department of Rural Irrigation,Drainage& Soil Conversation[M]. Agriculture Publishing Houses.

MOHAMMAD F S,1998. Potential of subsurface irrigation system for water conservation in an arid climatic environment[J]. International Agricultural Engineering Journal,7(1):23-36.

REYNOL W D,1993. Saturated hydraulic conductivity:Field measurement[J]. Soil Sampling and Methods of Analysis.

RICARDO M,GUPTA V K,TROUTMAN B M,2012. Extending generalized Horton laws to test embedding algorithms for topologic river networks[J]. Geomorphology,151-152(1):13-26.

SCHULLER D J,RAO A P,2001. Fractal characteristics of dense stream networks[J]. Journal of Hydrology,243:1-16.

SIVANAPPAN R K. 1994. Prospects of micro-irrigation in India[J]. Irrigation and Drainage Systems,8(1):49-58.

TARBOTON D G,BRAS R L,RODRIGUEZ-ITURBE I,1988. The fractal nature of river networks[J]. Water Resources Research,24(8):1317-1322.

TUBAU X,LASTRAS G,CANALS M,et al.,2013. Significance of the fine drainage pattern for submarine canyon evolution:The Foix Canyon system,Northwestern Mediterranean Sea[J]. Geomorphology,184(430):20-37.

TURCOTTE D L,1992. Fractals and Chaos in Geology and Geophysics[D]. Cambridge:Cambridge University Press.

VELTRI M. VELTRI P,1996. On the fractal description of natural channel networks[J]. Journal of Hydrology,187: 137-144.

WILD A,1971. The potassium status of soil in the savanna zone of Nigeria[J]. Experiment Agriculture,7(3) : 257-270.

WILLARDSON L S,ALLEN R G,FREDERIKSEN H D,et al.,1994. Universal fractions and the elimation of irrigation efficiencies[C]//Paper presented at the 13th Technical Conference of the US Committee on Irrigation and Drainage . Denver:Colorado.